Cotton friend
コットンフレンド
布艺之友
3
日本靓丽出版社 编著
何凝一 译
U0265431
中国民族摄影艺术出版社

Contents

附录

实物大图纸

尺寸参考表

※请结合P.4~5的索引，确认尺寸

大人

参考尺寸	胸围	腰围	臀围	衣长	袖长	立裆	下裆	身高
S	80	60	86	37	50	25	65	155
M	83	64	90	38	53	26	68	158
L	87	68	94	39	54	27	72	160
LL	90	72	98	39	54	27	72	160

儿童

参考尺寸	胸围	腰围	臀围	衣长	袖长	立裆	下裆
80	49	46	47	21	26	15	27
100	54	51	55	25	32	17	38
110	58	53	61	27	37	18	43
120	62	55	66	29	41	19	49
140	68	57	73	32	46	22	59

附教程的作品款式索引

介绍本书中刊登的作品，也可以结合其他作品参考制作。

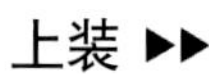
上装 ▶▶

P.6 图纸A面
荷叶边衬衫
M

P.7 图纸A面
无袖荷叶边衬衫
M

P.16 图纸A面
星星花样的衬衫
M~L

P.28 图纸B面
V领衬衫
S・M・L・LL

P.40 图纸C面
罩衫
S・M・L・LL

P.43 图纸C面
亚麻衬衫
S・M・L・LL

P.59 图纸D面
冷色调衬衫
宽松M

束腰上衣 ▶▶

P.15 图纸A面
星星束腰上衣
M~L

P.35 图纸B面
条纹荷叶边上衣
S・M・L

P.41 图纸C面
扇贝边上衣
S・M・L・LL

P.43 图纸C面
V领上衣
S・M・L・LL

P.59 图纸D面
冷色调上衣
宽松M

连衣裙 ▶▶

P.8 图纸A面
无袖荷叶边连衣裙
宽松M

P.9 图纸A面
荷叶边连衣裙
宽松M

P.18 图纸A面
星星花样的连衣裙
M~L

P.18 图纸B面
围裙式连衣裙
M~L

P.26 图纸B面
V领连衣裙
S・M・L・LL

P.41 图纸C面
紧腰宽胸式连衣裙
S・M・L・LL

P.42 图纸C面
套头连衣裙
S・M・L・LL

P.58 图纸D面
冷色调连衣裙
宽松M

P.61 图纸D面
低腰连衣裙
M~L

P.63 图纸D面
蒲公英连衣裙
M

外套 ▶▶

P.15 图纸A面
驼色外套
M

P.17 图纸A面
小碎花外套
M

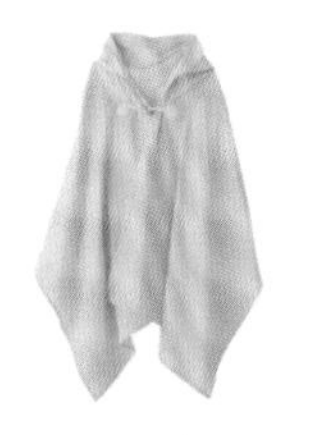
P.64 图纸A面
醋栗花样的斗篷
均码

裙子 ▶▶

P.27 图纸C面
蝴蝶结套裙
S・M・L・LL

P.50 图纸C面
褶皱裙子・短裙
（紫色亚麻）
S・M・L・LL

P.50 图纸C面
腰间变换的褶皱裙子・短裙（原色）
S・M・L・LL

P.51 图纸C面
褶皱裙子・长裙
（碎花）
S・M・L・LL

P.51 图纸C面
腰间变换的褶皱裙子・长裙（斜纹劳动布）
S・M・L・LL

P.61 图纸C面
腰间变换的褶皱裙子・长裙（方格）
S・M・L・LL

P.63 图纸C面
甜甜圈褶皱裙
S・M・L・LL

裤子 ▶▶

P.10 图纸A面
及踝裙裤（灰棕色青年布）
均码

P.11 图纸A面
及踝裙裤（印花）
均码

P.11 图纸A面
及踝裙裤（棕色格子）
均码

P.11 图纸A面
蝴蝶结裙裤
均码

P.16 图纸B面
短裤
宽松M

P.16 图纸B面
五分裙裤
宽松M

P.54 图纸D面
卷边裤・九分裤
（灰色亚麻）
S・M・L・LL

P.54 图纸D面
卷边裤・九分裤
（深棕色）
S・M・L・LL

P.55 图纸D面
卷边裤・长裤（条纹）
S・M・L・LL

P.55 图纸D面
卷边裤・长裤（亚麻斜纹布）
S・M・L・LL

童装 ▶▶

P.26 图纸B面
V领连衣裙
80・100・120・140

P.27 图纸C面
蝴蝶结套裙
80・100・120・140

P.28 图纸B面
V领衬衫
80・100・120・140

P.35 图纸B面
条纹上衣
100・110・120

P.90 无图纸
围裙
100~110

P.94 无图纸
荷叶边裙子
100・120・140

P.95 图纸D面
泡泡连衣裙
100・120・140

P.98 图纸D面
灯笼裤
100・120・140

P.99 图纸D面
套头衫
100・120・140

P.102 无图纸
围裙套装
100~110

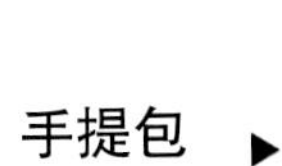

手提包 & 小包 ▶▶

P.8・10 无图纸
吊带包

P.64 无图纸
人字形条纹花样的肩包

P.68 图纸D面
刺绣口金包

P.72 图纸A面
三用包包

P.73 无图纸
邮差包

P.76 图纸A面
天鹅绒花边的时尚挎包

P.77 无图纸
简约皮革包包

P.80 图纸A面
线绳提手的条纹休闲包

P.81 图纸B面
迷你束口手提包

P.84 无图纸
马卡龙小包

P.86 无图纸
贝壳状的小物收纳袋

mode

P.88 无图纸
机绣环保袋

P.90 无图纸
鞋袋

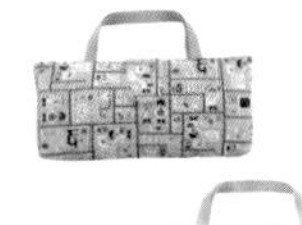

P.91 图纸B面
口风琴袋

P.91 无图纸
午餐袋

P.91 无图纸
水杯袋

P.103 图纸D面
小挎包

小物 & 饰品 ▶▶

P.16 无图纸
发圈

P.16 无图纸
蝴蝶结皮筋

P.16 无图纸
蝴蝶领结的项链

P.88
绣花靠枕

P.103 无图纸
手套

P.106 无图纸
钮扣饰品

NANATONE Aoki Megumi
从夏天穿到秋天的服饰

天气还会再热几天，但牛仔裤的风潮已渐渐来袭。
现在可以用夏天的素材制作秋意浓浓的衣服，舒适与时尚兼具。

Aoki Megmi
每天都穿着漂亮的洋服，NANATONE店主。服饰搭配中总是透露着出色的平衡感。
http://www.nanatone.com/
Aoki女士身高为163cm。
搭配使用的服饰为私物。

荷叶边衬衫

洗练的荷叶边衬衫最适合秋季穿着。搭配牛仔裤和针织衫，简单舒适。轻柔的棉质，与P.7的花样布料渲染出秋天的色彩。

制作方法 / P.12
实物大图纸 / A面

荷叶边衬衫和连衣裙

突出前襟的荷叶边，时尚大方，包括衬衫和连衣裙两种款式。下面会介绍无袖、长袖及4种样式的改良方法。

摄影=藤田律子　版面设计=松原优子　插图=长浜恭子　编辑=佐藤友美

无袖荷叶边衬衫

Aoki女士选择红色系的花样搭配驼色阔腿裤，成熟中透露着可爱。中间叠穿针织衫，突出无袖衫带来的层次感。

制作方法 / P.12
实物大图纸 / A面

丝带在前面随意打结

吊带包

“总是对吊带有种憧憬”，用四方形布料折叠、缝制、打结即可，非常简单的包包。

制作方法 / P.14

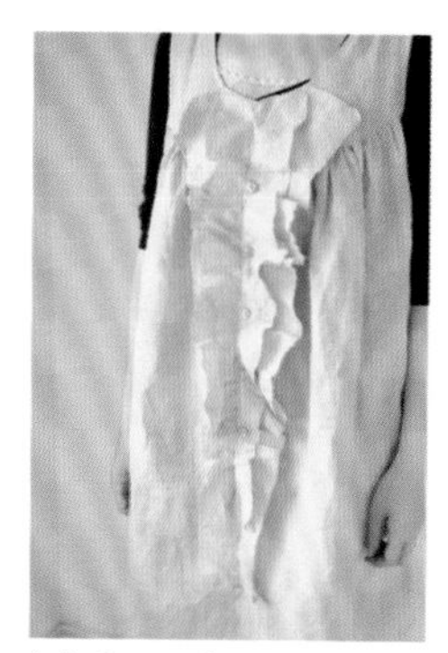

钮扣缝至下端，可以整件套穿的连衣裙

无袖荷叶边连衣裙

P.7的衬衫加长后即是连衣裙。自然的米褐色亚麻，烘托出荷叶边的华丽质感。蓬松的连衣裙搭配贴身的长裤，清爽干练。

制作方法 / P.12

实物大图纸 / A面

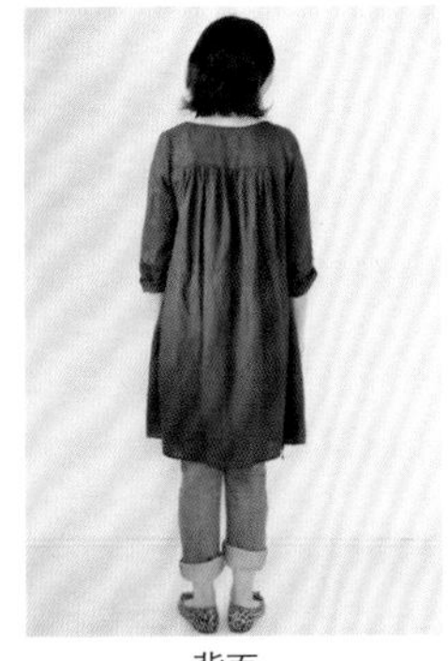

背面

钮扣缝到里面，给人潇洒的印象

荷叶边连衣裙

让你“漂亮地走在街上”，轻薄的连衣裙颇具长外套的感觉。木炭色的亚麻材质更多几分优雅闲适。

制作方法 / P.12
实物大图纸 / A面

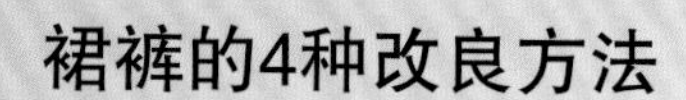

裙裤的4种改良方法

如裙子般可爱，长及脚踝的裤子。搭配简单，穿着舒适，让人忍不住想多做几条。

及踝裙裤（灰棕色青年布）

最爱简约风格！搭配同色系的针织衫，用秋意盎然的灰棕色和夏天的青年布，营造出秋天的氛围吧。

制作方法 / P.14
实物大图纸 / A面

吊带包

与第8页的颜色不同，多做几个搭配各种服饰。

制作方法 / P.14

裤子的质感恰到好处

及踝裙裤（印花）

当季的花裤子中，小碎花最得人心。加上百搭的牛仔夹克凸显几分帅气，脚下是高帮帆布鞋，整套搭配舒适自然。

制作方法 / P.14
实物大图纸/ A面

蝴蝶结裙裤

及踝裙裤缩短一些，长度到膝盖左右。亚麻中加入了具有垂坠感的天丝，更显成熟。

制作方法 / P.14
实物大图纸 / A面

用同样的布料制作出蝴蝶结，简单可爱

及踝裙裤（棕色格子）

秋意渐浓，针织衫慢慢登场。深棕色和米褐色的格子用于搭配棕色系渐变色。

制作方法 / P.14
实物大图纸 / A面

P.6~9
荷叶边衬衫和连衣裙

材料（左起为荷叶边衬衫・无袖荷叶边衬衫・无袖荷叶边连衣裙・荷叶边连衣裙）
表布（小碎花・小碎花・亚麻・亚麻）宽110cm长2.5・3.1・3.2・3.8m
钮扣1.1cm 5・5・9・6颗

成品尺寸
胸围100cm
总长 56・56・93・93cm

实物大图纸 A面

【布料的裁剪方法】

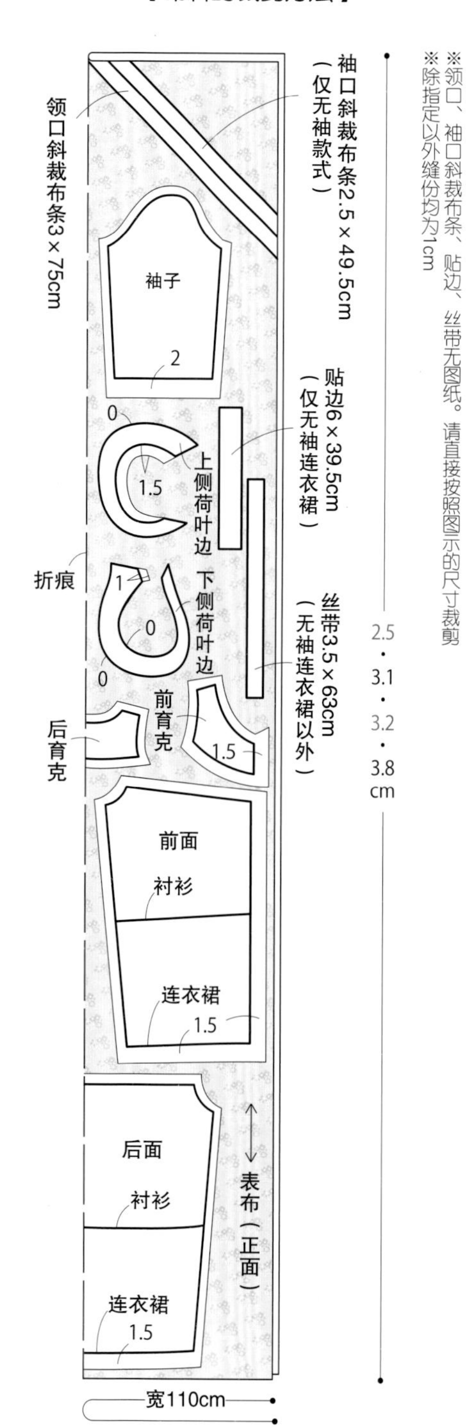

领口斜裁布条3×75cm
袖口斜裁布条2.5×49.5cm（仅无袖款式）
袖子
贴边6×39.5cm（仅无袖连衣裙）
上侧荷叶边
下侧荷叶边
丝带3.5×63cm（无袖连衣裙以外）
折痕
后育克
前育克
前面
衬衫
连衣裙
后面
表布（正面）
宽110cm
2.5・3.1・3.2・3.8cm

※领口、袖口斜裁布条、贴边、丝带无图纸。请直接按照图示的尺寸裁剪
※除指定以外缝份均为1cm

【荷叶边衬衫的制作方法顺序】

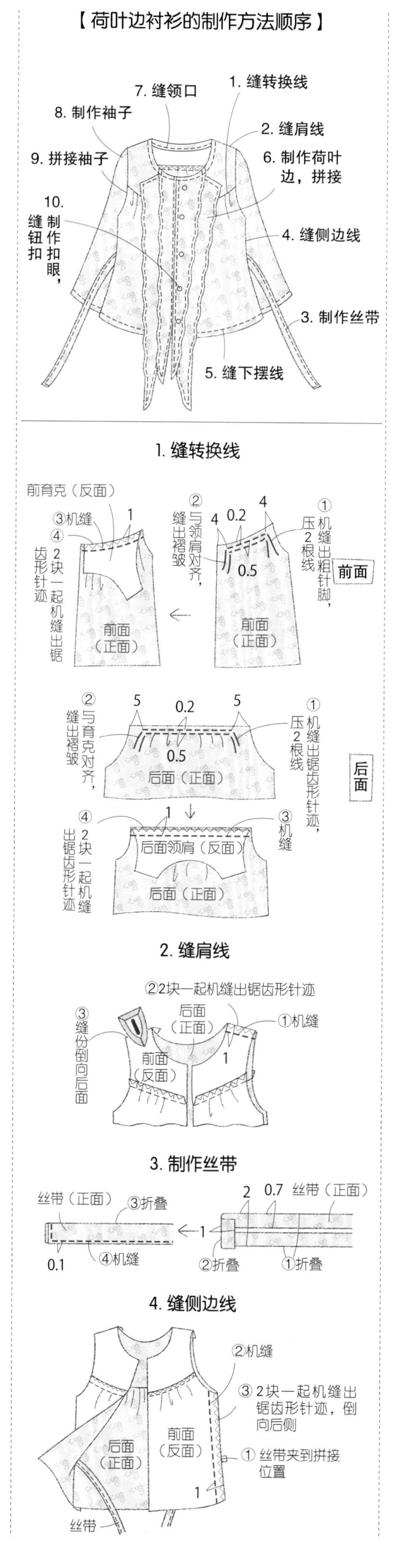

1. 缝转换线
2. 缝肩线
3. 制作丝带
4. 缝侧边线
5. 缝下摆线
6. 制作荷叶边，拼接
7. 缝领口
8. 制作袖子
9. 拼接袖子
10. 制作扣眼，缝钮扣
1. 缝转换线
前育克（反面）
③机缝
④2块一起机缝出齿形针迹
②与领肩对齐，缝出褶皱
①机缝出粗针脚，压2根线
前面
前面（正面）
②与育克对齐，缝出褶皱
①机缝出锯齿形针迹，压2根线
后面
后面（正面）
④2块一起机缝出锯齿形针迹
③机缝
后面领肩（反面）
2. 缝肩线
②2块一起机缝出锯齿形针迹
①机缝
③缝份倒向后面
后面（正面）
前面（反面）
3. 制作丝带
丝带（正面）
③折叠
④机缝
②折叠
①折叠
4. 缝侧边线
②机缝
③2块一起机缝出锯齿形针迹，倒向后侧
①丝带夹到拼接位置
后面（正面）
前面（反面）
丝带

5. 缝下摆线

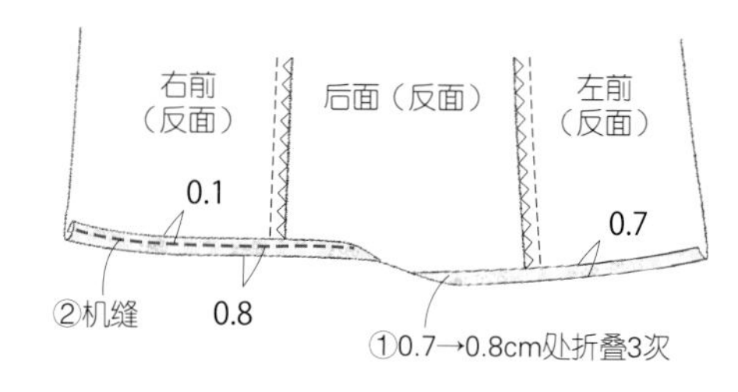

右前（反面）
后面（反面）
左前（反面）
②机缝
①0.7→0.8cm处折叠3次

6. 制作荷叶边，拼接

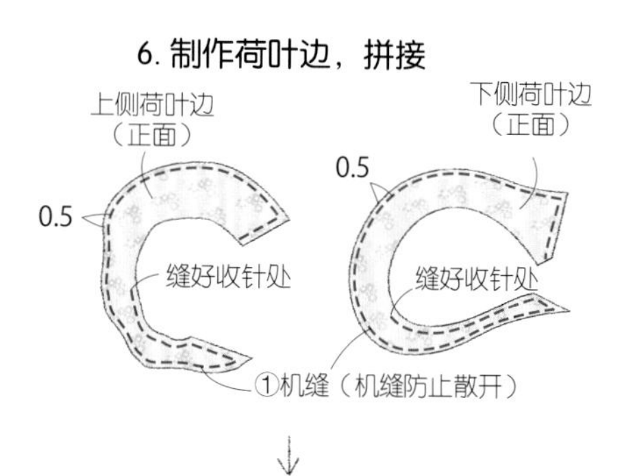

上侧荷叶边（正面）
下侧荷叶边（正面）
缝好收针处
①机缝（机缝防止散开）

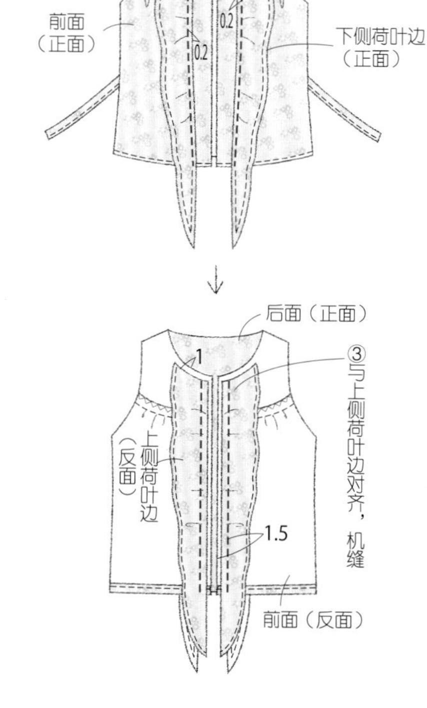

②下侧荷叶边与拼接位置对齐，机缝
前面（正面）
下侧荷叶边（正面）
后面（正面）
③与上侧荷叶边对齐，机缝
上侧荷叶边（反面）
前面（反面）

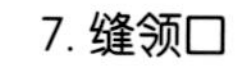

7. 缝领口

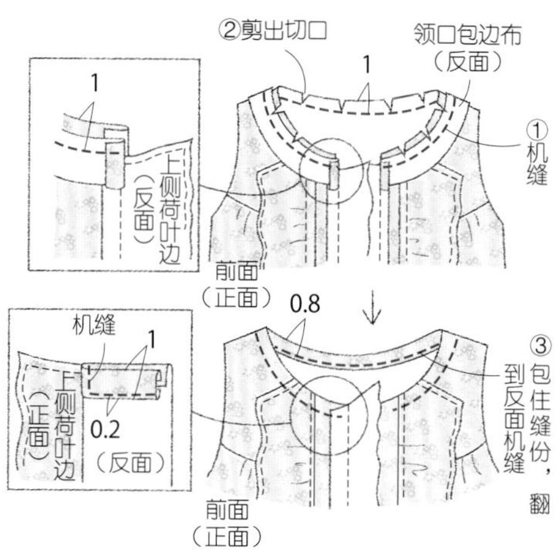

②剪出切口
领口包边布（反面）
①机缝
上侧荷叶边（反面）
前面（正面）
机缝
上侧荷叶边（正面）
（反面）
③包住缝份，翻到反面机缝

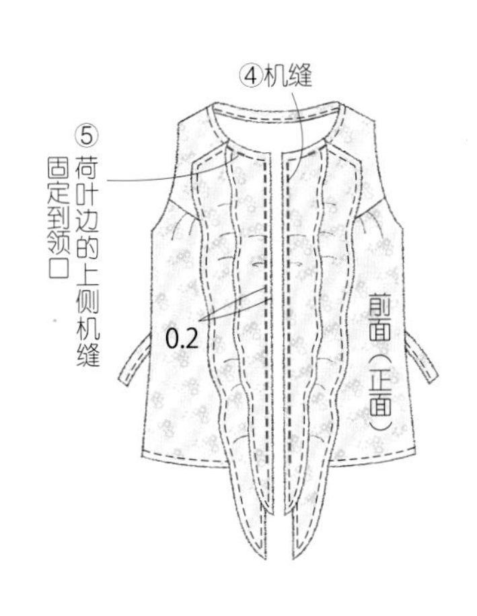
④机缝
⑤荷叶边的上侧机缝固定到领口
0.2
前面（正面）

8. 制作袖子

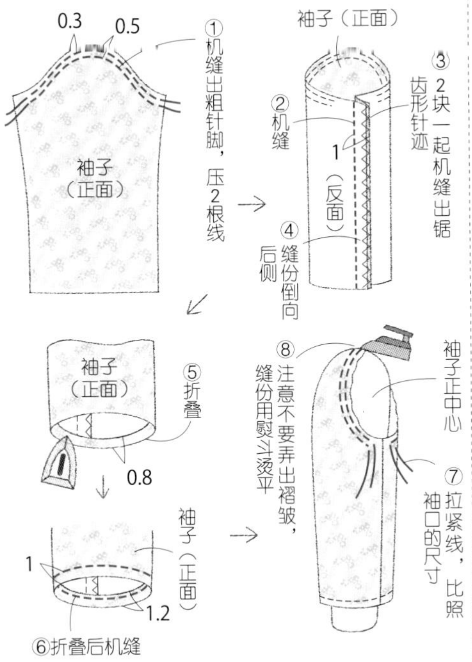
0.3
0.5
①机缝出粗针脚，压2根线
袖子（正面）
袖子（正面）
②机缝
1
（反面）
③2块一起机缝出锯齿形针迹
④缝份倒向后侧
⑤折叠
0.8
袖子（正面）
1
1.2
⑥折叠后机缝
⑧注意不要弄出褶皱，缝份用熨斗烫平
袖子正中心
⑦拉紧线，比照袖口的尺寸

9. 拼接袖子

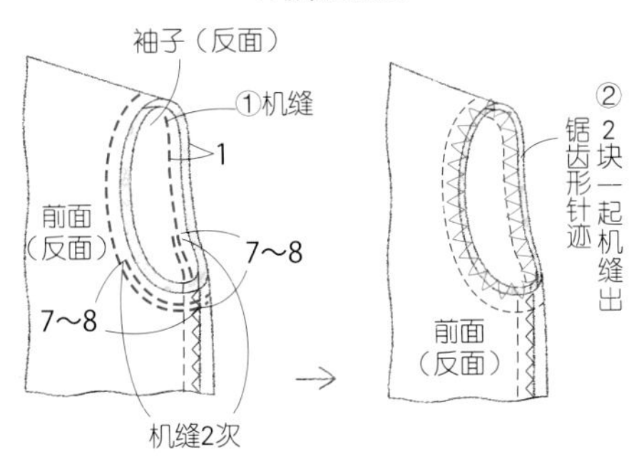
袖子（反面）
①机缝
1
前面（反面）
7~8
7~8
机缝2次
②2块一起机缝出锯齿形针迹
前面（反面）

10. 制作扣眼，缝钮扣

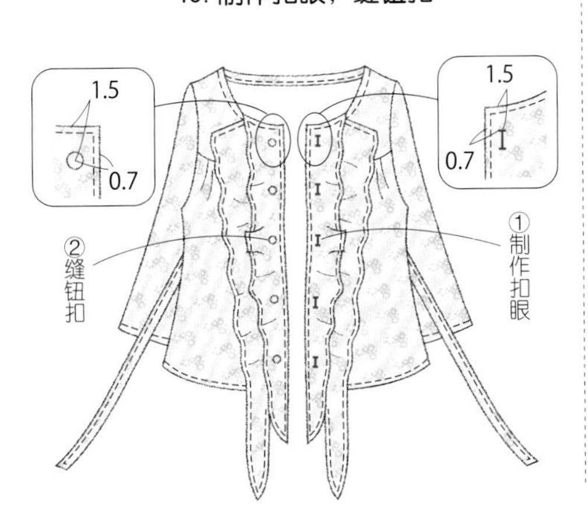
1.5
0.7
1.5
0.7
②缝钮扣
①制作扣眼

【无袖衬衫的制作方法顺序】

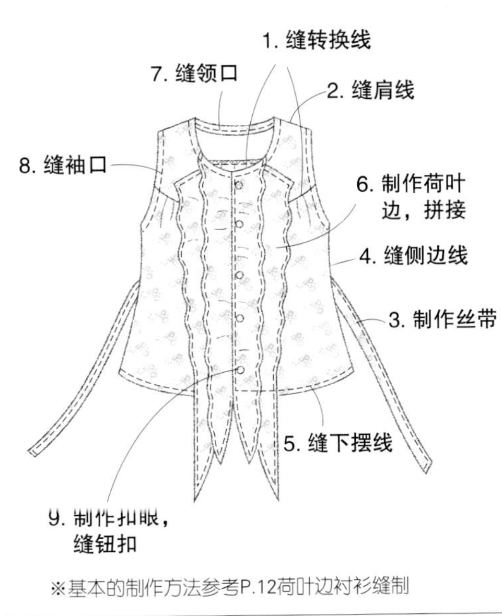
1. 缝转换线
7. 缝领口
2. 缝肩线
8. 缝袖口
6. 制作荷叶边，拼接
4. 缝侧边线
3. 制作丝带
5. 缝下摆线
9. 制作扣眼，缝钮扣

※基本的制作方法参考P.12荷叶边衬衫缝制

8. 缝袖口

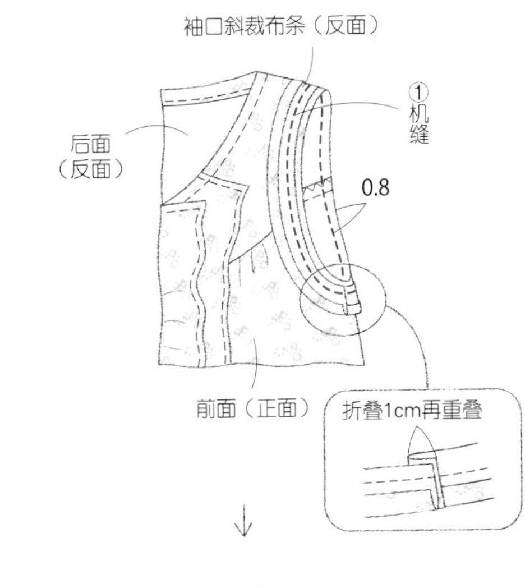
袖口斜裁布条（反面）
①机缝
后面（反面）
0.8
前面（正面）
折叠1cm再重叠

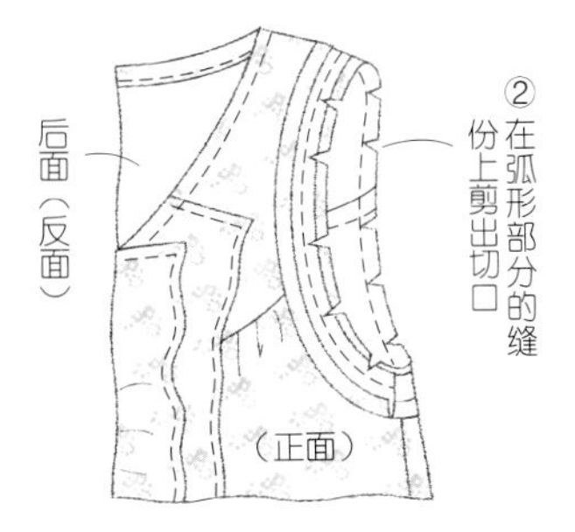
后面（反面）
②在弧形部分的缝份上剪出切口
（正面）

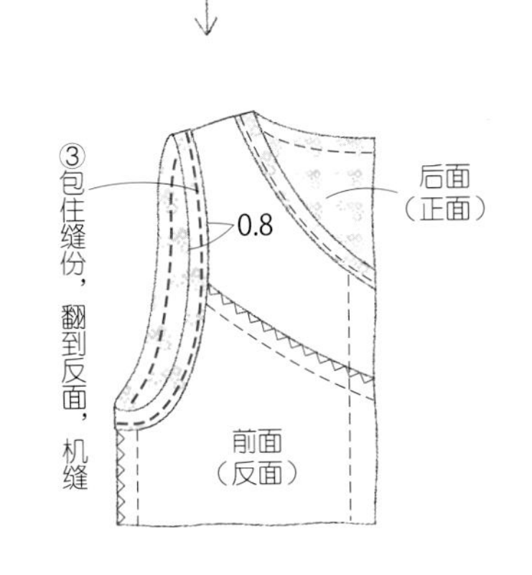
③包住缝份，翻到反面，机缝
0.8
后面（正面）
前面（反面）

【无袖荷叶边连衣裙的改良】

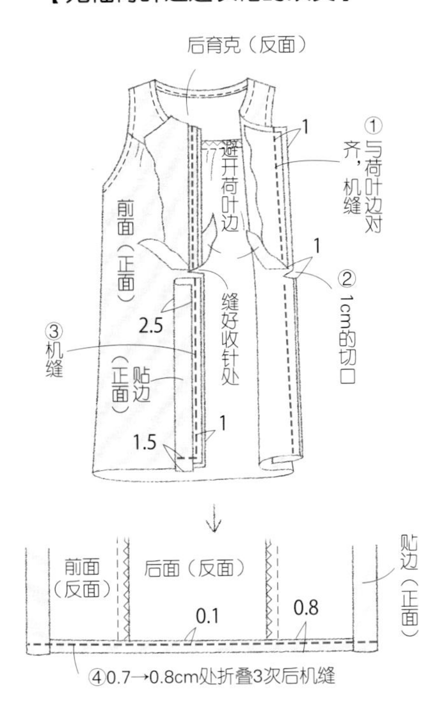
后育克（反面）
1
①与荷叶边对齐，机缝
避开荷叶边
前面（正面）
1
②1cm的切口
缝好收针处
2.5
③机缝
贴边（正面）
1
1.5

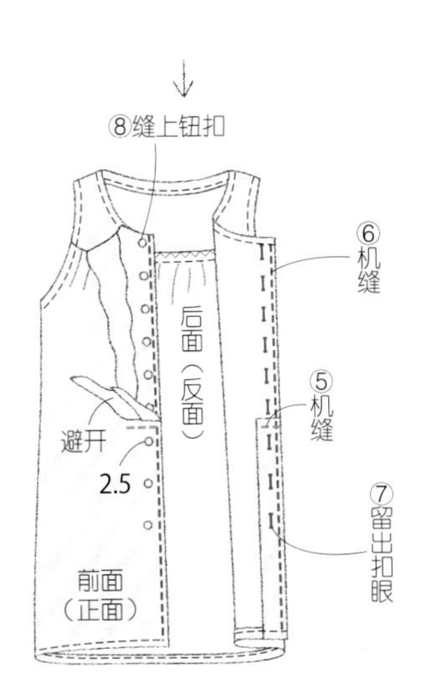
前面（反面）
后面（反面）
贴边（正面）
0.1
0.8
④0.7→0.8cm处折叠3次后机缝
⑧缝上钮扣
⑥机缝
后面（反面）
⑤机缝
避开
2.5
⑦留出扣眼
前面（正面）

【荷叶边连衣裙的改良】

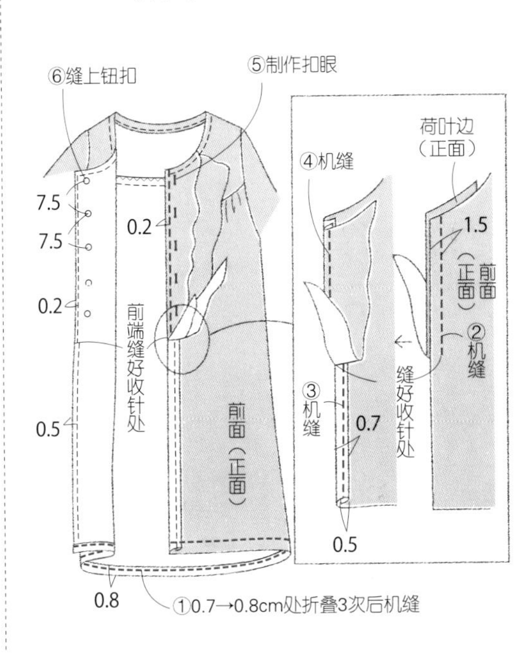
⑥缝上钮扣
⑤制作扣眼
荷叶边（正面）
④机缝
7.5
7.5
0.2
0.2
1.5
前面（正面）
②机缝
前端缝好收针处
③机缝
缝好收针处
0.7
0.5
前面（正面）
0.5
0.8
①0.7→0.8cm处折叠3次后机缝

P.10~11
及踝裙裤・蝴蝶结裙裤

材料（左起为蝴蝶结裙裤・及踝裙裤）
表布（棉布・亚麻天丝）宽110cm
长2.6・4m
松紧带 宽0.8cm 长2.4m

成品尺寸
总长52・86cm

实物大的图纸 A面

【布料的裁剪方法】

※ 除指定以外缝份均为1cm
※ 丝带无图纸，请按照图示的尺寸直接裁剪

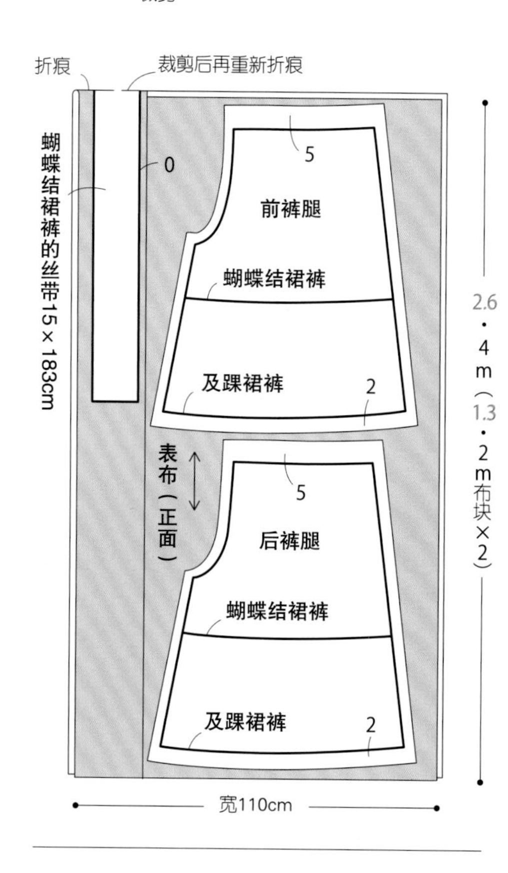

折痕
裁剪后再重新折痕
蝴蝶结裙裤的丝带15×183cm
0
5
前裤腿
蝴蝶结裙裤
及踝裙裤
2
表布（正面）
5
后裤腿
蝴蝶结裙裤
及踝裙裤
2
2.6・4m（1.3・2m布块×2）
宽110cm

【制作方法顺序】

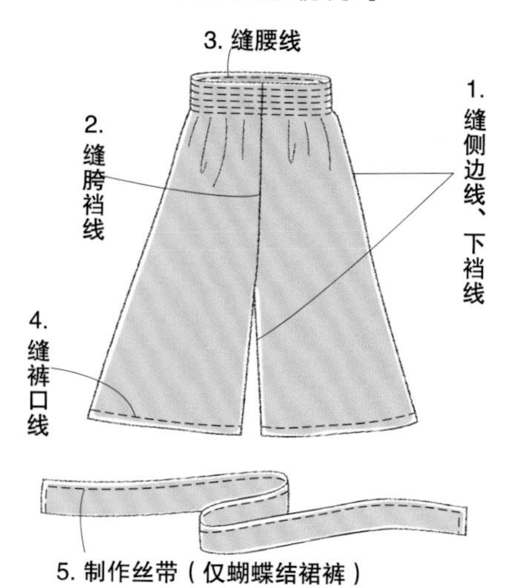

3. 缝腰线
2. 缝胯裆线
1. 缝侧边线、下裆线
4. 缝裤口线
5. 制作丝带（仅蝴蝶结裙裤）

1. 缝侧边线、下裆线

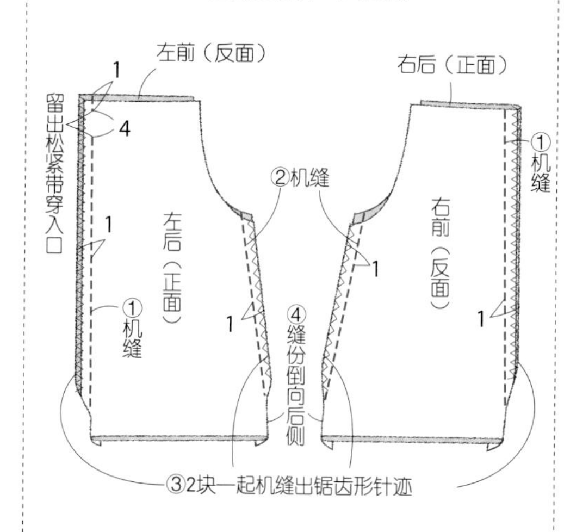

左前（反面）
右后（正面）
留出松紧带穿入口
1
4
左后（正面）
右前（反面）
②机缝
①机缝
④缝份倒向后侧
③2块一起机缝出锯齿形针迹

2. 缝胯裆线

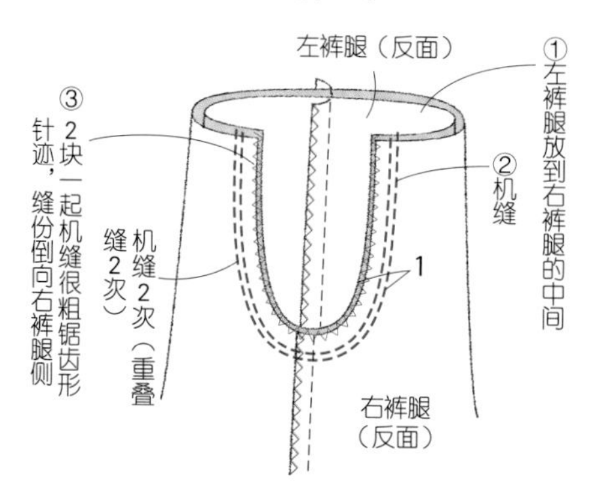

左裤腿（反面）
①左裤腿放到右裤腿的中间
②机缝
③2块一起机缝很粗锯齿形针迹，缝份倒向右裤腿侧
机缝2次（重叠缝2次）
1
右裤腿（反面）

3. 缝腰线

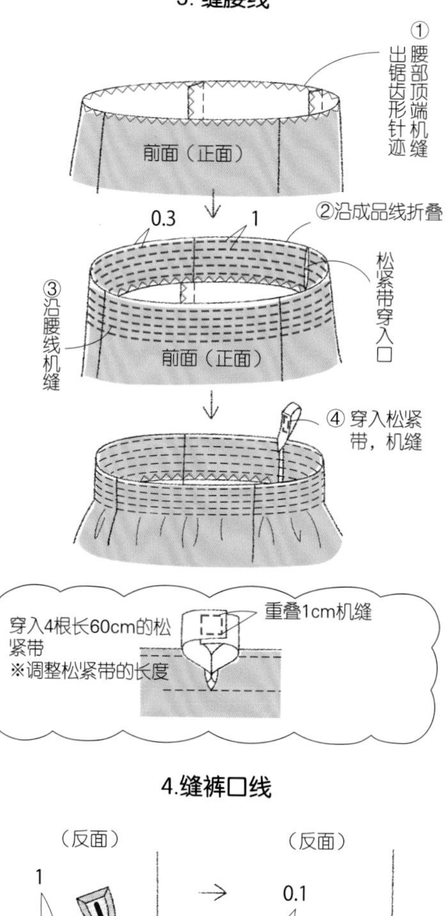

①腰部顶端机缝出锯齿形针迹
前面（正面）
0.3
1
②沿成品线折叠
松紧带穿入口
③沿腰线机缝
前面（正面）
④穿入松紧带，机缝
穿入4根长60cm的松紧带
※调整松紧带的长度
重叠1cm机缝

4.缝裤口线

（反面）
1
①折叠3次
（反面）
0.1
②机缝

5. 制作丝带

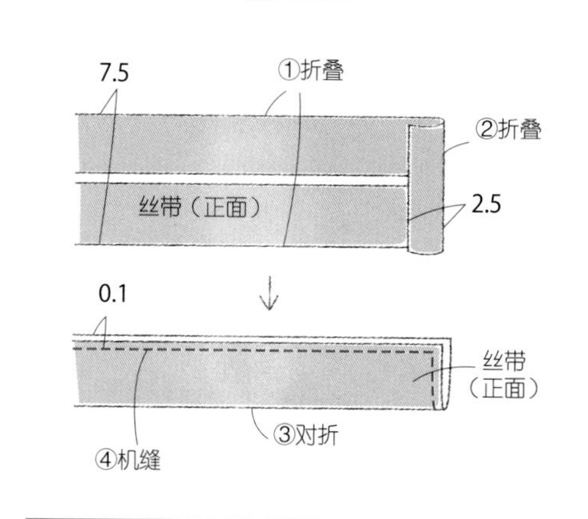

7.5
①折叠
②折叠
丝带（正面）
2.5
0.1
丝带（正面）
③对折
④机缝

P.8・10 吊带包

材料
表布（棉质印花）宽110cm 长1.1m

成品尺寸
30×60cm

【布料的裁剪方法】

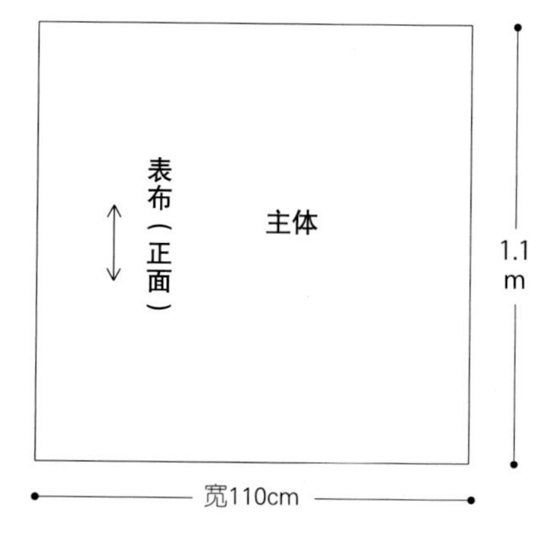

表布（正面）
主体
1.1m
宽110cm

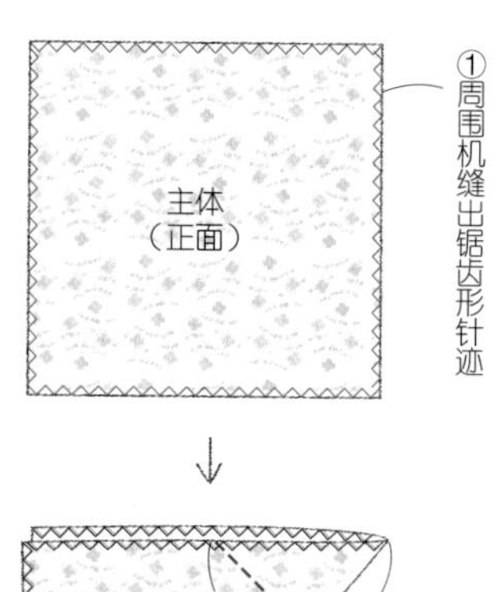

主体（正面）
①周围机缝出锯齿形针迹

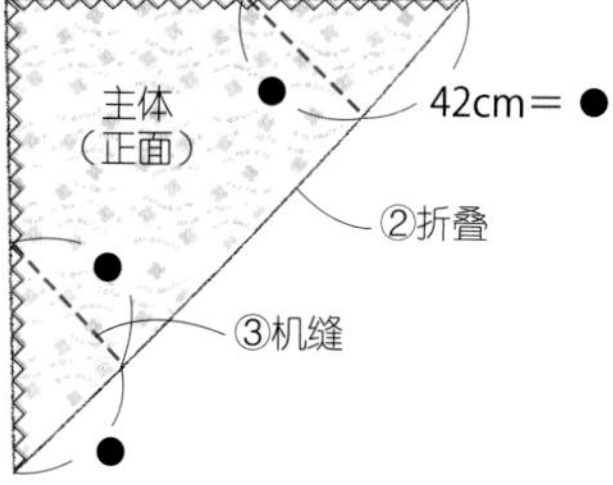

主体（正面）
42cm=●
②折叠
③机缝

缝纫 1

Smile Life × KOKKA的

秋日依恋衣物

全部均由Smile Life的小森女士制作。适宜秋天的灯芯绒，包括纱布、棉布等天然材质，极具成熟气质，深烟灰色的布料上点缀着星星与碎花图案。

摄影=藤田律子 版面设计=梅宫真纪子 编辑=佐藤友美

驼色外套和星星束腰上衣

轻柔的海军蓝星星束腰上衣搭配打底裤和腰带，清爽自然。选用一种名为“Shirt Cord灯芯绒”的灯芯绒制作而成的外套，预示着秋天渐渐来临。

制作方法 / P.20

实物大图纸 / A面

束腰上衣布料= 欧洲棉麻纱

外套布料= Shirt Cord灯芯绒

外套的贴边使用小碎花

腰间的转换线中加入松紧带，形成紧腰宽胸式设计。

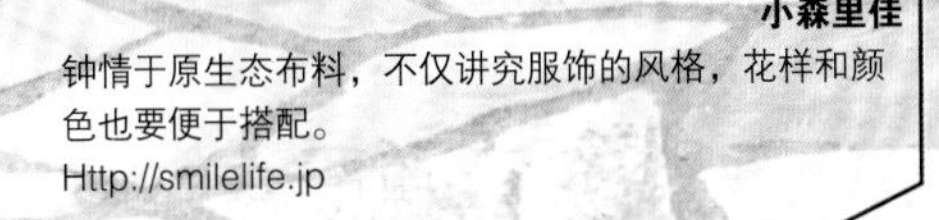

小森里佳

钟情于原生态布料，不仅讲究服饰的风格，花样和颜色也要便于搭配。

Http://smilelife.jp

※小森女士身高160cm，搭配使用的衣服、小物为私物。

包边布顺势打成蝴蝶结

袖孔为宽大的蝙蝠袖

星星花样的衬衫

灰色的星星花样布料制作出蝙蝠袖的衬衫。领口包边布直接拉长打出蝴蝶结。

制作方法 / P.21

实物大图纸 / A面

布料=欧洲棉麻纱

星星用串珠镶边，闪亮耀眼

短裤・五分裙裤

衬衫和连衣裙的星星花样扩大后印制在帆布上。套穿在打底裤上，舒适宽松。

制作方法 / P.23

实物大图纸 / B面

布料=棉麻帆布

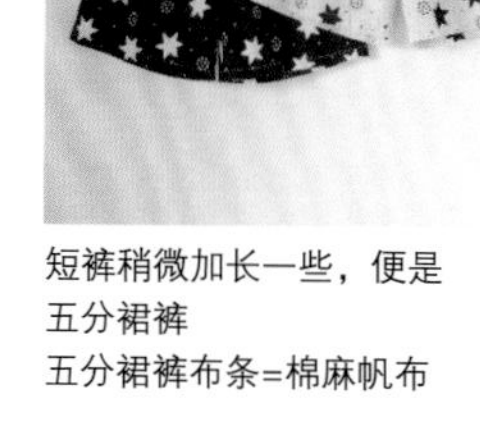

短裤稍微加长一些，便是五分裙裤

五分裙裤布条=棉麻帆布

发圈和蝴蝶结皮筋

海军蓝的发圈周围加入蕾丝花边，更加可爱。皮筋的蝴蝶结上也用珍珠串珠做点缀。

布料=欧洲棉麻纱

蝴蝶领结的项链

大、小蝴蝶结穿入链子中，制作成蝴蝶领结项链。让正统的衬衫更加耀眼。

布料=欧洲棉麻纱

星星花样与星星花样叠加的手提包

四方形的主体上端缝上三角形固定。

（参考作品）

青色手提包布料=棉麻帆布

欧洲棉麻纱

本白色手提包布料=棉麻帆布

欧洲棉麻纱

小碎花外套

P.15的驼色外套改良而成。正面加入丝带，散发着淑女气质的款式。主体为绿色小碎花，贴边则采用纯色，简单大方。

制作方法 / P.20

实物大图纸 / A面

布料=Shirt Cord灯芯绒

贴边采用同色系的纯色布料

套在连衣裙外，
轻盈素雅

纱布斗篷式衬衫

推荐秋季斗篷风格的外套。胸前的细褶皱和后面的大褶皱勾勒出弧形轮廓，自然的垂坠感更显漂亮。

布料=W起毛纱

背面

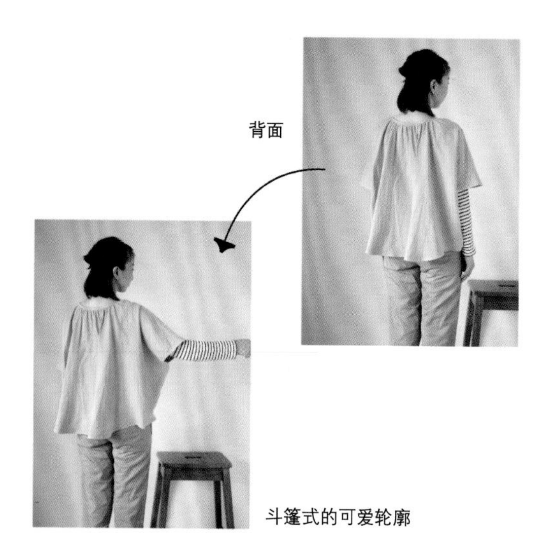

斗篷式的可爱轮廓

领口开叉处采用钩扣设计，成熟别致

连衣裙的转换部分没有松紧带，垂直的外形

正反面都可穿着的围裙式连衣裙

围裙式连衣裙和星星花样的连衣裙

秋季最流行的便是连衣裙的叠穿。柔软的起毛纱制作出围裙式的连衣裙。垂坠蓬松的外形，即便黑色也给人新颖的感觉。

制作方法 / P.21・22

实物大图纸 / B・A面

连衣裙布料=欧洲棉麻纱

围裙式连衣裙布料= W起毛纱

For Kids

烟灰色对于孩子们来说，既时尚又可爱。

用花样蕾丝装点

儿童吊带裙

灰蓝色的起毛纱加入灯芯绒的小碎花肩带。柔软但相对较厚的起毛纱适合春、夏、秋三个季节穿着。

布料= W起毛纱

儿童夹克

夹克的双排扣让衣服更密实，元宝领的设计也非常可爱。粉色与蓝绿色中都是采用小碎花和纯色灯芯绒的搭配。

蓝绿色夹克布料= Shirt Cord灯芯绒

粉色夹克布料= Shirt Cord灯芯绒

纱布毯子

轻柔的起毛纱加入宽大花边制作而成的毯子。布幅很宽，采用110 x 107cm，2块周围缝好。

布料= W起毛纱

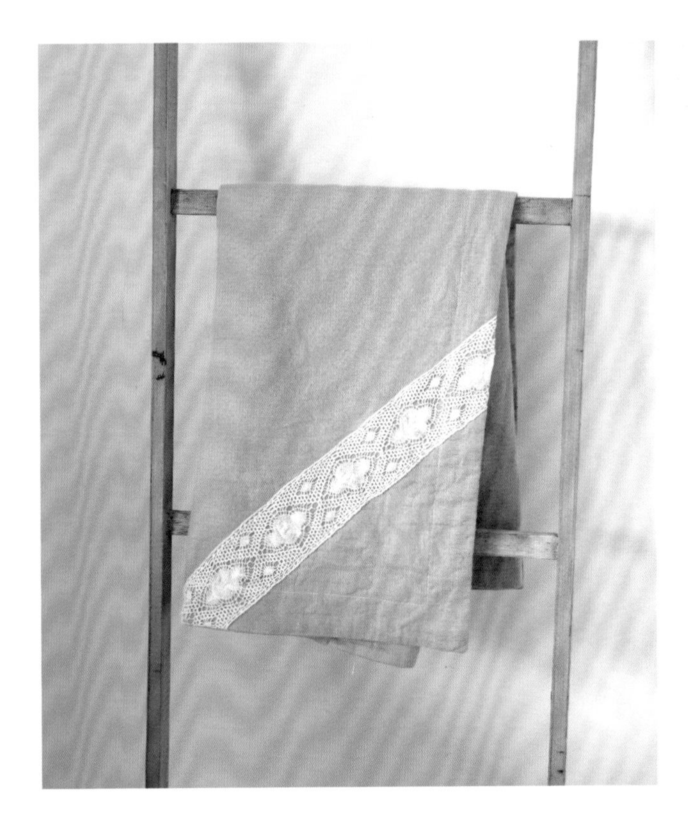

P.15 驼色外套
P.17 小碎花外套

材料

表布（Shirt Cord灯芯绒）宽110cm 长2.6m
其它布料（Shirt Cord灯芯绒）宽110cm 长1.2m
粘合芯 宽11cm 长1.2m
粘合布条 宽1cm 长60cm
钮扣 2.5cm 1颗
按扣 1对

成品尺寸

总长105cm 胸围94cm

实物大图纸 A面（外套的丝带在B面）

【布料的裁剪方法】

※ 除指定以外缝份均为1cm

※ 仅P.17的小碎花外套使用其它布料制作的丝带

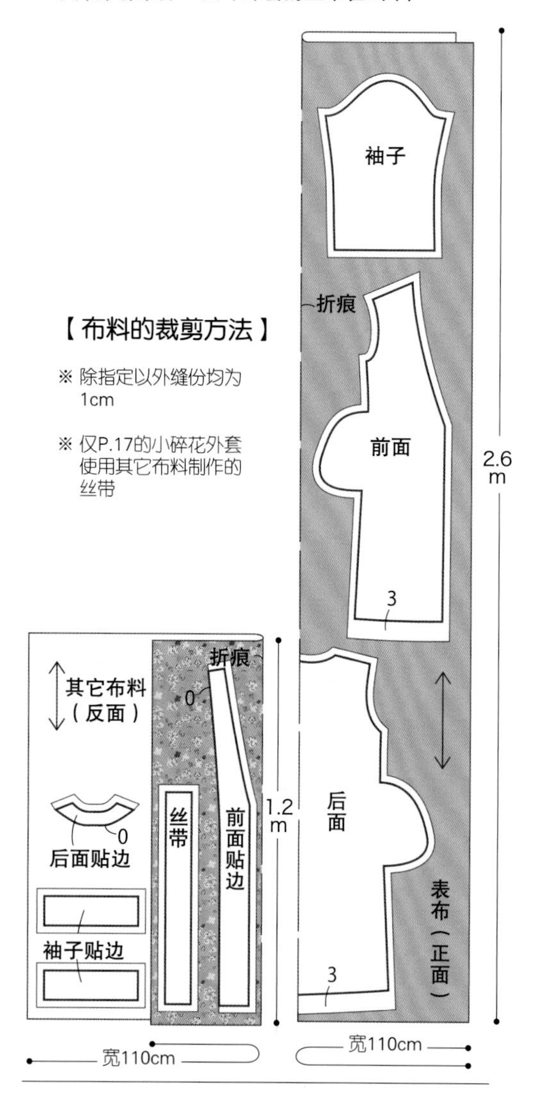

袖子
折痕
前面
2.6m
3
后面
表布（正面）
3
宽110cm
其它布料（反面）
折痕
0
丝带
前面贴边
1.2m
后面贴边
0
袖子贴边
宽110cm

【制作方法顺序】

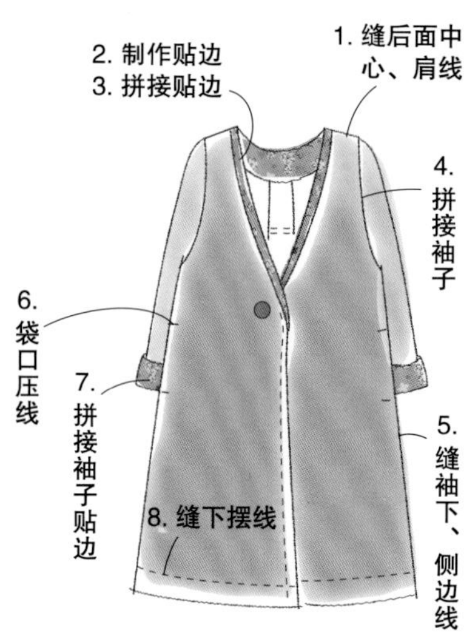

2. 制作贴边
3. 拼接贴边
1. 缝后面中心、肩线
4. 拼接袖子
6. 袋口压线
7. 拼接袖子贴边
8. 缝下摆线
5. 缝袖下、侧边线

※小碎花外套参考P.22「围裙式连衣裙」著作丝带，再缝到图纸中的拼接位置。仅右侧有口袋。

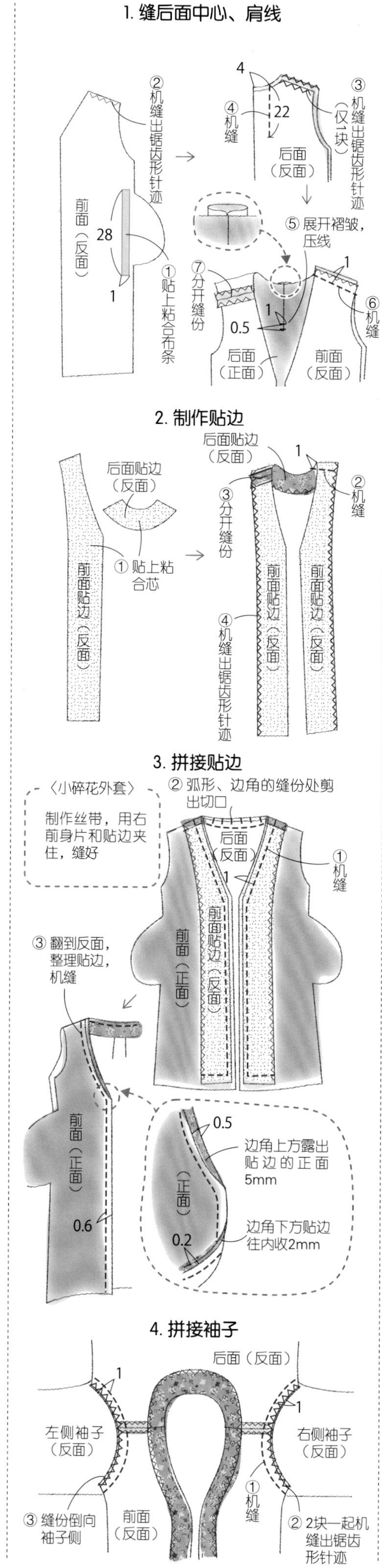

1. 缝后面中心、肩线
②机缝出锯齿形针迹
前面（反面）
28
1
①贴上粘合布条
4
④机缝
22
③机缝出锯齿形针迹（仅1块）
后面（反面）
⑤展开褶皱，压线
⑦分开缝份
1
1
0.5
⑥机缝
后面（正面）
前面（反面）
2. 制作贴边
后面贴边（反面）
①贴上粘合芯
前面贴边（反面）
后面贴边（反面）
1
③分开缝份
②机缝
④机缝出锯齿形针迹
前面贴边（反面）
前面贴边（反面）
3. 拼接贴边
〈小碎花外套〉
制作丝带，用右前身片和贴边夹住，缝好
②弧形、边角的缝份处剪出切口
后面（反面）
1
①机缝
前面（正面）
前面贴边（反面）
③翻到反面，整理贴边，机缝
前面（正面）
0.6
0.5
边角上方露出贴边的正面5mm
（正面）
0.2
边角下方贴边往内收2mm
4. 拼接袖子
后面（反面）
1
1
左侧袖子（反面）
右侧袖子（反面）
③缝份倒向袖子侧
前面（反面）
①机缝
②2块一起机缝出锯齿形针迹

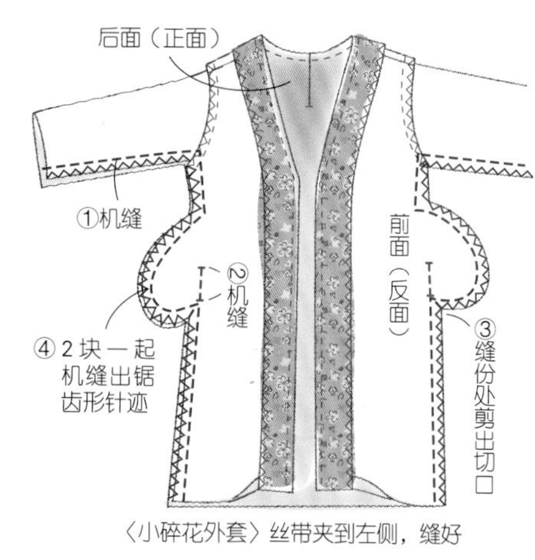

5. 缝袖下、侧边线
后面（正面）
①机缝
②机缝
④2块一起机缝出锯齿形针迹
前面（反面）
③缝份处剪出切口
〈小碎花外套〉丝带夹到左侧，缝好

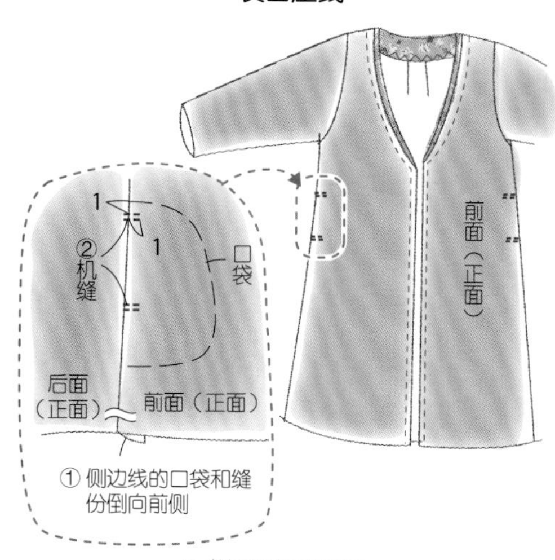

6. 袋口压线
1
②机缝
1
口袋
后面（正面）
前面（正面）
①侧边线的口袋和缝份倒向前侧
前面（正面）

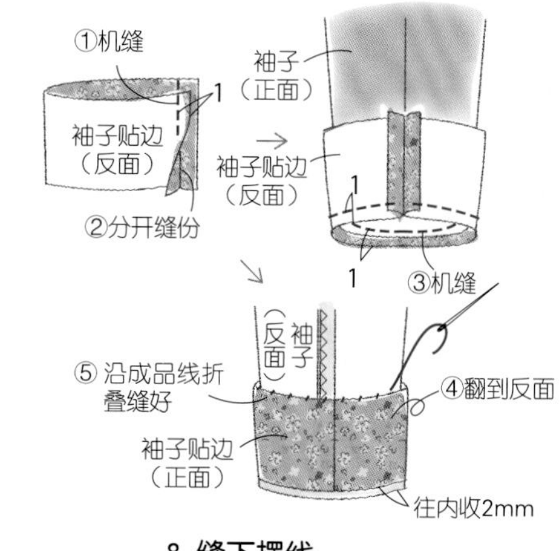

7. 拼接袖子贴边
①机缝
袖子贴边（反面）
1
②分开缝份
袖子（正面）
袖子贴边（反面）
1
1
③机缝
袖子（反面）
⑤沿成品线折叠缝好
④翻到反面
袖子贴边（正面）
往内收2mm

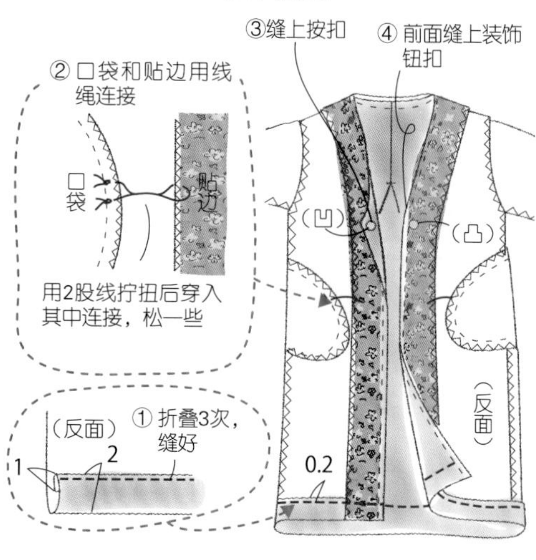

8. 缝下摆线
③缝上按扣
④前面缝上装饰钮扣
②口袋和贴边用线绳连接
口袋
贴边
用2股线拧扭后穿入其中连接，松一些
（凹）
（凸）
（反面）
①折叠3次，缝好
1
2
0.2
（反面）

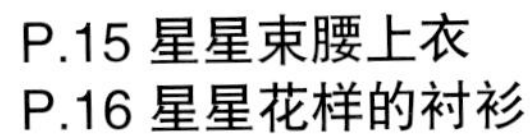

P.15 星星束腰上衣
P.16 星星花样的衬衫
P.18 星星花样的连衣裙

材料（左起为衬衫・束腰上衣・连衣裙）
表布（棉麻纱布）宽110cm 长2.2・3.2・3.5m
粘合芯 宽10cm 长15cm
钩扣（仅束腰上衣・连衣裙）1对
松紧带 宽1cm 长40・130・40cm

成品尺寸
总长53・90・105cm
胸围112cm

实物大图纸 A面

【布料的裁剪方法】

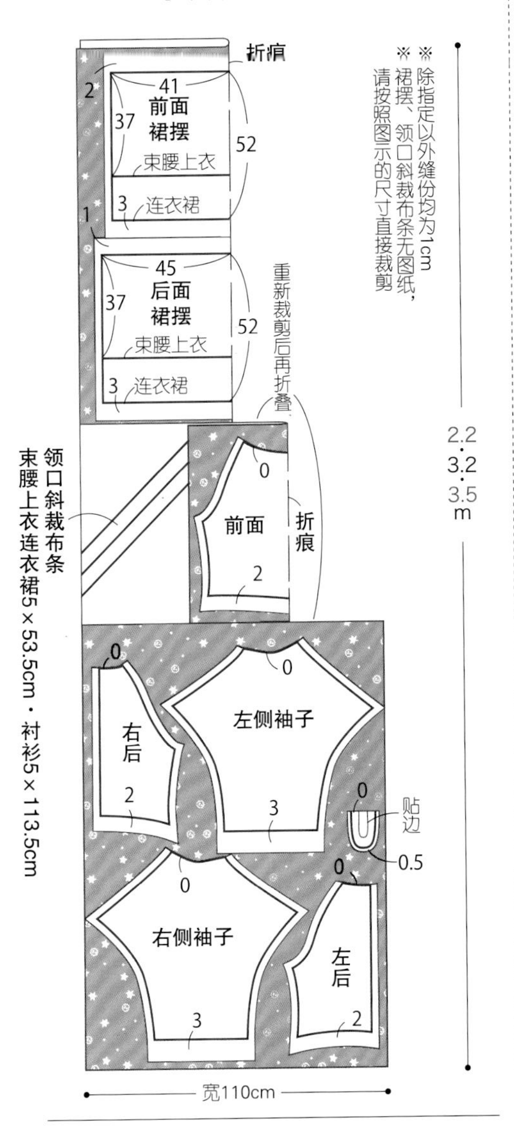

折痕
前面裙摆
41
37
52
2
1
束腰上衣
3 连衣裙
后面裙摆
45
重新裁剪后再折叠
※除指定以外缝份均为1cm
※裙摆、领口斜裁布条无图纸，请按照图示的尺寸直接裁剪
束腰上衣连衣裙领口斜裁布条5×53.5cm・衬衫5×113.5cm
前面
0
折痕
右后
左侧袖子
贴边
0.5
右侧袖子
左后
2.2・3.2・3.5m
宽110cm

【制作方法顺序】

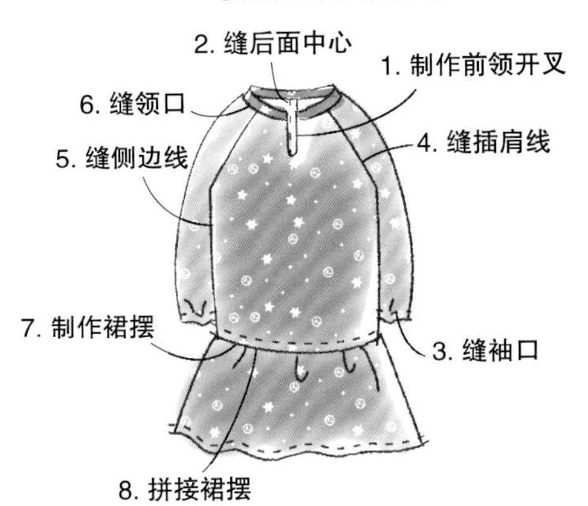

2. 缝后面中心
1. 制作前领开叉
6. 缝领口
5. 缝侧边线
4. 缝插肩线
7. 制作裙摆
3. 缝袖口
8. 拼接裙摆

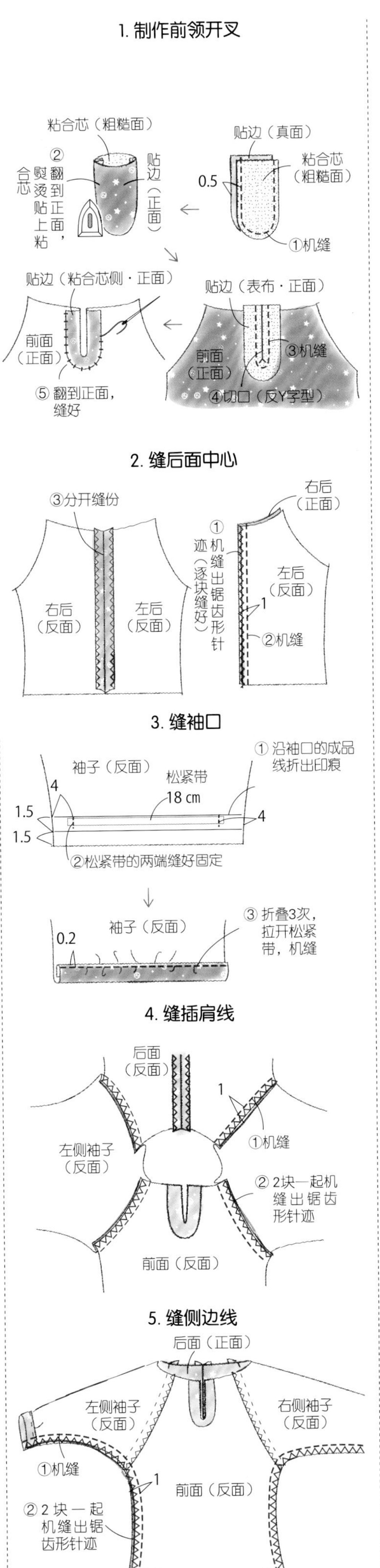

1. 制作前领开叉
粘合芯（粗糙面）
②熨烫贴上粘合芯
翻到正面
贴边（正面）
贴边（真面）
粘合芯（粗糙面）
0.5
①机缝
贴边（粘合芯侧・正面）
贴边（表布・正面）
前面（正面）
③机缝
⑤翻到正面，缝好
④切口（反Y字型）
2. 缝后面中心
③分开缝份
右后（正面）
①机缝出锯齿形针迹（逐块缝好）
左后（反面）
右后（反面）
②机缝
1
3. 缝袖口
①沿袖口的成品线折出印痕
袖子（反面）
松紧带
18 cm
4
1.5
1.5
②松紧带的两端缝好固定
0.2
③折叠3次，拉开松紧带，机缝
4. 缝插肩线
后面（反面）
1
①机缝
左侧袖子（反面）
②2块一起机缝出锯齿形针迹
前面（反面）
5. 缝侧边线
后面（正面）
左侧袖子（反面）
右侧袖子（反面）
①机缝
1
②2块一起机缝出锯齿形针迹
前面（反面）

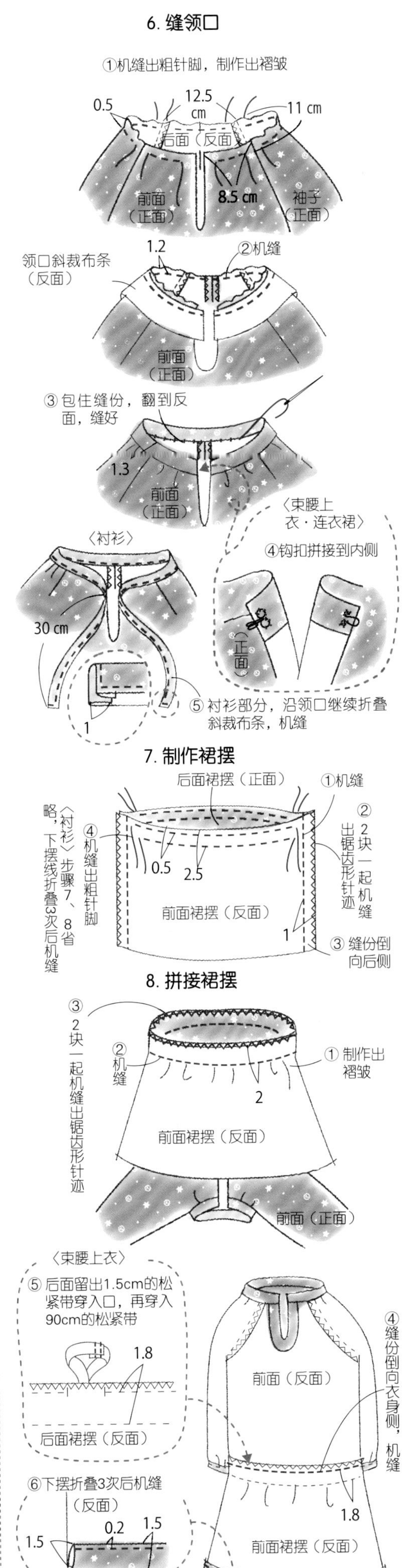

6. 缝领口
①机缝出粗针脚，制作出褶皱
0.5
12.5 cm
11 cm
后面（反面）
前面（正面）
8.5 cm
袖子（正面）
1.2
②机缝
领口斜裁布条（反面）
③包住缝份，翻到反面，缝好
1.3
〈束腰上衣・连衣裙〉
④钩扣拼接到内侧
（正面）
〈衬衫〉
30 cm
⑤衬衫部分，沿领口继续折叠斜裁布条，机缝
1
7. 制作裙摆
后面裙摆（正面）
①机缝
②2块一起机缝出锯齿形针迹
④机缝出粗针脚
〈衬衫〉步骤7、8省略，下摆线折叠3次后机缝
0.5
2.5
前面裙摆（反面）
1
③缝份倒向后侧
8. 拼接裙摆
③2块一起机缝出锯齿形针迹
②机缝
①制作出褶皱
2
前面裙摆（反面）
前面（正面）
〈束腰上衣〉
⑤后面留出1.5cm的松紧带穿入口，再穿入90cm的松紧带
1.8
后面裙摆（反面）
⑥下摆折叠3次后机缝
（反面）
1.5
0.2
1.5
前面（反面）
④缝份倒向衣身侧，机缝
1.8
前面裙摆（反面）

P.18
围裙式连衣裙

材料

表布（W纱）宽108cm 长2.8m

成品尺寸

总长102cm 胸围90cm

实物大图纸 B面

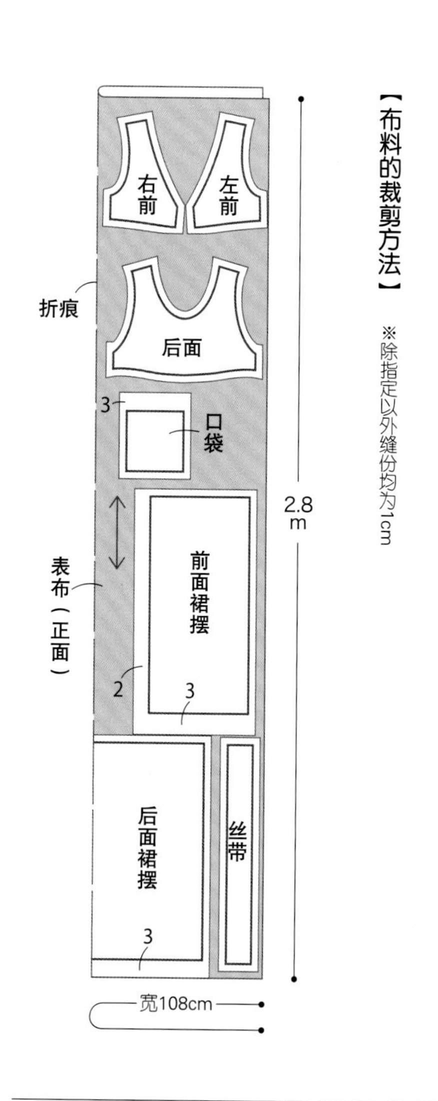

【布料的裁剪方法】
※除指定以外缝份均为1cm
右前
左前
折痕
后面
口袋
前面裙摆
后面裙摆
丝带
表布（正面）
2.8m
宽108cm

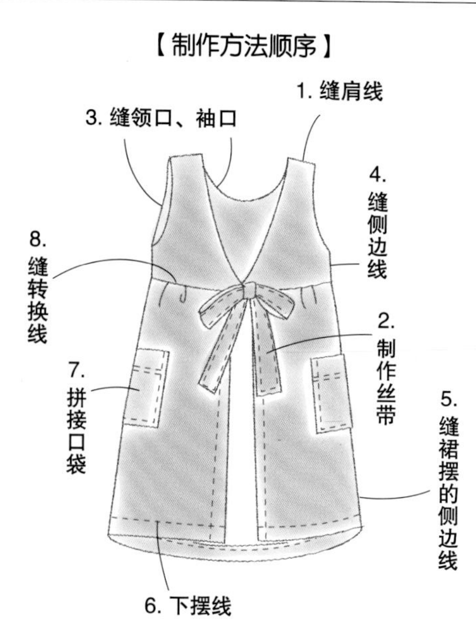

【制作方法顺序】
1. 缝肩线
3. 缝领口、袖口
4. 缝侧边线
8. 缝转换线
2. 制作丝带
7. 拼接口袋
5. 缝裙摆的侧边线
6. 下摆线

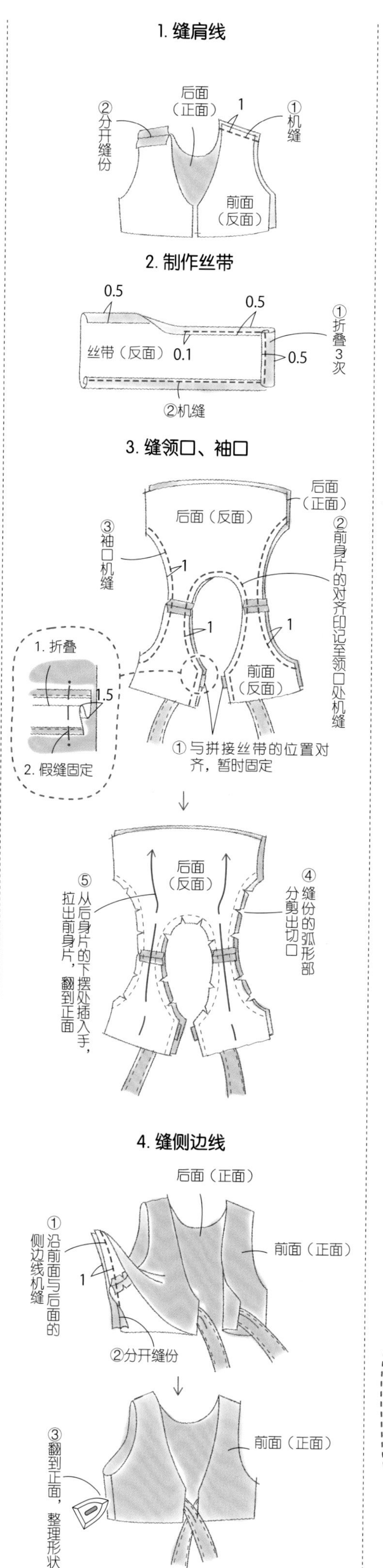

1. 缝肩线
①机缝
②分开缝份
后面（正面）
前面（反面）
2. 制作丝带
①折叠3次
②机缝
丝带（反面）
3. 缝领口、袖口
后面（反面）
后面（正面）
②前身片的对齐印记至领口处机缝
③袖口机缝
前面（反面）
①与拼接丝带的位置对齐，暂时固定
1. 折叠
2. 假缝固定
④缝份的弧形部分剪出切口
⑤从后身片的下摆处插入手，拉出前身片，翻到正面
4. 缝侧边线
后面（正面）
前面（正面）
①沿前面与后面的侧边线机缝
②分开缝份
③翻到正面，整理形状

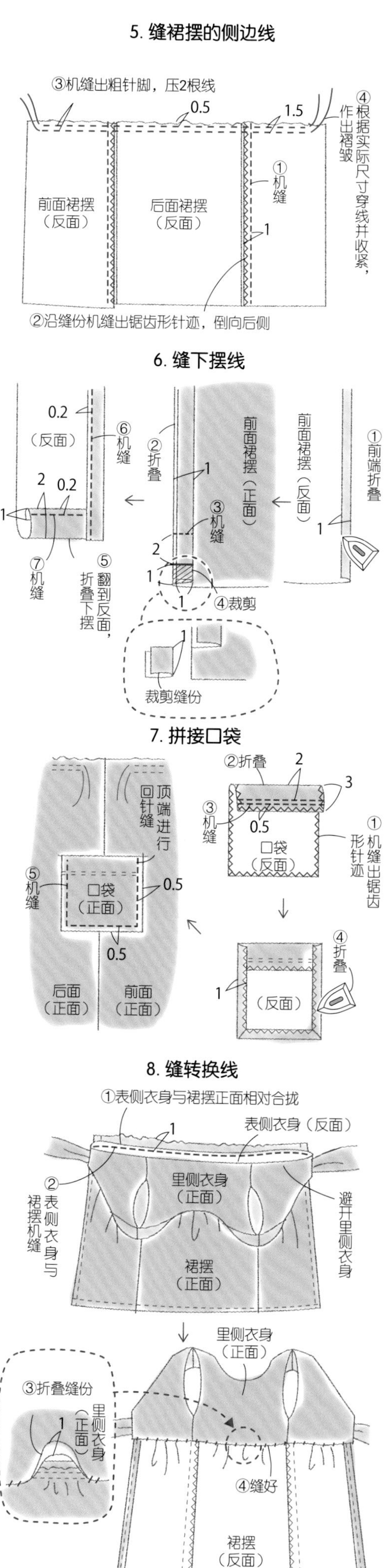

5. 缝裙摆的侧边线
③机缝出粗针脚，压2根线
④根据实际尺寸穿线并收紧，作出褶皱
①机缝
前面裙摆（反面）
后面裙摆（反面）
②沿缝份机缝出锯齿形针迹，倒向后侧
6. 缝下摆线
（反面）
⑥机缝
②折叠
⑦机缝
⑤翻到反面，折叠下摆
前面裙摆（正面）
前面裙摆（反面）
①前端折叠
③机缝
④裁剪
裁剪缝份
7. 拼接口袋
②折叠
③机缝
①机缝出锯齿形针迹
口袋（反面）
④折叠
（反面）
顶端进行回针缝
⑤机缝
口袋（正面）
后面（正面）
前面（正面）
8. 缝转换线
①表侧衣身与裙摆正面相对合拢
表侧衣身（反面）
②沿表侧衣身与裙摆机缝
里侧衣身（正面）
避开里侧衣身
裙摆（正面）
③折叠缝份
里侧衣身（正面）
④缝好
裙摆（反面）

P.16 短裤·五分裙裤

材料

（左起为短裤·五分裙裤）
表布（棉麻帆布）宽110cm 长1.3·1.5m
松紧带 宽1.5cm 长60cm，串珠适量

成品尺寸

总长50·60cm

实物大图纸 B面

P.16 蝴蝶领结的项链 蝴蝶结皮筋·发圈

材料（蝴蝶领结的项链）
表布（附赠布料）18×24cm
链子 42cm
圆形扣 2个·蟹形扣1个
丝带·吊饰适量

材料（蝴蝶结皮筋）
表布（附赠布料）18×24cm
皮筋20cm
珍珠串珠0.3cm 7颗

材料（发圈）
表布（附赠布料）18×24cm
花边 宽1.4cm 长65cm
皮筋 20cm

【布料的裁剪方法】

※除指定以外缝份均为1cm

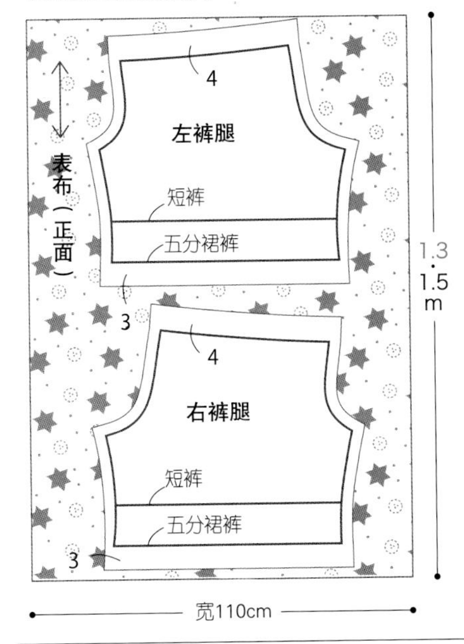

4
左裤腿
表布（正面）
短裤
五分裙裤
3
4
右裤腿
短裤
五分裙裤
3
1.3
1.5
m
宽110cm

【制作方法顺序】

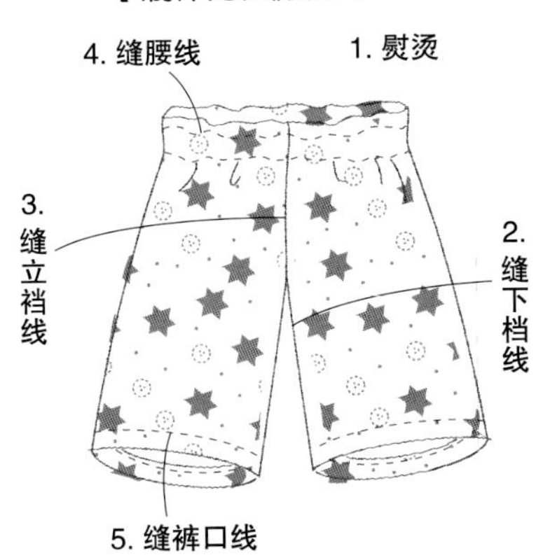

4. 缝腰线
1. 熨烫
3. 缝立裆线
2. 缝下档线
5. 缝裤口线

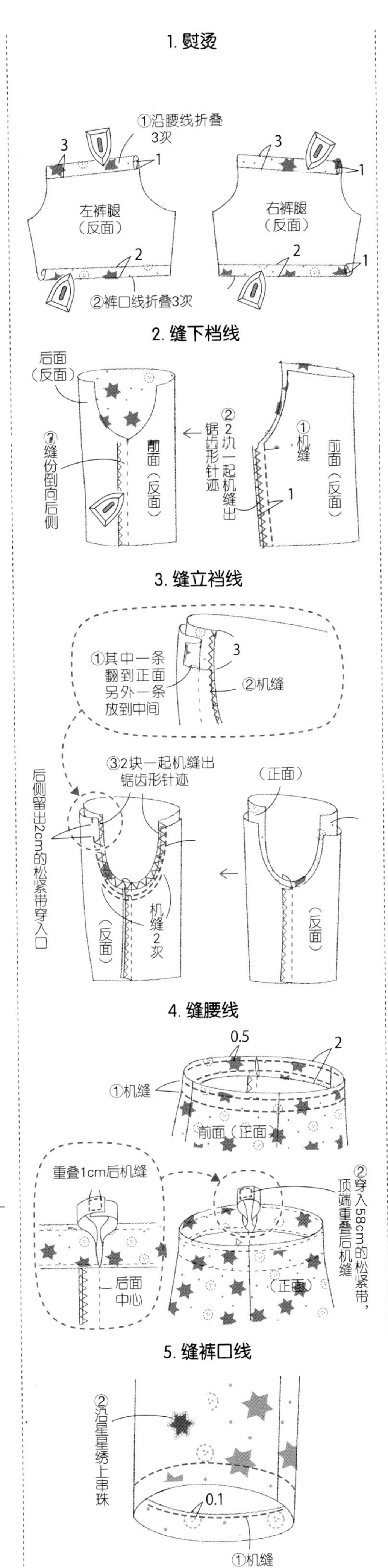

1. 熨烫
①沿腰线折叠3次
3
1
左裤腿（反面）
右裤腿（反面）
2
②裤口线折叠3次
2. 缝下档线
后面（反面）
③缝份倒向后侧
前面（反面）
②2块一起机缝出锯齿形针迹
①机缝
1
3. 缝立裆线
①其中一条翻到正面另外一条放到中间
②机缝
③2块一起机缝出锯齿形针迹
（正面）
后侧留出2cm的松紧带穿入口
机缝2次
（反面）
4. 缝腰线
0.5
2
①机缝
前面（正面）
重叠1cm后机缝
后面中心
②穿入58cm的松紧带，顶端重叠后机缝
（正面）
5. 缝裤口线
②沿星星绣上串珠
0.1
①机缝

【蝴蝶领结项链的制作方法】

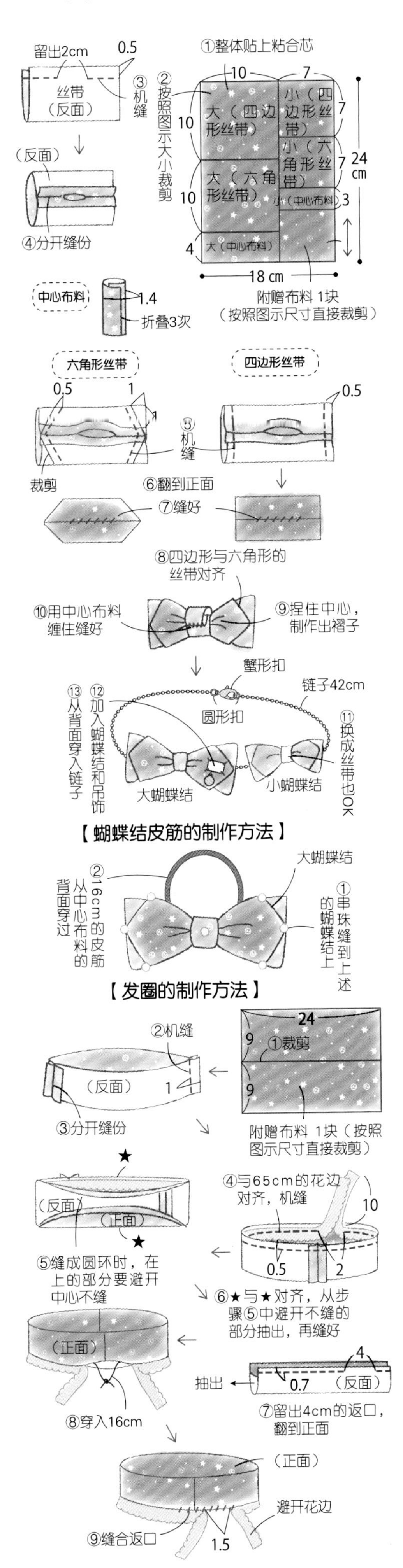

留出2cm
0.5
丝带（反面）
③机缝
②按照图示大小裁剪
①整体贴上粘合芯
10
7
大（四边形丝带）
小（四边形丝带）
大（六角形丝带）
小（六角形丝带）
小（中心布料）
大（中心布料）
24 cm
18 cm
附赠布料 1块（按照图示尺寸直接裁剪）
（反面）
④分开缝份
中心布料
1.4
折叠3次
六角形丝带
四边形丝带
③机缝
裁剪
⑥翻到正面
⑦缝好
⑧四边形与六角形的丝带对齐
⑩用中心布料缠住缝好
⑨捏住中心，制作出褶子
蟹形扣
链子42cm
⑬从背面穿入链子
⑫加入蝴蝶结和吊饰
圆形扣
⑪换成丝带也OK
大蝴蝶结
小蝴蝶结
【蝴蝶结皮筋的制作方法】
大蝴蝶结
②16cm的皮筋从中心布料背面穿过
①串珠缝到上述的蝴蝶结上
【发圈的制作方法】
24
9
①裁剪
9
附赠布料 1块（按照图示尺寸直接裁剪）
②机缝
（反面）
③分开缝份
（反面）
（正面）
⑤缝成圆环时，在上的部分要避开中心不缝
④与65cm的花边对齐，机缝
10
0.5
2
⑥★与★对齐，从步骤⑤中避开不缝的部分抽出，再缝好
（正面）
⑧穿入16cm
抽出
4
0.7
（反面）
⑦留出4cm的返口，翻到正面
（正面）
避开花边
⑨缝合返口
1.5

出游，悦心

三招营造温馨野餐氛围

十月，秋高气爽，正是出游的好时节。

可别辜负难得的长假，带上心爱的宝贝，伴着亲爱的他，去和大自然"约会"吧！

云霄奇思妙想，秋天是大自然最慷慨的季节，你只要亲近她，她便会让你满载而归。寻一处安静地，摆开轻便的桌椅，铺上漂亮的桌布和餐巾，打开丰盛的野餐篮，准备好诱人的烧烤架，让满眼的风景点缀你的餐桌，愉悦你的心。

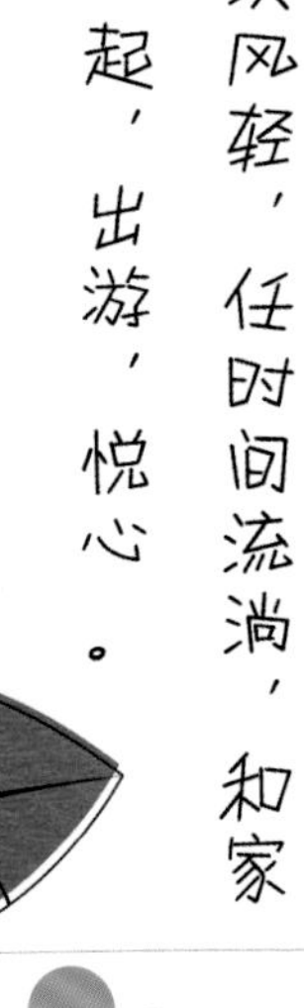

看云淡风轻，任时间流淌，和家人在一起，出游，悦心。

缝纫2

用法式印花布“Mas d’Ouvan”制作V领衬衫和蝴蝶结长裙

试试看法国进口的“Mas d’Ouvan”漂亮印花布能制作出什么样的秋季服饰吗？

摄影=藤田律子 版面设计=梅宫真纪子
形象设计=山田祐子 发型=间中佳子
模特=和田蓝（身高155cm・M码）
Yurara（身高105cm・穿着110cm）
作品制作=太田秀美（服装）Swany工坊（小物）
编辑=佐藤友美

※缝纫作品2的大人尺寸S・M・L・LL，儿童尺寸80・100・120・140附实物大图纸

V领连衣裙

今年用“Mas d’Ouvan”印花布制作出秋天的V领连衣裙。设计非常具有质感，衣身和袖子能起到修身效果。

制作方法 / P.31~33
实物大的图纸 / B面
布料= Mas d’Ouvan 灰褐色（大人）
红褐色（儿童）

背面

搭配牛仔裤，休闲舒适

丝带随意打结，简单可爱

蝴蝶结套裙

看上去像衬布的裙子，设计巧妙，图型样式由前后2块布料缝合而成，在前面打结后即可，穿着方法简单，正反面的布料具有强烈的对比感。

制作方法 / P.30~31

实物大的图纸 / C面

大人布料= Mas d' Ouvan　Manon-A0116-2红粉色
亚麻-c0032-1酒红色

儿童布料= Mas d' Ouvan　Sevigne-A0115-红褐色
亚麻-C0031-1褐色

丝带与背面的表布为同一色，具有一体感

背面

前后的侧边线缝至套裙衬布的顶端

V领衬衫

P.26的连衣裙缩短后便是衬衫。分量减少后大花朵显得可爱精致。搭配牛仔裤，释放“Mas d’ Ouvan”的休闲风。

制作方法 / P.31~33

实物大的图纸 / B面

大人布料= Mas d’ Ouvan　Manon–A0116–1粉褐色

儿童布料= Mas d’ Ouvan　Sevigne–A0115–2灰褐色

粗纹绸丝带打结

背面

Mas d’ Ouvan 的居家鞋

穿上“Mas d’ Ouvan”的居家鞋，享受在家的休闲时光。铺棉芯和毛毡松松软软让脚底更舒适。

尺寸：24.5・19.5cm

1.
3.
2.
4.

用法式印花布“Mas d’Ouvan”制作的手提包

法国进口的“Mas d’Ouvan”布料加上Swany原创设计的配件。

1.
3.
2.
4.

1. Mas d’Ouvan Sevigne 时尚手提包

用与印花布统一的单色亚麻制作出侧边，皮革提手既可以挎到肩上又可以提在手上，长度恰到好处。

尺寸：H21×W38×D10cm

2. Mas d’Ouvan Ratna 竹节手提包

竹节的提手适合成熟时尚气质。包口布采用深灰色亚麻，充分衬托出印花布的时尚感。

尺寸：H25×W39cm

3. Mas d’Ouvan Sevigne 奶奶包

成熟的休闲包推荐使用棕色制作，洗练且富有诗意。蓬松自然的褶皱，让外形更具立体感。

尺寸：H21×W27×D12cm

4. Mas d’Ouvan 时尚两用包

独特的法国红，漂亮时尚。提手也采用相应的红色，内侧绳带可变形，两用功能令人欣喜。

尺寸：H25×W32×D15cm

温馨亲子装！

P.27
蝴蝶结长裙

【材料】

（左起尺寸为大人S・M・L・LL，儿童80・100・120・140cm）

表布（棉质印花）宽110cm
长2・2.1・2.2・2.3・
1・1.2・1.3・1.5m

其它布料（亚麻）宽140cm
长1.9・2・2.1・2.1m・
50・60・70・140cm

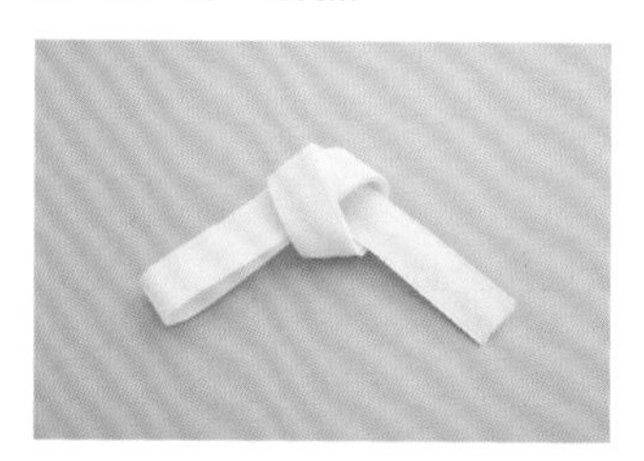

松紧带 宽4・2cm
长60・62・66・70・
43・48・52・54cm

【制作方法顺序】

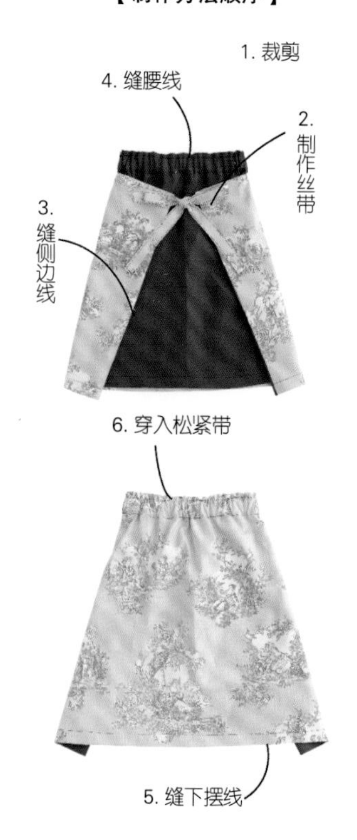
1. 裁剪
4. 缝腰线
2. 制作丝带
3. 缝侧边线
6. 穿入松紧带
5. 缝下摆线

1. 裁剪

丝带
前面&后面

❶ 图纸复写到肯特纸上，留出缝份后裁剪。（腰部为7.5、5cm，下摆围3.5、3cm，其它部分为1cm，按大人、儿童的顺序标记）

❷ 考虑好花样的配置（花样组合），表布正面朝外折叠，放好裙摆前后面、丝带图纸后进行裁剪。

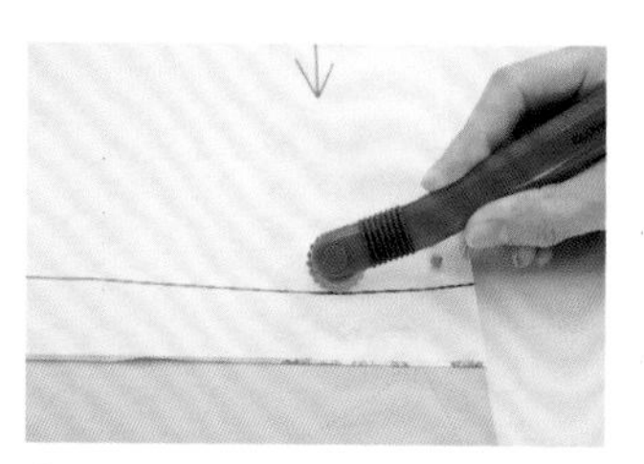

❸ 夹入画粉纸，用转轮剪刀画出印记。

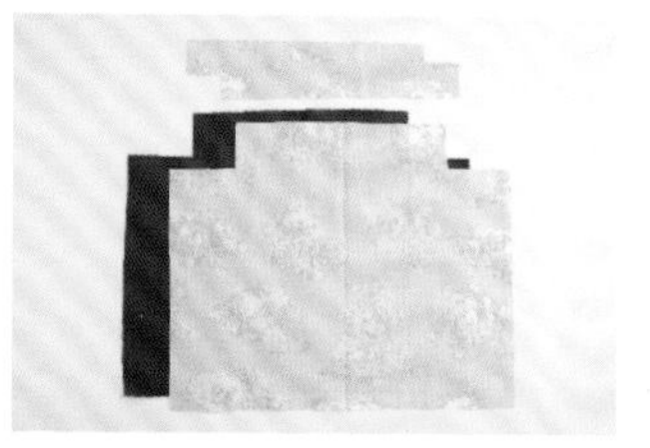

❹ 其它布料也裁剪出裙摆的主体。

2. 制作丝带

❶ 丝带的缝份折叠1cm。

❷ 再对折，熨烫整理。

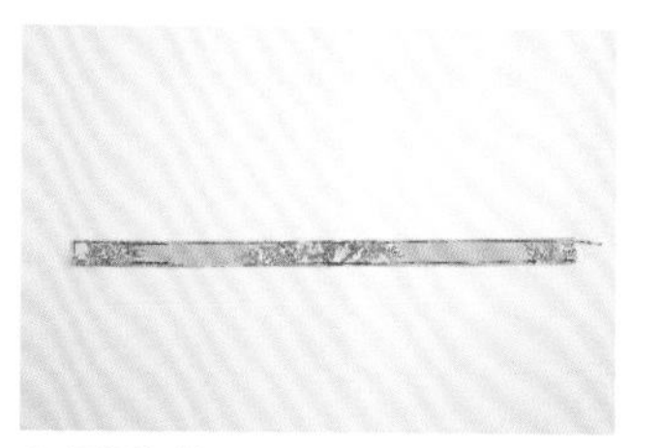

❸ 周围机缝。

3. 缝侧边线

❶ 裙摆的前后部分正面相对合拢，丝带固定到拼接位置。

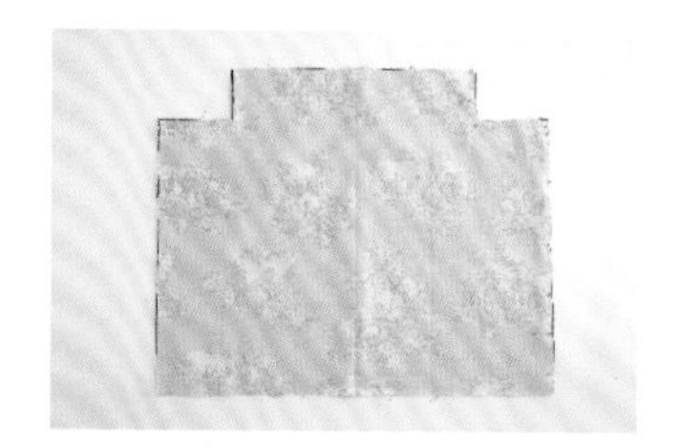

❷ 前后部分的侧边线对齐，用绷针固定。

❸ 机缝缝合。

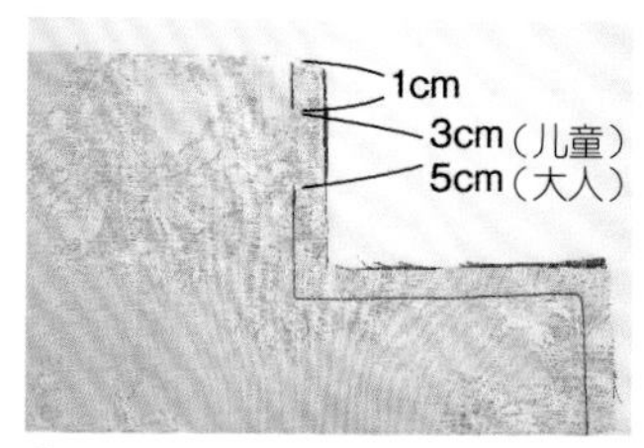
1cm
3cm（儿童）
5cm（大人）

❹ 其中一侧留出松紧带穿入口。

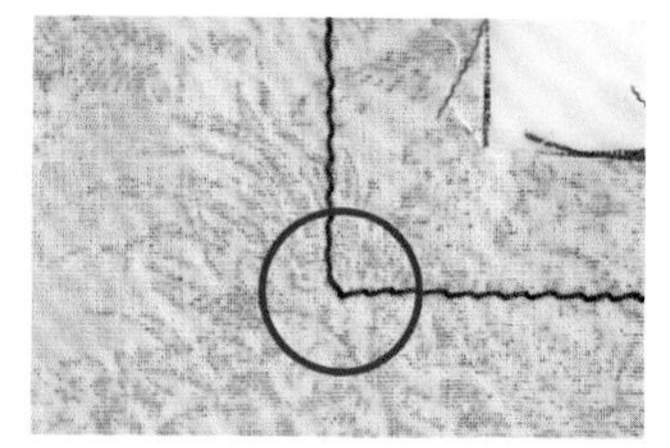

❺ 边角斜着缝1针，翻到正面时会更平整漂亮。

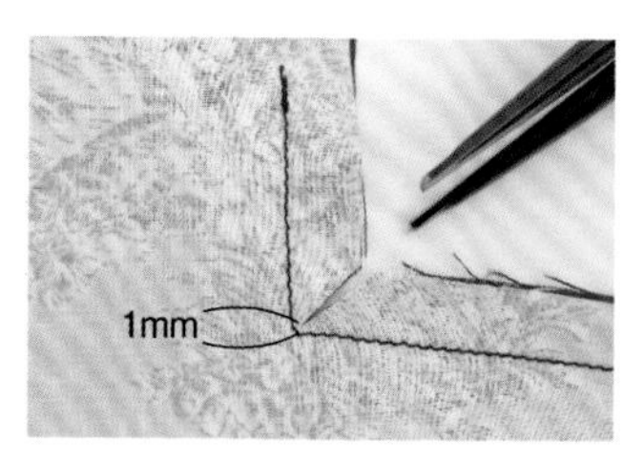
1mm

❻ 边角的缝份剪出切口。

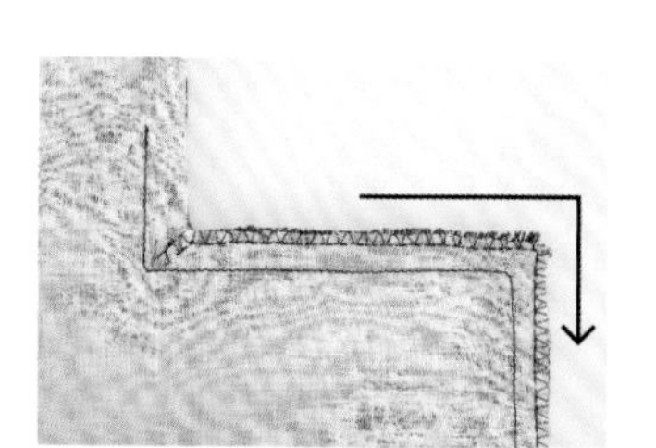

❼ 从切口开始，向下机缝出锯齿形针迹。

4. 缝腰线

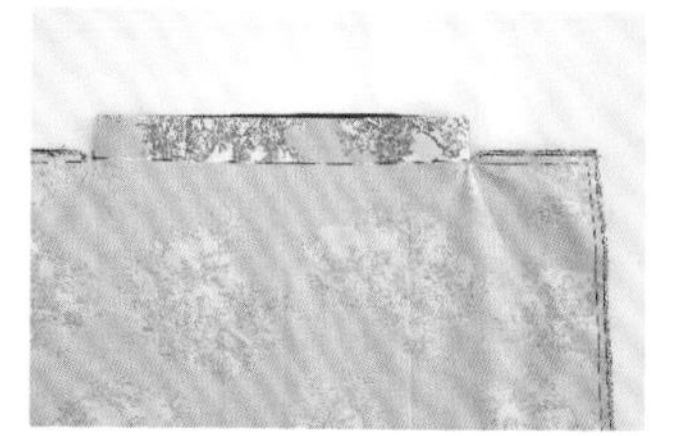

❶ 大人长裙在1→6.5cm处、儿童长裙在1→4cm处依次折叠3次。

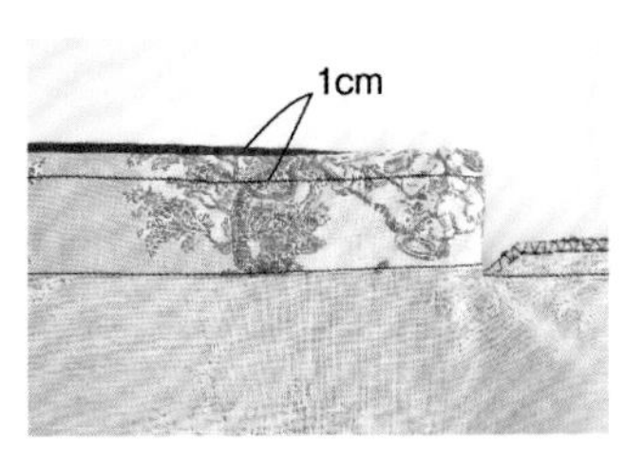
1cm

❷ 折叠过3次的顶端和距离上方1cm的位置进行机缝。

5. 缝下摆线

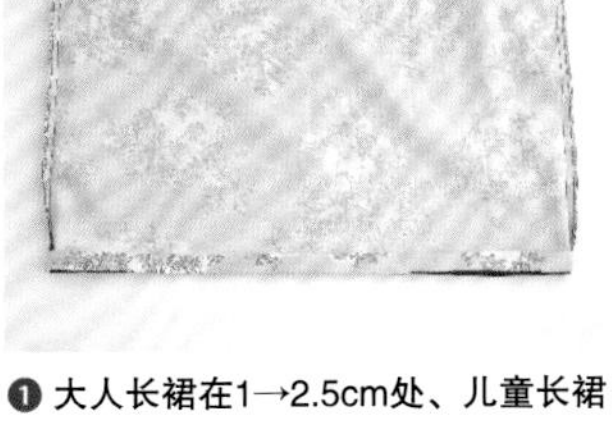

❶ 大人长裙在1→2.5cm处、儿童长裙在1→2cm处依次折叠3次。

❷ 折叠过3次的顶端进行机缝。

6. 穿入松紧带

❶ 折叠边角的缝份，熨烫。

❷ 翻到正面，用锥子将边角挑出，整理。

❸ 松紧带从穿入口中穿过。（大人为58・62・66・70cm，儿童为43・48・52・54cm）

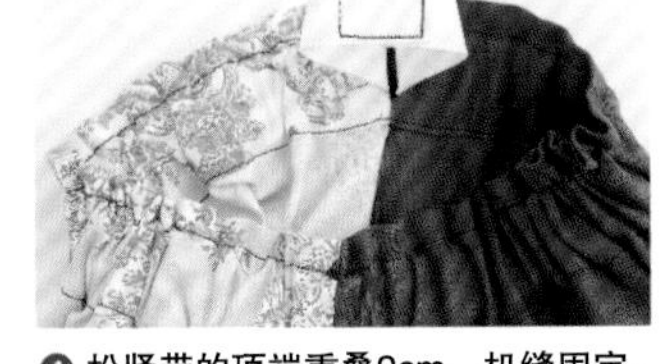

❹ 松紧带的顶端重叠2cm，机缝固定。

P.26・28
V领连衣裙・V领衬衫

【材料】

（左起尺寸为大人S・M・L・LL，儿童80・100・120・140）

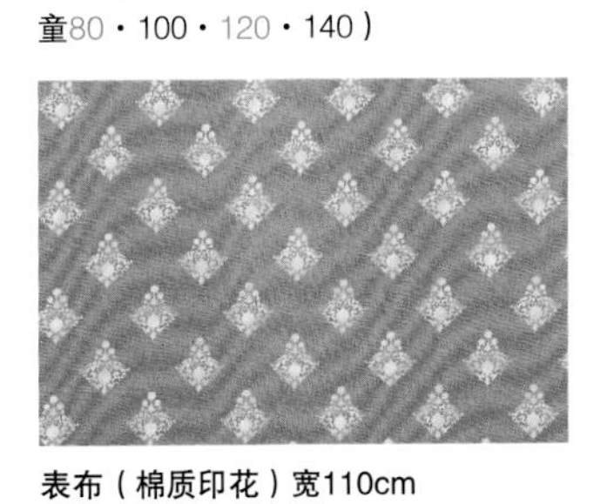

表布（棉质印花）宽110cm

【连衣裙】

长3.2・3.2・3.4・3.4・1.5・1.6・2.4・2.5m

【衬衫】

长2.6・2.6・2.7・2.7・1.2・1.3・1.6・1.7m

粗纹绸带大人连衣裙宽1.5，儿童连衣裙宽1cm

长2.2・2.3・2.4・2.5m・1.5・1.6・1.7・1.8m

【制作方法顺序】

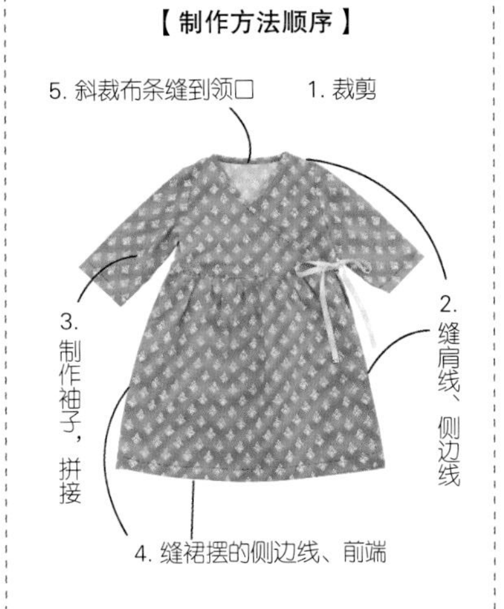
5. 斜裁布条缝到领口
1. 裁剪
3. 制作袖子，拼接
2. 缝肩线、侧边线
4. 缝裙摆的侧边线、前端

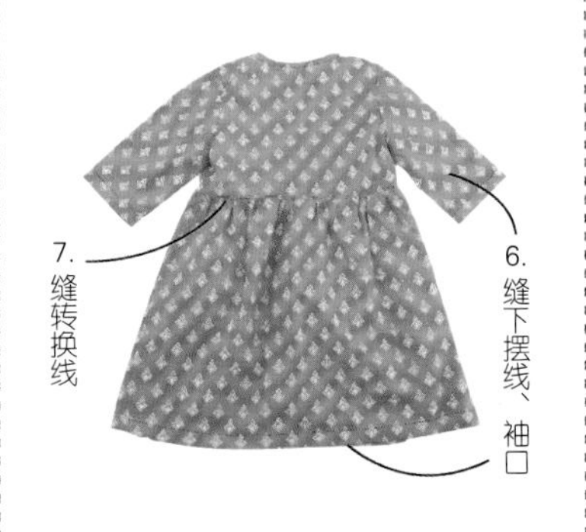
7. 缝转换线
6. 缝下摆线、袖口

1. 裁剪

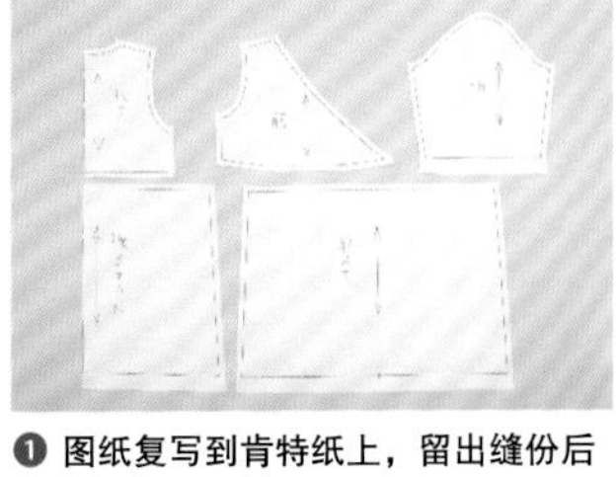

❶ 图纸复写到肯特纸上，留出缝份后裁剪（袖口、下摆部分为3cm，其它为1cm）。

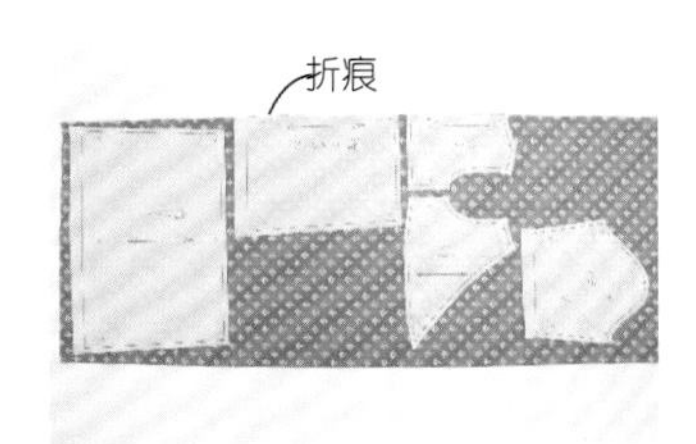
折痕

❷ 表布正面朝外对折，放好图纸后裁剪。

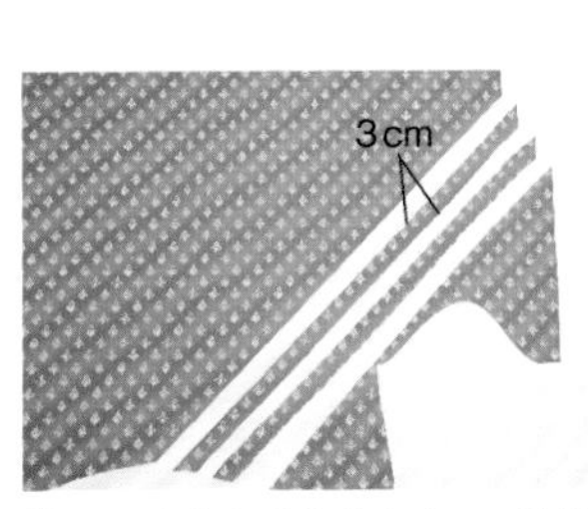
3cm

❸ 用多余的部分裁剪出宽3cm的斜裁布条。（大人为1.4m，儿童为1.1m）

❹ 布料中间夹入画粉纸，用转轮剪刀画出印记。

2. 缝肩线、侧边线

❶ 前后肩线对齐，机缝缝合。

❷ 丝带夹入左侧的拼接位置

❸ 用绷针固定。

❹ 机缝缝合。

❺ 沿缝份2块一起机缝出锯齿形针迹。

3. 制作袖子，拼接

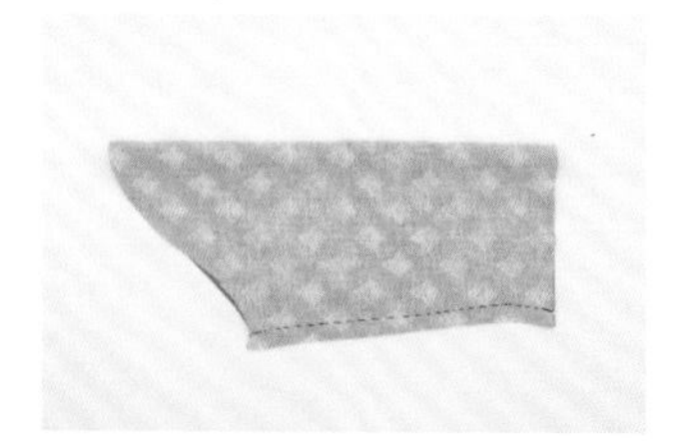

❶ 袖子正面相对合拢，形成筒状，与袖下对齐，机缝缝合。

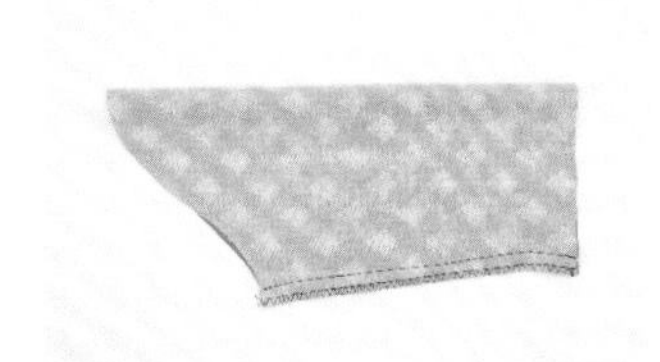

❷ 沿缝份2块一起机缝出锯齿形针迹，缝份倒向后侧。

❸ 袖子翻到正面后放到身片中。

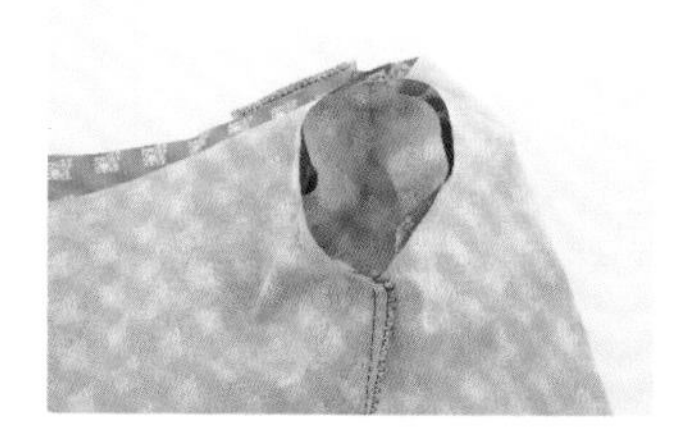

❹ 袖山与侧边位置用绷针固定。

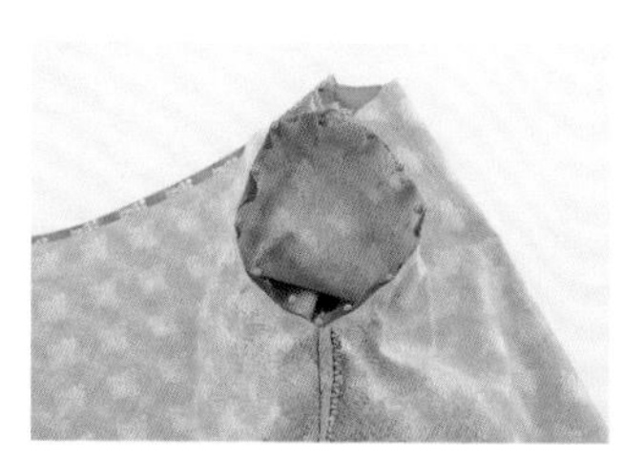

❺ 中间也仔细固定。

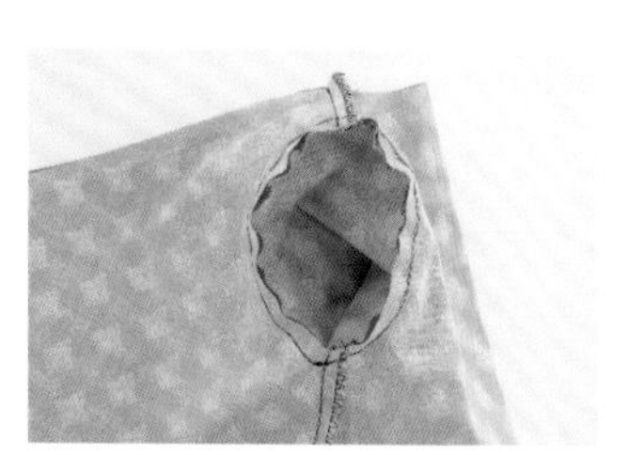

❻ 机缝缝合。

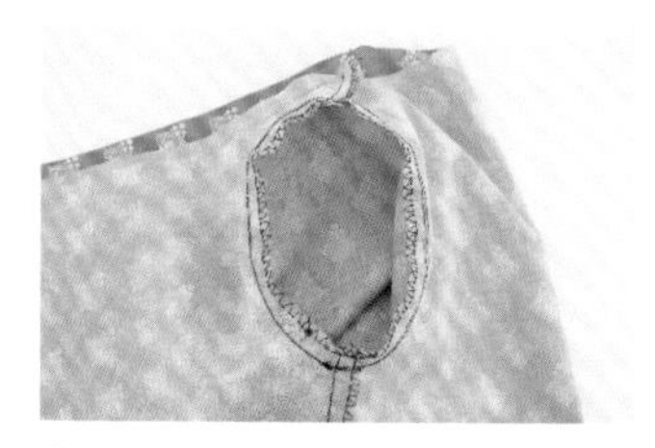

❼ 沿缝份2块一起机缝出锯齿形针迹。

4. 缝裙摆的侧边线、前端

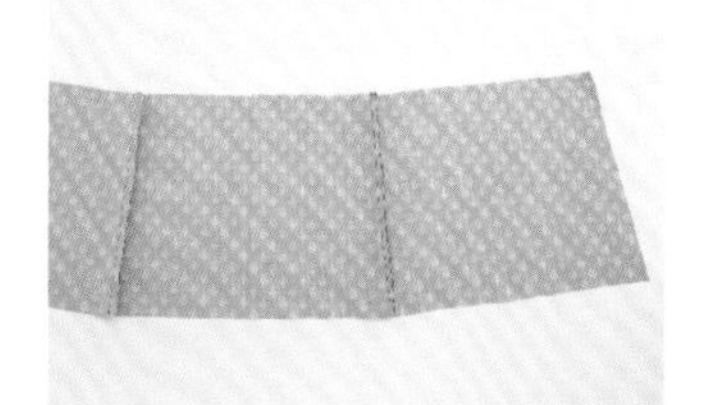

❶ 缝裙摆的侧边线，再沿缝份2块一起机缝出锯齿形针迹，缝份倒向后侧。

❷ 前端1cm处折叠3次。

❸ 沿缝份顶端机缝。

5. 斜裁布条缝到领口

❶ 斜裁布条相接，与直角重叠，沿斜45度机缝。

❷ 剪掉多余的缝份。

❸ 斜裁布条正面相对，与衣身的领口重叠，用绷针固定。

❹ 丝带固定到左右前端。缝份保持折叠状态，丝带与腰线平行，用绷针将其固定到缝份上。

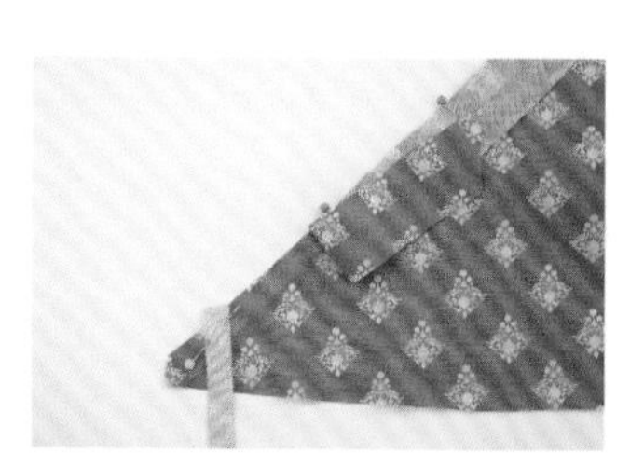

❺ 打开缝份，丝带向下，在此状态下与斜裁布条对齐。

❻ 机缝缝合。

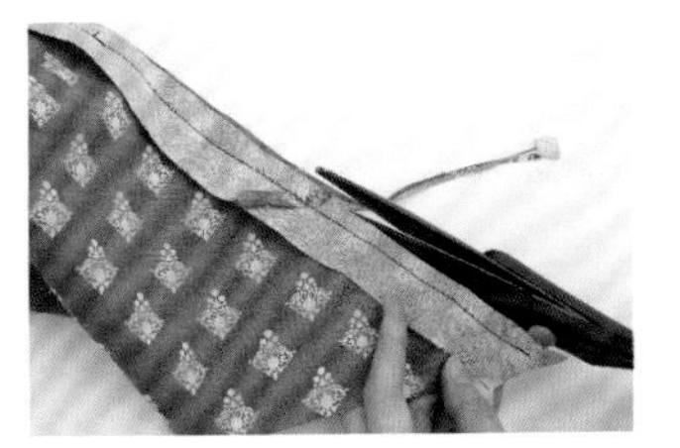

❼ 剪掉多余的缝份。

❽ 包住缝份，熨烫。

6. 缝下摆线、袖口

❶ 下摆线边角处斜着折叠，1→2cm处依次折叠3次。

❷ 沿缝份顶端压线。

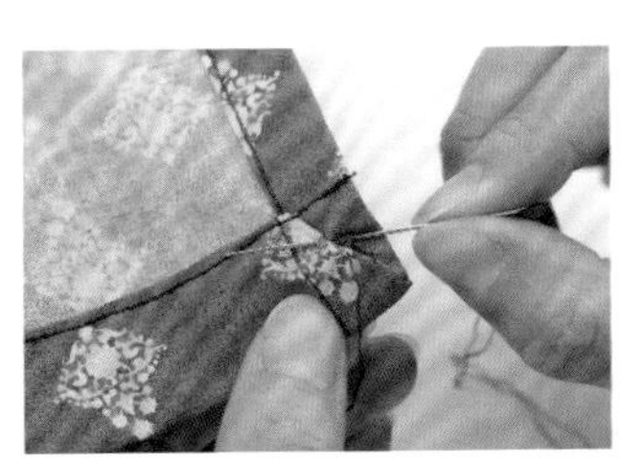

❸ 斜着折叠过的部分缝好。

❹ 袖口1→2cm处依次折叠3次，机缝。

7.缝转换线

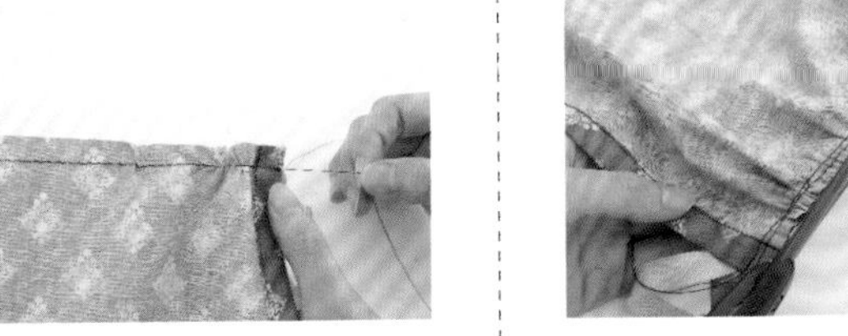

❶ 沿裙摆上端机缝出粗针脚。

❷ 与衣身对齐，拉紧线，制作出褶皱。

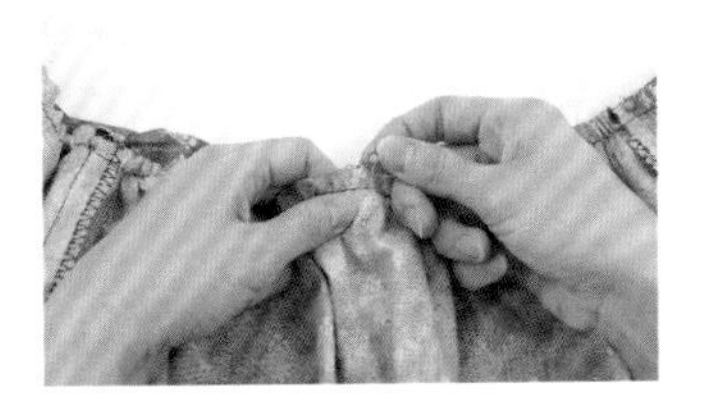

❸ 裙摆与衣身正面相对合拢，在顶端、侧边、中心插入绷针固定。

❹ 中间也仔细用绷针固定。

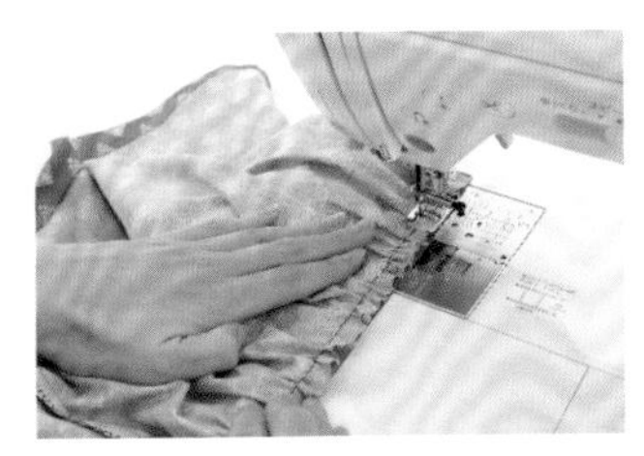

❺ 机缝缝合。

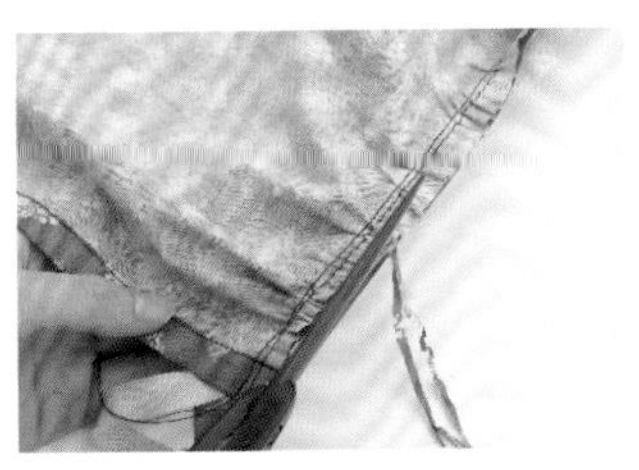

❻ 剪掉多余的缝份。

❼ 沿缝份2块一起机缝出锯齿形针迹。

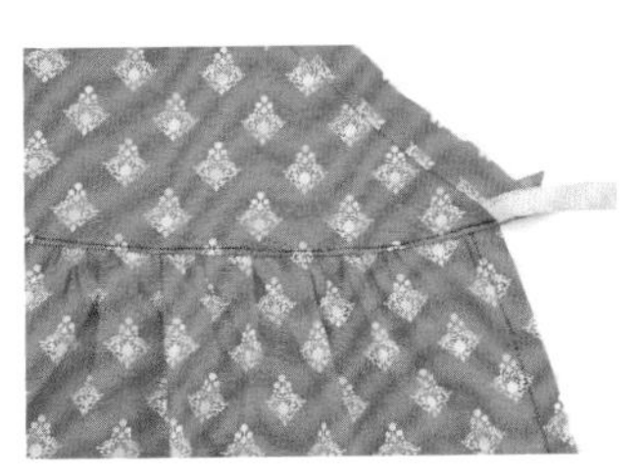

❽ 缝份倒向衣身侧，从正面压线。

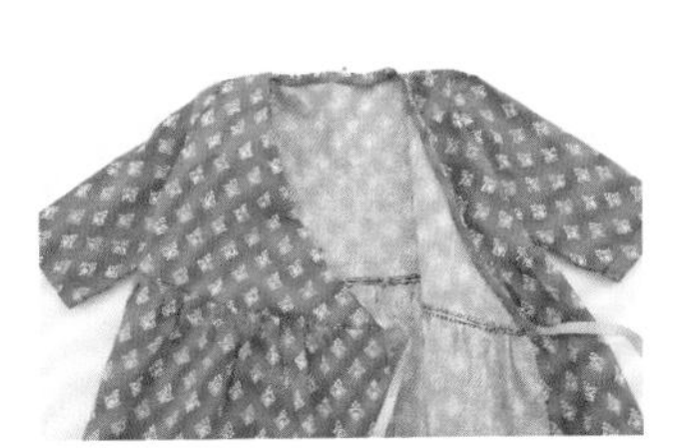

❾ 折叠衣身的斜裁布条，用绷针固定。

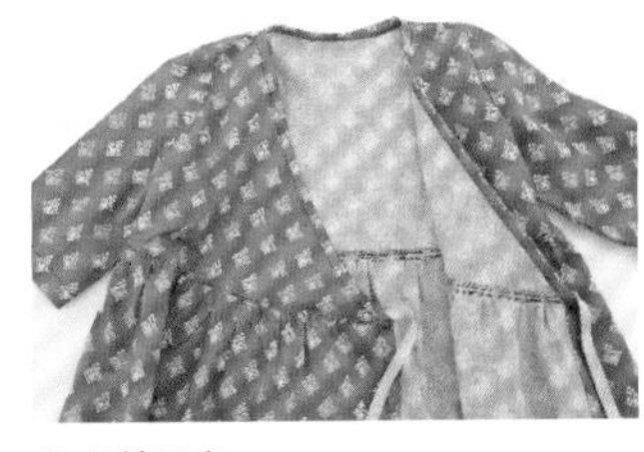

❿ 机缝固定。

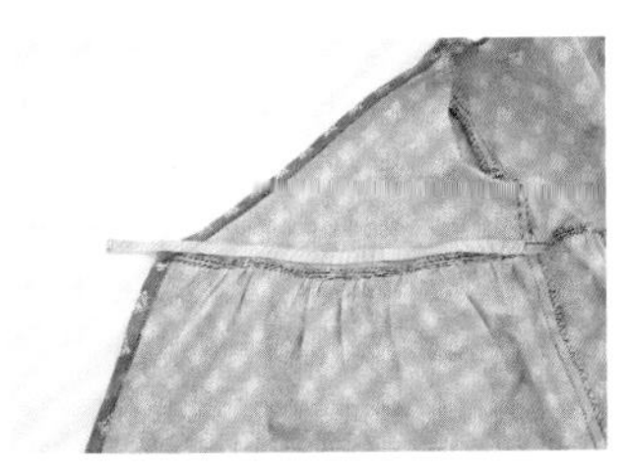

⓫ 丝带缝到右侧的缝份处。

⓬ 丝带顶端折叠3次，机缝。

DIY
玩藝館
Bear Talk
熊言熊語
www.shbeartalk.cn

碟古巴特
串珠工艺
拼 布

熊言熊语DIY玩艺馆琳琅满目的手工制品出自拥有专业布艺证书的资深老师们。完成一件属于自己的作品,里面都是满满的爱与故事。

熊言熊语DIY玩艺馆DIY项目,包括:拼布、泰迪熊、羊毛毡、轻粘土、不织布、袜子娃娃、碟古巴特等。用一点时间沉浸在DIY的世界里,有的时候一个小小想法都将为你的手创作品注入灵魂。

带上你飞扬的思绪,花一个下午的时间,和我们一起来一次"旅行",熊言熊语的所有老师期待您的光临。

熊言熊语在上海的一年多里和很多很多孩子们结下了深厚的友谊。孩子们爱上这里五彩缤纷的熊熊凳子,爱上头顶像星空一样的圆形顶灯,爱上有大大玻璃窗的干净教室,更爱上这里的每一个工作人员和每一个老师。

和日本小朋友一起做手工
语言对老师来说不是问题

轻粘土体验课作品展示

手创老师专业耐心的指导
小朋友也能做手创达人

熊言熊语官方网址:www.shbeartalk.com 全国总公司地址:上海市长宁区水城南路59号803室 征全国经销代理tel:021-5238-07

缝纫 3　用缝纫机制作的套装

Yamada Ruriko的简单&轻松缝纫

第2次连载Yamada Ruriko老师的作品。用缝纫机制作出条纹上衣，别出心裁的泡泡袖设计，时尚清新的亲子装。

模特=竹谷千穗（身高163cm，S码）柳川元佳（身高109cm，穿着110cm）
形象设计=山田祐子 发型=间中佳子 编辑=佐藤友美
布料=mocomocha 缝纫机=Baby Lock 缝纫机线=FJX
※ 缝纫 3中大人尺寸S・M・L，儿童尺寸100・110・120附有实物大图纸

泡泡袖条纹荷叶边上衣和条纹上衣

上衣不同颜色的条纹时尚简约。泡泡袖的褶皱突出立体感，轻盈柔软。

制作方法 / P.36
实物大的图纸 / B面

简单的包边装饰

波浪形荷叶边十分可爱

外套的贴边使用小碎花

材料

表布（17/c/ 再生天竺彩色条纹）KKN43711

儿童 103
本白×黄色
宽158cm 长1.3m

大人 209TOP
浅麻灰×棕色
宽158cm 长1.6m

针织缝纫用机缝线 744-4根
羊毛机缝线 126
羊毛金银机缝线 503
羊毛编织带 各40cm

成品尺寸

（左起为大人S・M・L・儿童100・110・120）

连肩袖的连衣裙

胸围 93・96・99・61・65・69cm
总长 82・83.5・85・61・65・69cm

实物大图纸 B面

【布料的裁剪方法】

※除指定以外缝份均为1cm

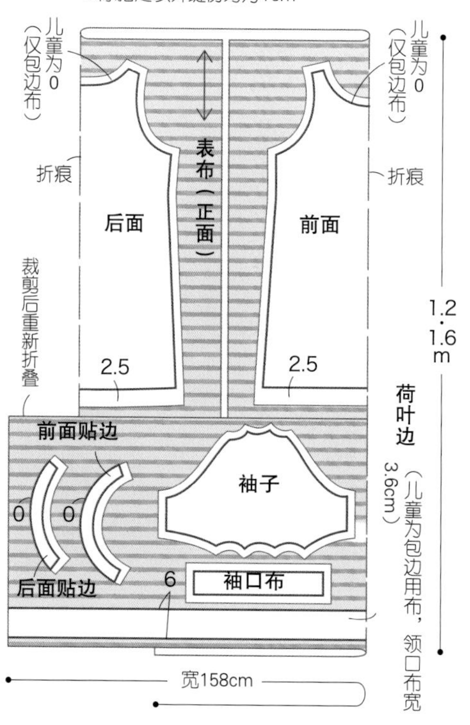

儿童为0（仅包边布）
儿童为0（仅包边布）
折痕
折痕
表布（正面）
后面
前面
裁剪后重新折叠
2.5
2.5
1.2・1.6m
荷叶边
前面贴边
袖子
0
0
后面贴边
6
袖口布
（儿童为包边用布，领口布宽3.6cm）
宽158cm

质感柔软的条纹上衣适合凉爽的夏天晚上穿着，布料的厚度刚刚好。阳光下看起来稍微有些透，大人可搭配下装，孩子则可以轻松当做连衣裙穿着。

Yamada Ruriko

网店中设计简单的样式颇受各位女士和孩子们喜爱。

http://atelierru.com/

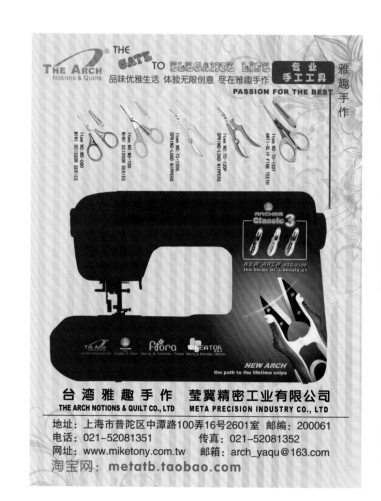

泡泡袖条纹荷叶边上衣

【缝制方法顺序】

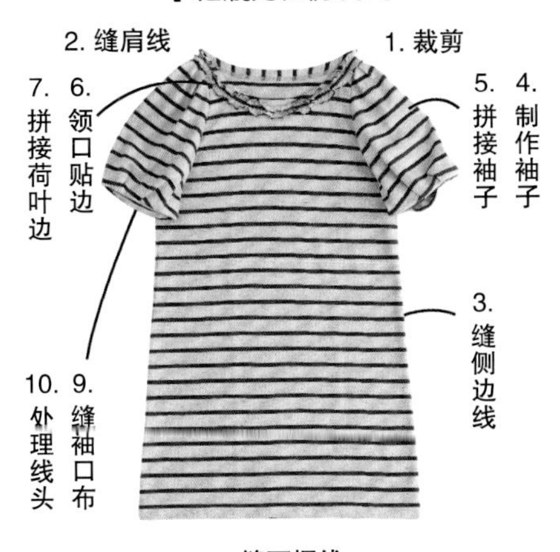

2. 缝肩线
1. 裁剪
7. 拼接荷叶边
6. 领口贴边
5. 拼接袖子
4. 制作袖子
3. 缝侧边线
10. 处理线头
9. 缝袖口布
8. 缝下摆线

缝纫机 的基本设定

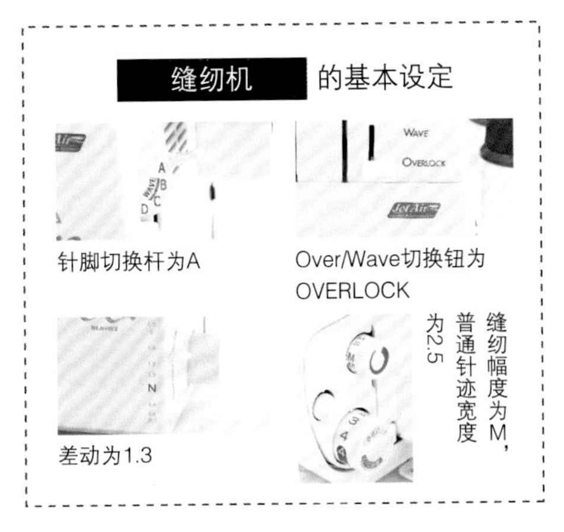

针脚切换杆为A

Over/Wave切换钮为OVERLOCK

差动为1.3

缝纫幅度为M，普通针迹宽度为2.5

使用线

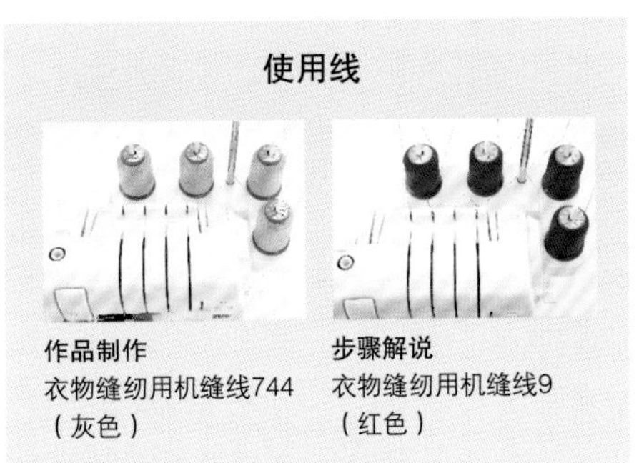

作品制作
衣物缝纫用机缝线744（灰色）

步骤解说
衣物缝纫用机缝线9（红色）

1. 裁剪

比照图纸，裁剪

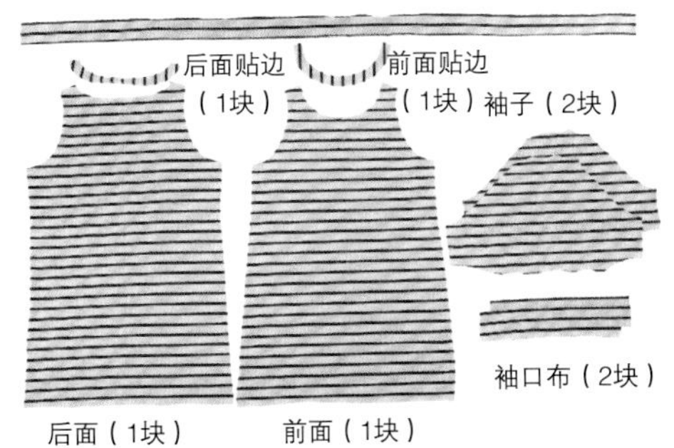

领口荷叶边（1块）
后面贴边（1块）
前面贴边（1块）
袖子（2块）
袖口布（2块）
后面（1块）
前面（1块）

2. 缝肩线

缝纫机 的基本设定

差动为N

换上附属的压脚，便于将羊毛编织带搭接到肩部

前身片与后身片正面相对合拢，加入用于固定伸缩的羊毛编织带，同时继续缝合左右肩线

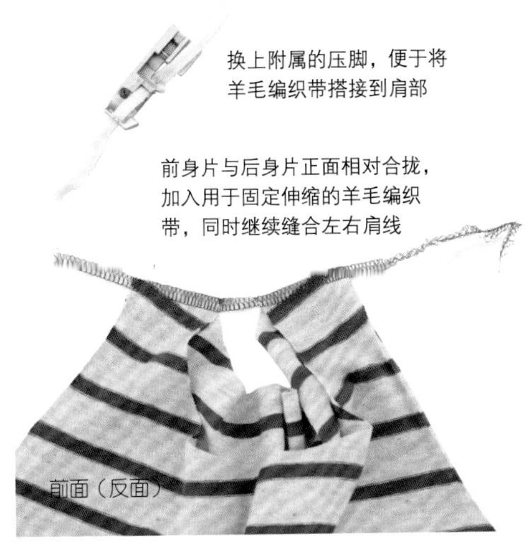

前面（反面）

剪断编织带，左右两侧分开

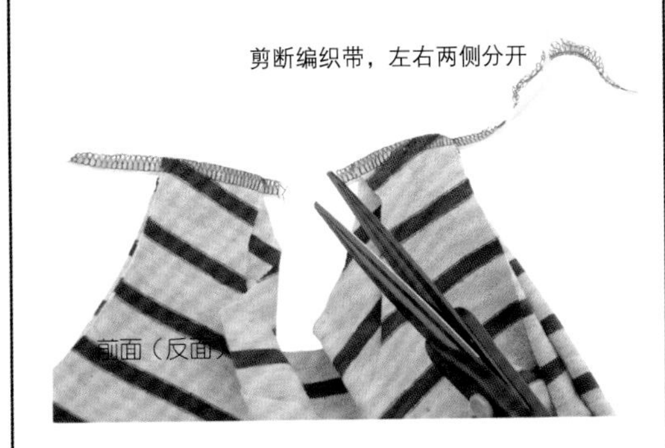

前面（反面）

3. 缝侧边线

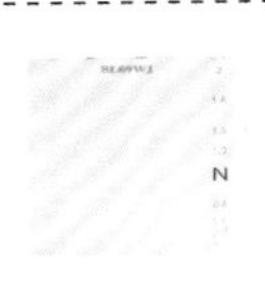

缝纫机 的基本设定

差动为1.3

前后侧边线对齐，用缝纫机缝合

4. 制作袖子

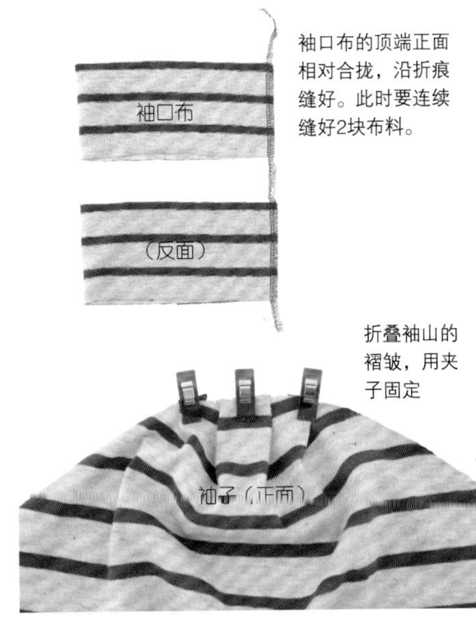

袖口布
（反面）
袖子（正面）

袖口布的顶端正面相对合拢，沿折痕缝好。此时要连续缝好2块布料。

折叠袖山的褶皱，用夹子固定

用小镊子微调，同时机缝，暂时固定

袖子（正面）

袖口侧的褶皱也按同样的方法用缝纫机缝好，暂时固定

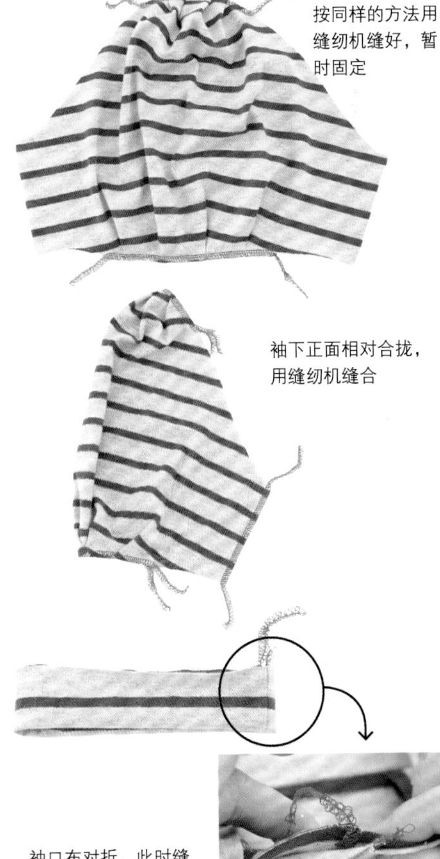

袖下正面相对合拢，用缝纫机缝合

袖口布对折，此时缝份需交替倒向不同的方向。

袖子（正面）

袖口布盖到袖口上，用夹子固定

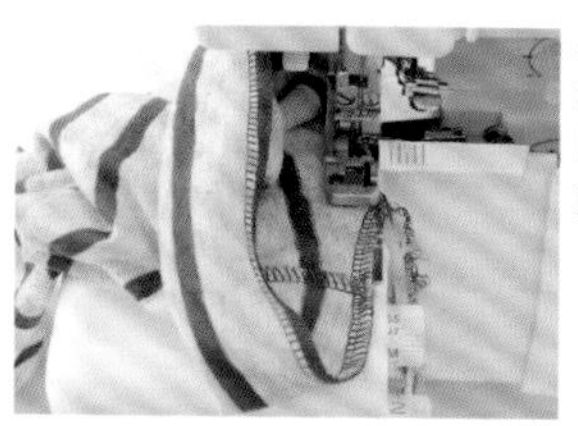

展开袖口，从内侧用缝纫机缝合。缝完一周，固定刀口，最后稍微重叠一点，缝好。

袖子（正面）

5. 拼接袖子

袖子与衣身正面相对，放入中间，用夹子固定

用缝纫机缝合

6. 领口贴边

接着前后部分用缝纫机在贴边的外侧缝好

后面贴边
（正面）
前面贴边
（正面）

前后的贴边正面相对合拢，用缝纫机缝出肩线

前面贴边（反面）

贴边与衣身的领口对齐，用夹子固定

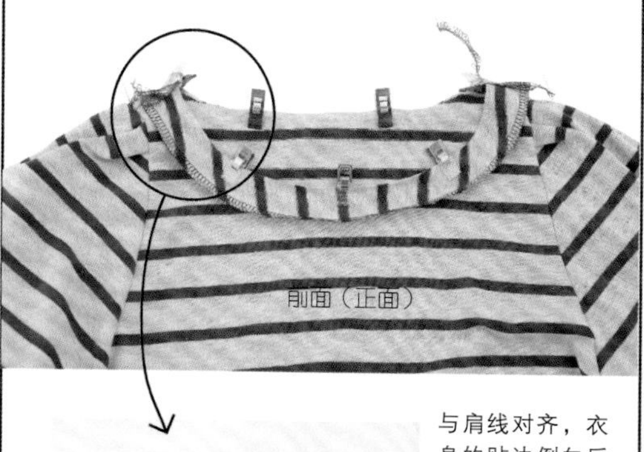
前面（正面）

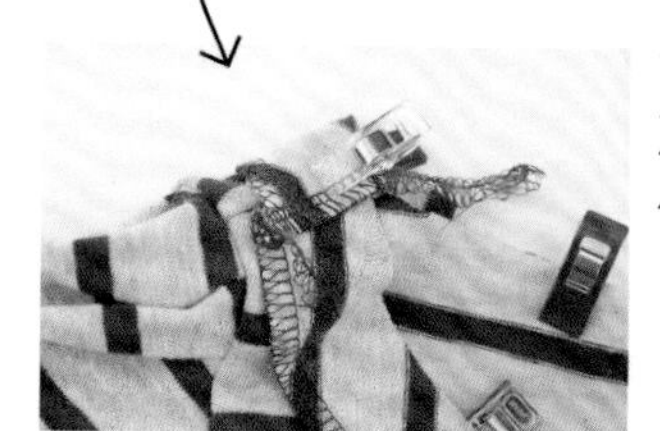

与肩线对齐，衣身的贴边倒向后侧，贴边的缝份倒向前侧

用缝纫机缝合

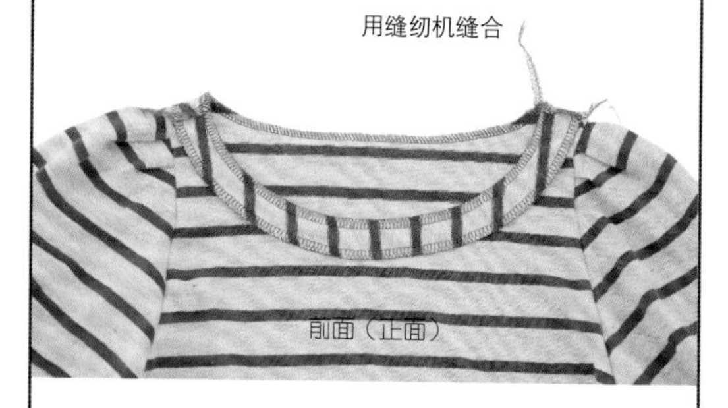
前面（正面）

熨烫缝纫，倒向内侧

贴边翻到反面，熨烫整理

7. 拼接荷叶边

缝纫机 的基本设定

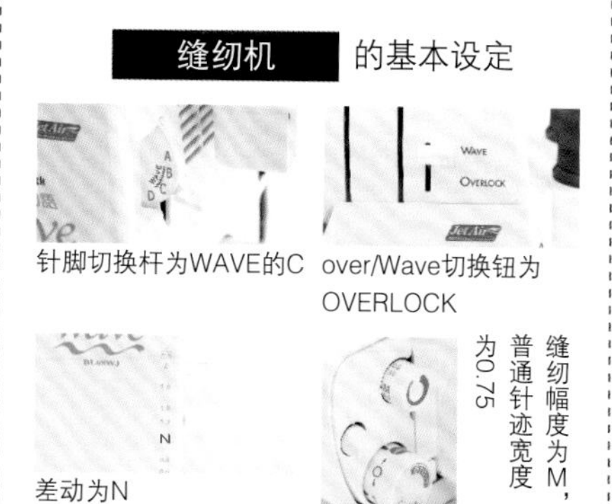

针脚切换杆为WAVE的C

over/Wave切换钮为OVERLOCK

差动为N

缝纫幅度为M，普通针迹宽度为0.75

使用线

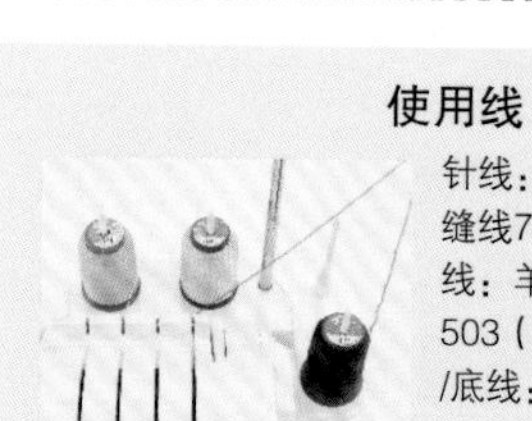

针线：衣物缝纫用机缝线744（灰色）/面线：羊毛金银机缝线503（白色×金色）/底线：羊毛机缝线126（茶色）

沿条纹线裁剪，缝出波浪边的卷曲针迹

缝纫机 的基本设定

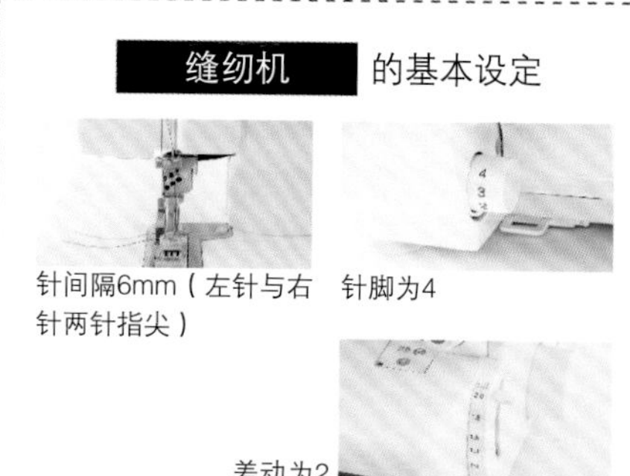

针间隔6mm（左针与右针两针指尖）

针脚为4

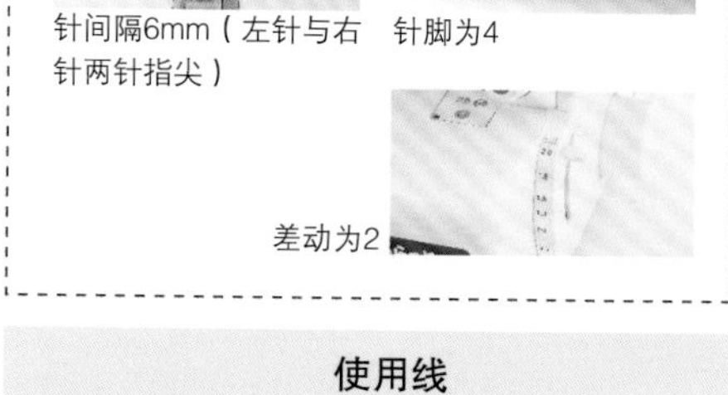

差动为2

使用线

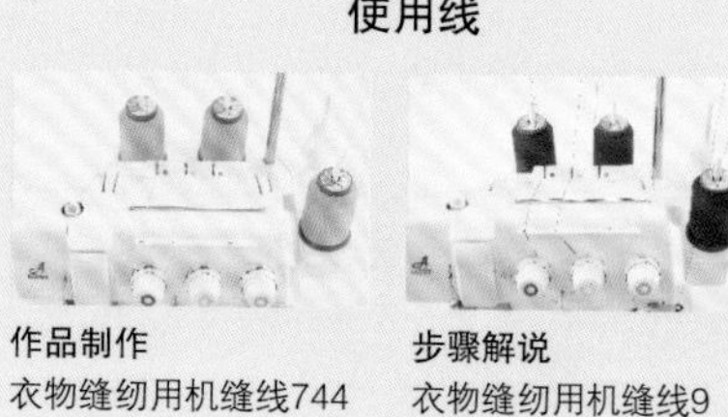

作品制作
衣物缝纫用机缝线744（灰色）

步骤解说
衣物缝纫用机缝线9（红色）

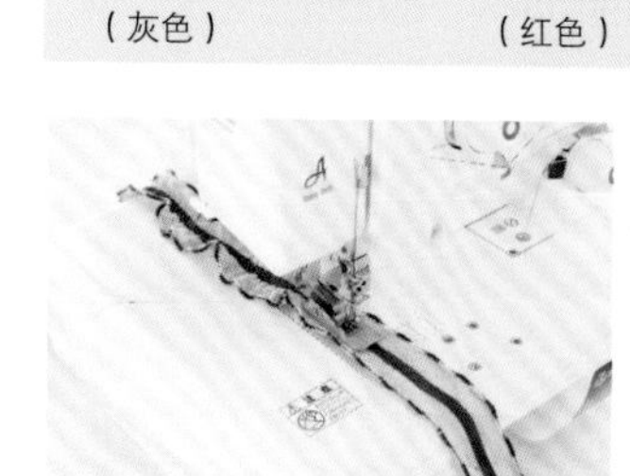

针与中心的条纹对齐，压线，制作出褶皱

荷叶边用夹子固定到领口

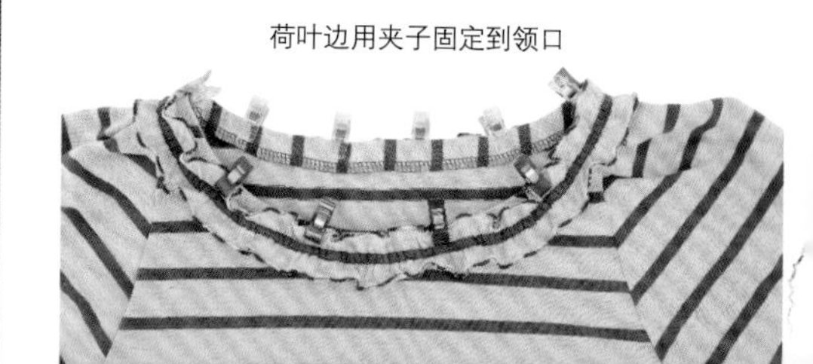

荷叶边的最后1cm折弯，重叠

缝纫机 的基本设定

差动N

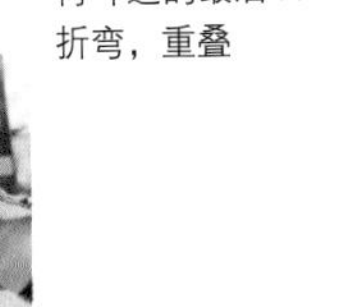

针脚2.5

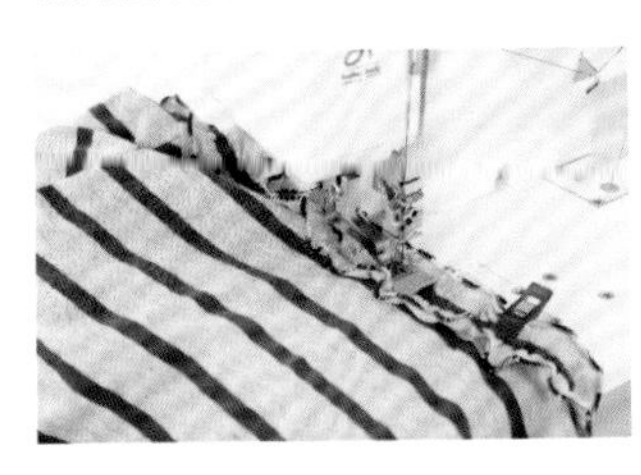

用平锁缝的方法缝到条纹线的上方，固定

8. 缝下摆线

缝份留2.5cm，熨烫折叠

用平锁缝进行绷缝

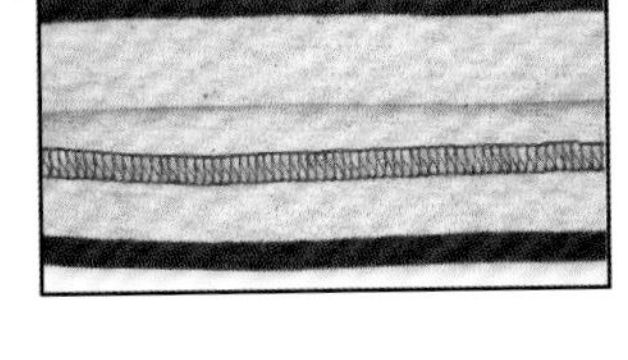

9. 缝袖口布

袖口布折向袖子内侧，在袖下缝份和上侧这两个位置轻轻缝好固定

10. 处理线头

使用缝衣针，将所有线头藏到缝制的针脚中

领口的装饰

改良成无荷叶边的简单款式，再介绍两款用其它缝纫机制作的儿童服饰

平锁缝 ：包边

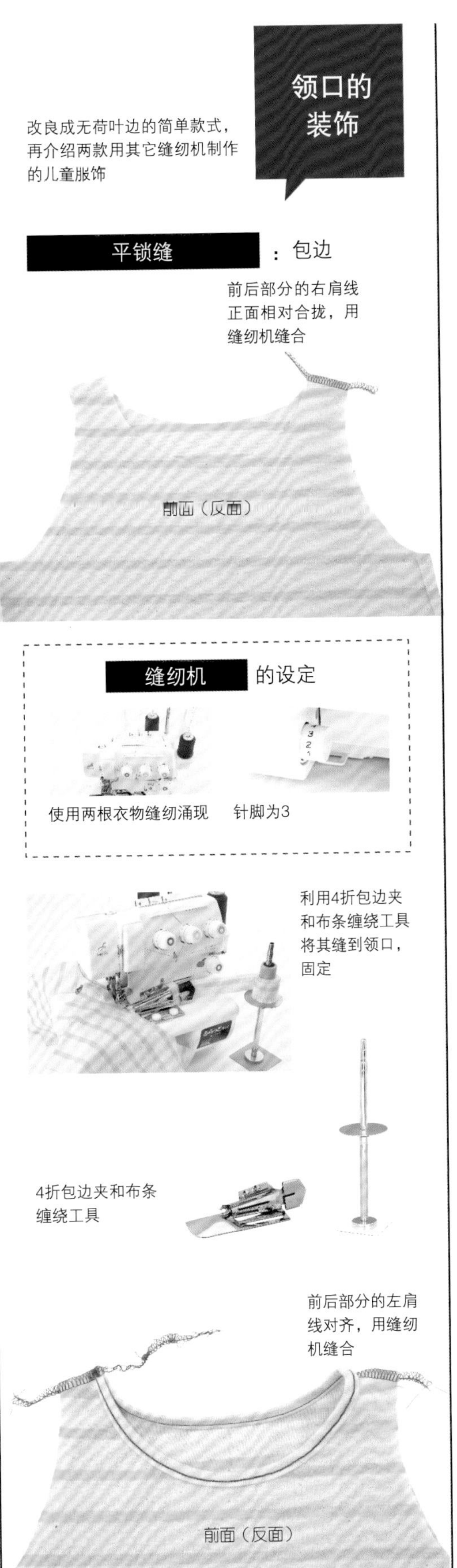

前后部分的右肩线正面相对合拢，用缝纫机缝合

前面（反面）

缝纫机 的设定

使用两根衣物缝纫涌现

针脚为3

利用4折包边夹和布条缠绕工具将其缝到领口，固定

4折包边夹和布条缠绕工具

前后部分的左肩线对齐，用缝纫机缝合

前面（反面）

缝份倒向后侧，用手缝好

缝纫机 领口转换

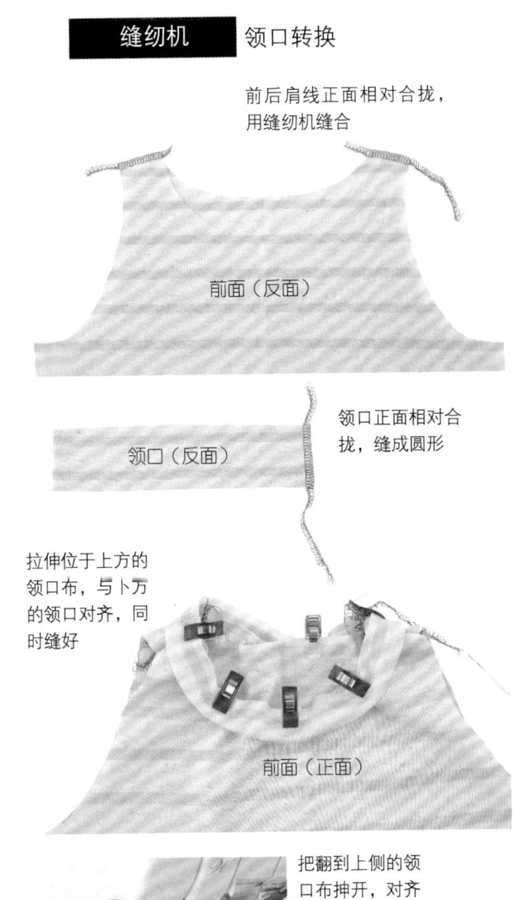

前后肩线正面相对合拢，用缝纫机缝合

前面（反面）

领口（反面）

领口正面相对合拢，缝成圆形

拉伸位于上方的领口布，与下方的领口对齐，同时缝好

前面（正面）

把翻到上侧的领口布抻开，对齐下侧后缝合

熨烫整理领口

前面（正面）

下摆的改良

（反面）

下摆折叠缝成屏风装。缝纫折叠成Z字型

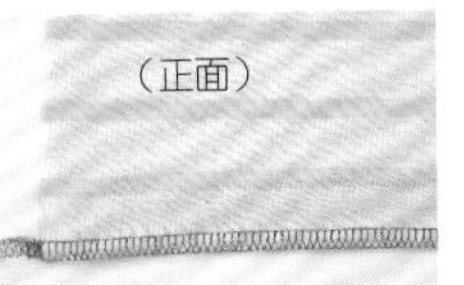

（正面）

反面在上，折叠顶端与压脚顶端对齐后缝好

（正面）

熨烫下摆，整理

缝纫 4

成熟简约风格的缝纫

我们现在想要穿的衣服就是这些！不论是连衣裙还是衬衫，一张图纸便可，都是简约、大方的款式。

模特=Yuka（身高170cm・穿着M码）
形象设计=山田祐子 发型设计=岩出奈绪（B★side）
编辑= Nemoto Sayaka

罩衫

棉质纤维制作的成熟罩衫，给人沉着稳重的感觉。海军蓝×米白色圆点布料既休闲又漂亮，适合三个季节穿着。

制作方法 / P.44
实物大图纸 / C面

表布=棉质纤维 80 Lawn（43870）海军蓝×米白

后面开叉的丝带是设计亮点

※图纸的改良方法及详细的使用方法见P.57。
※ 缝纫 4中大人尺寸S・M・L・LL附有实物大图纸

作品制作=加藤容子

缝纫家。人生目标是为孩子、大人们制作出简单舒心的漂亮服饰。著有《给女孩们的夏季服饰》（日本靓丽出版社）。
http://members3.jcom.home.ne.jp/peitamama

紧腰宽胸式连衣裙

具有罩衫的特色，加上手绘休闲的条纹图案，绝妙的设计。丝带起到收腰显瘦的作用。

制作方法 / P.46

实物大图纸C面

表布=棉质天丝青年布条纹花样（43825）灰色×米白

其它布料=棉质天色青年布净色（43826）灰色

背后的水滴形开缝是亮点，用纽扣固定

扇贝边上衣

具有镂空感的棉麻巴里纱扇贝花边，选用秋意盎然的颜色，制作出时尚的上衣。夏末时必不可少的款式。

制作方法 / P.46

实物大图纸 / C面

表布= C/L巴里纱扇贝花边（L18-2037）

套头连衣裙

清爽的线条设计，运用丝带可变换出两种样式。俏皮的蝴蝶结花样双面印花布，最简练的秋天配色。

制作方法 / P.47

实物大图纸 / C面

表布=双面印花布·Jenny’s Ribbons（FA-LB694-3BE）

斜裁布条=双面印花两折斜裁布条·Jenny’s Ribbons（TG-RI BLC54-BR）

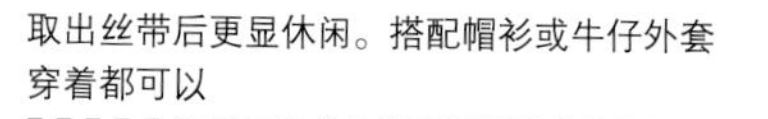

取出丝带后更显休闲。搭配帽衫或牛仔外套穿着都可以

亚麻衬衫

套头式的亚麻衬衫，必备的单品，单穿也能突显时尚感。稍微宽大的袖子透出几分优雅与轻松。

制作方法 / P.49

实物大图纸 / C面

表布=彩色亚麻（10N03920）浆果色

V领上衣

大方格的成熟型上衣，简单的V领设计清晰可见。亚麻经过漂洗加工，无需担心，随心搭配穿着。

制作方法 / P.49

实物大图纸 / C面

表布=立陶宛亚麻 海军蓝方格（121110610-5）

P40
罩衫

材料（左起为S・M・L・LL）
表布（棉质纤维） 宽110cm
长1.8・1.8・1.9・1.9m
粘合芯 宽10cm 长20cm

成品尺寸
总长 50.5・52.5・54.5・54.5cm
胸围 110・114・118・121cm

实物大图纸 C面

【布料的裁剪方法】

※除指定以外缝份均为1cm
※领口斜裁布条无图纸，请按图示的尺寸直接裁剪

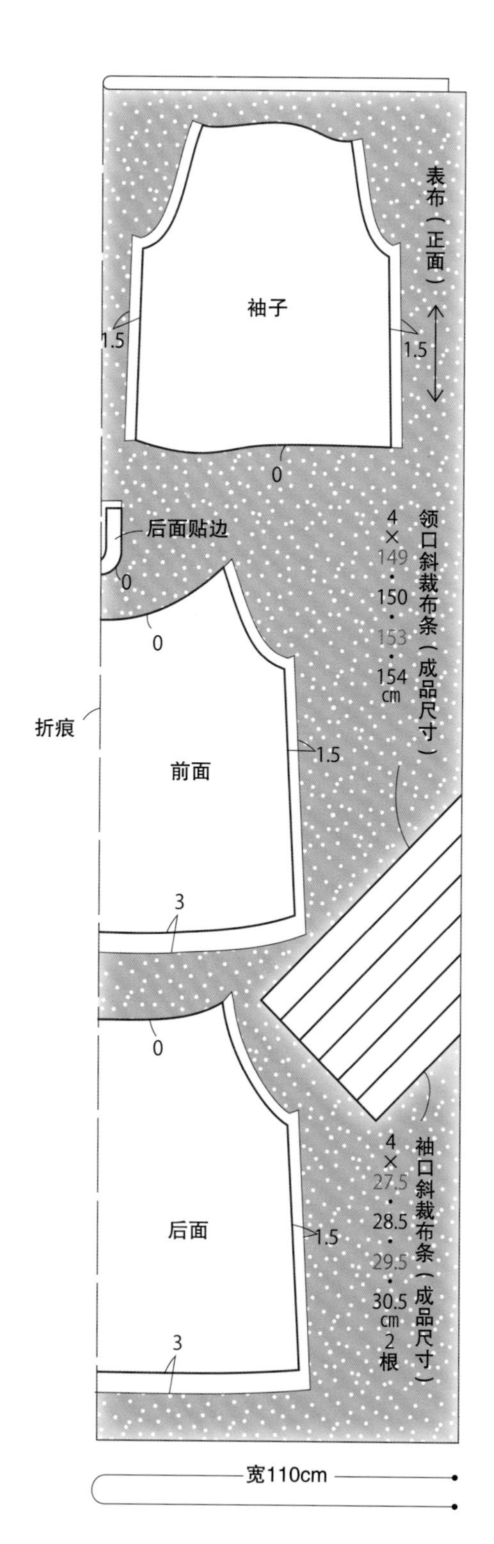

表布（正面）
袖子
1.5
1.5
0
后面贴边
0
0
折痕
前面
1.5
3
领口斜裁布条（成品尺寸）
4×149・150・153・154cm
0
后面
1.5
3
袖口斜裁布条（成品尺寸）
4×27.5・28.5・29.5・30.5cm 2根
1.8
1.8
1.9
1.9
m
宽110cm

【制作方法顺序】

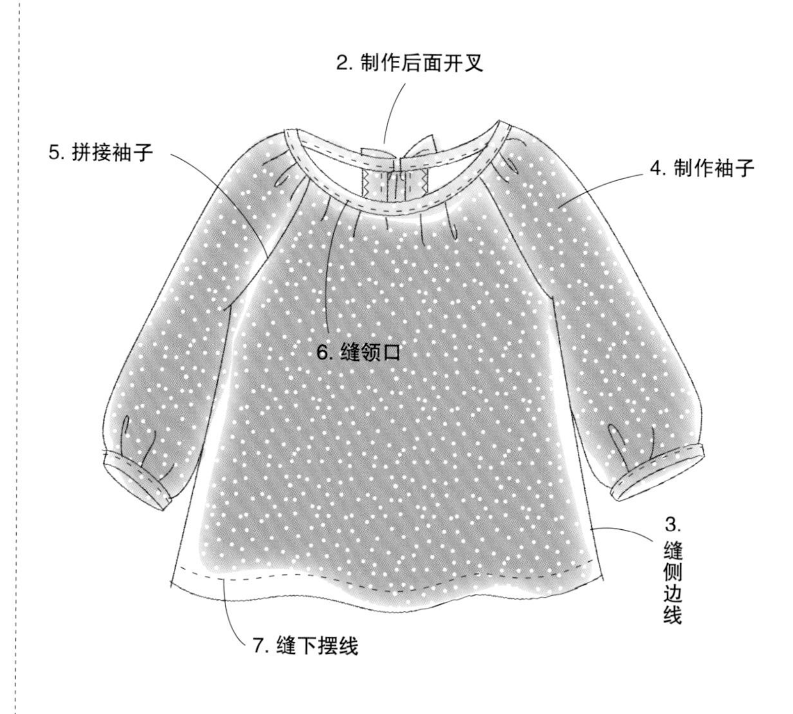

1. 缝制前的准备
2. 制作后面开叉
5. 拼接袖子
4. 制作袖子
6. 缝领口
3. 缝侧边线
7. 缝下摆线

1. 缝制前的准备

后面贴边（反面）
①粘贴粘合芯
②机缝出锯齿形针迹
袖子（正面）
前面、后面（正面）

2. 制作后面开叉

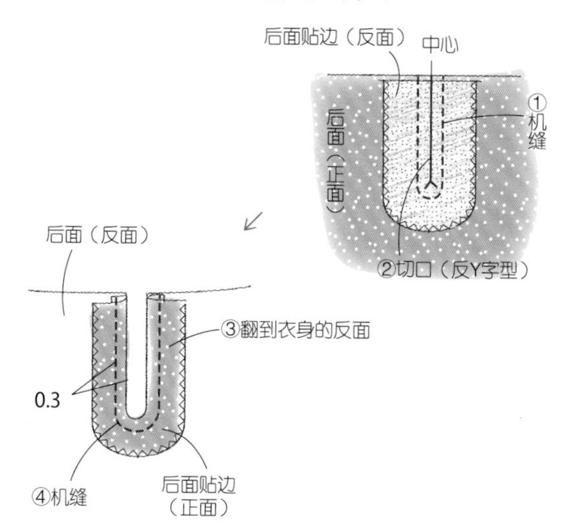

后面贴边（反面）
中心
①机缝
后面（正面）
②切口（反Y字型）
后面（反面）
③翻到衣身的反面
0.3
④机缝
后面贴边（正面）

3. 缝侧边线

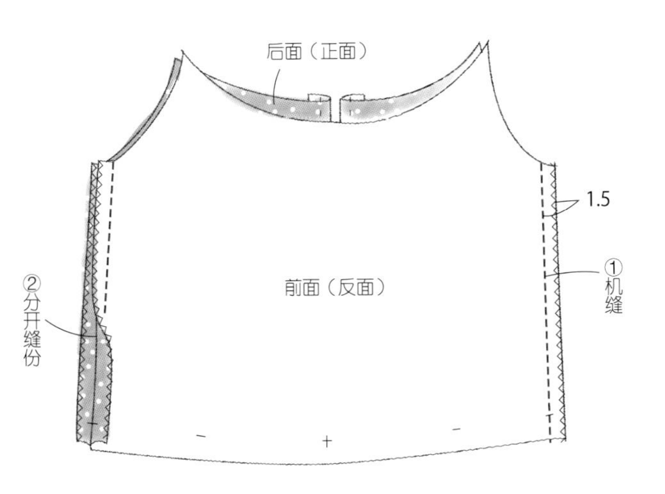

后面（正面）
前面（反面）
1.5
①机缝
②分开缝份

4. 制作袖子

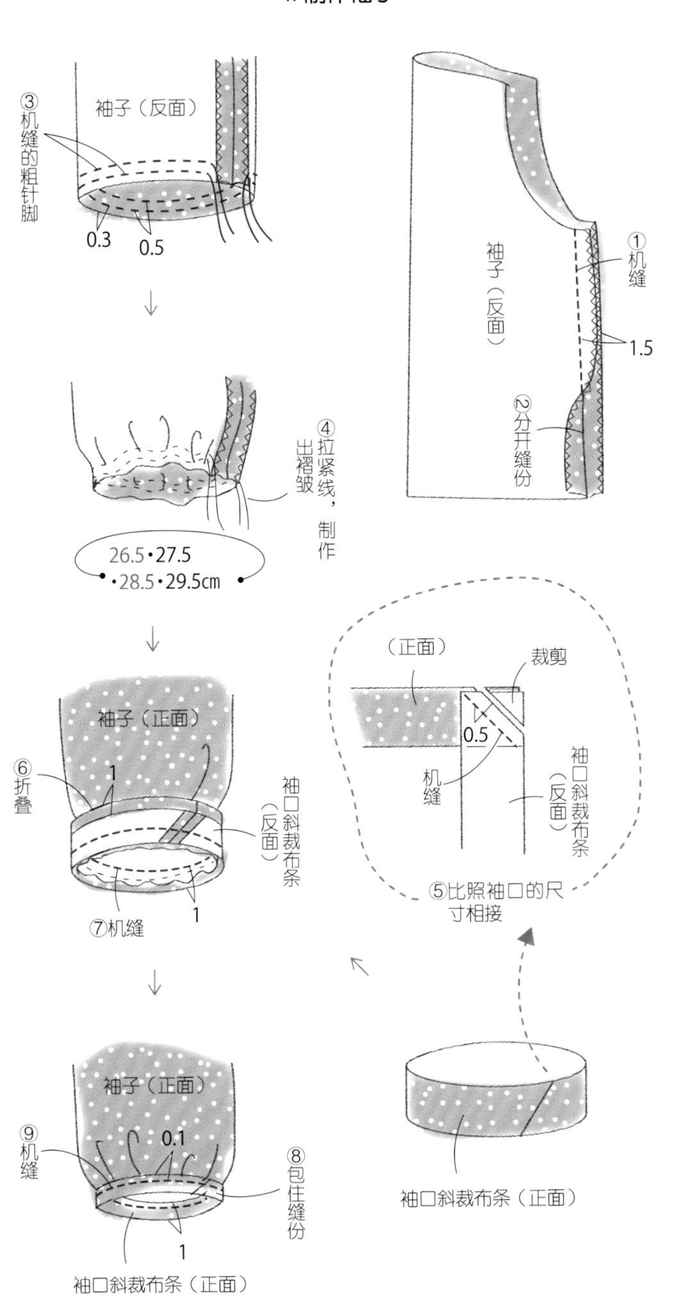

袖子（反面）
③机缝的粗针脚
0.3
0.5
①机缝
1.5
②分开缝份
④拉紧线，制作出褶皱
26.5・27.5
・28.5・29.5cm
袖子（正面）
⑥折叠
1
袖口斜裁布条（反面）
⑦机缝
（正面）
裁剪
0.5
机缝
袖口斜裁布条（反面）
⑤比照袖口的尺寸相接
0.1
⑨机缝
⑧包住缝份
袖口斜裁布条（正面）

5. 拼接袖子

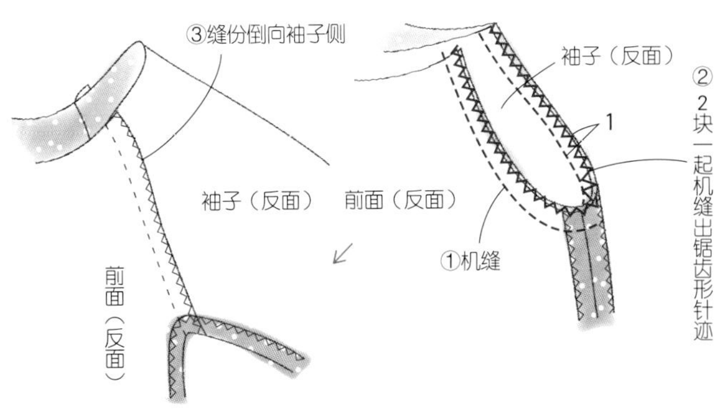

③缝份倒向袖子侧
袖子（反面）
前面（反面）
②2块一起机缝出锯齿形针迹
1
①机缝

6. 缝领口

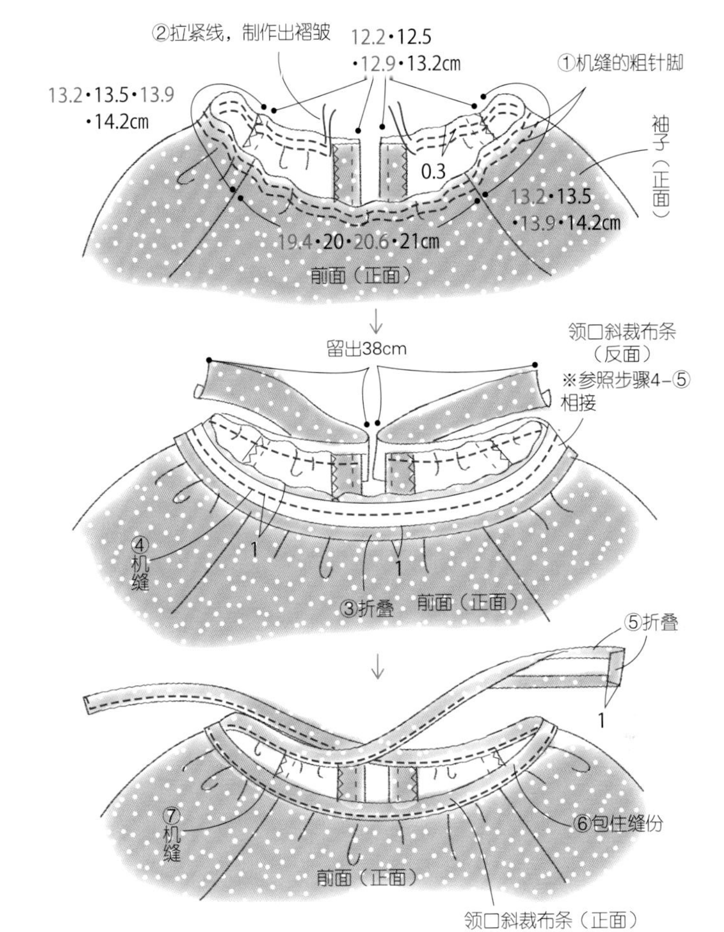

②拉紧线，制作出褶皱
12.2・12.5
・12.9・13.2cm
①机缝的粗针脚
13.2・13.5・13.9
・14.2cm
袖子（正面）
0.3
13.2・13.5
・13.9・14.2cm
19.4・20・20.6・21cm
前面（正面）
留出38cm
领口斜裁布条（反面）
※参照步骤4-⑤相接
④机缝
1
③折叠
⑤折叠
⑦机缝
⑥包住缝份
领口斜裁布条（正面）

7. 缝下摆线

前面（正面）
①1→2cm处折叠3次，机缝
2
0.2

P.41
紧腰宽胸式连衣裙

材料（左起为S・M・L・LL）
表布（棉质天丝条纹布）宽112cm 长2.6・2.7・2.8・2.8cm
其它布料（棉质天丝净色）宽50cm 长1.6・1.6・1.7・1.7m
粘合芯 宽10cm 长20cm
钮扣1cm 1颗

成品尺寸
总长90・93.5・97.5・97.5cm
胸围 110.4・114・118・121cm

实物大图纸 C面

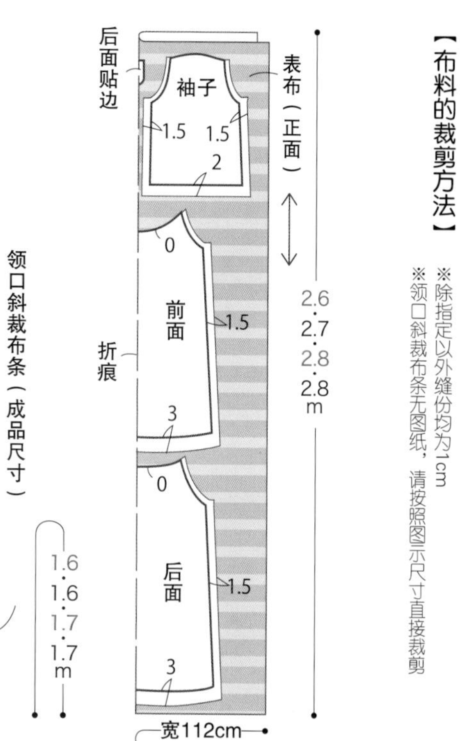

【布料的裁剪方法】
※除指定以外缝份均为1cm
※领口斜裁布条无图纸，请按照图示尺寸直接裁剪
后面贴边
袖子
表布（正面）
1.5
1.5
2
0
前面
1.5
折痕
3
0
后面
1.5
3
2.6・2.7・2.8・2.8m
宽112cm
领口斜裁布条（成品尺寸）4×75・76・79・80cm
绳带穿入部分的布料
折痕
其它布料（正面）
绳带
0
1.6・1.6・1.7・1.7m
宽50cm

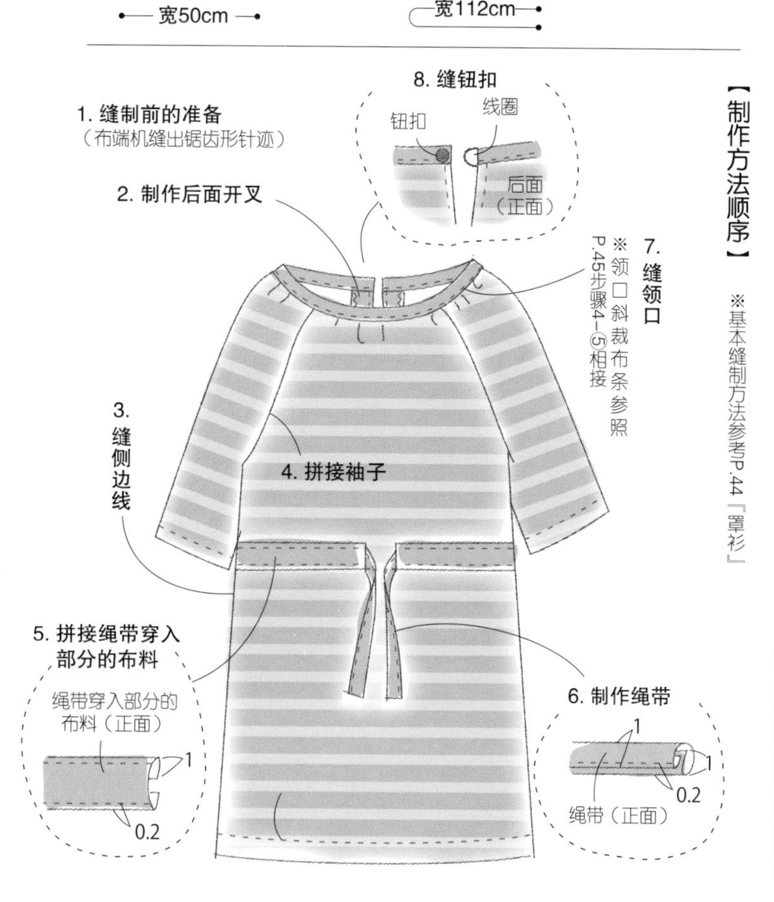

【制作方法顺序】
※基本缝制方法参考P.44「罩衫」
1. 缝制前的准备（布端机缝出锯齿形针迹）
2. 制作后面开叉
8. 缝钮扣
钮扣
线圈
后面（正面）
7. 缝领口
※领口斜裁布条参照P.45步骤4-⑤相接
3. 缝侧边线
4. 拼接袖子
5. 拼接绳带穿入部分的布料
绳带穿入部分的布料（正面）
1
0.2
6. 制作绳带
1
1
0.2
绳带（正面）

P.41
扇贝边上衣

材料（左起为S・M・L・LL）
表布（棉麻巴里纱扇贝花边）宽104cm 长2.3・2.4・2.5・2.5m
松紧带 宽0.8cm 长70cm

成品尺寸
总长74.5・77.5・81・81cm
胸围 110.4・114・118・121cm

实物大图纸 C面

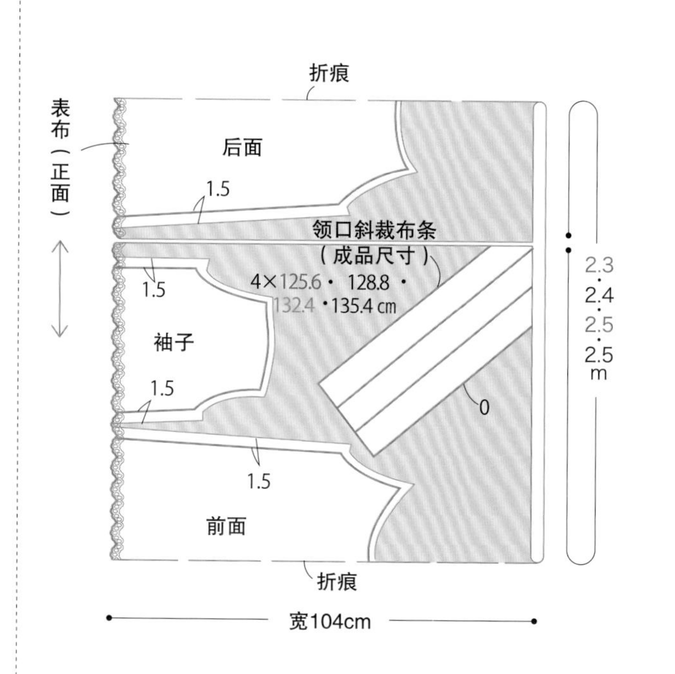

【布料的裁剪方法】
※除指定以外缝份均为1cm
※领口斜裁布条无图纸，请按照图示尺寸直接裁剪
折痕
表布（正面）
后面
1.5
领口斜裁布条（成品尺寸）
4×125.6・128.8・132.4・135.4cm
1.5
袖子
1.5
0
1.5
前面
折痕
2.3・2.4・2.5・2.5m
宽104cm

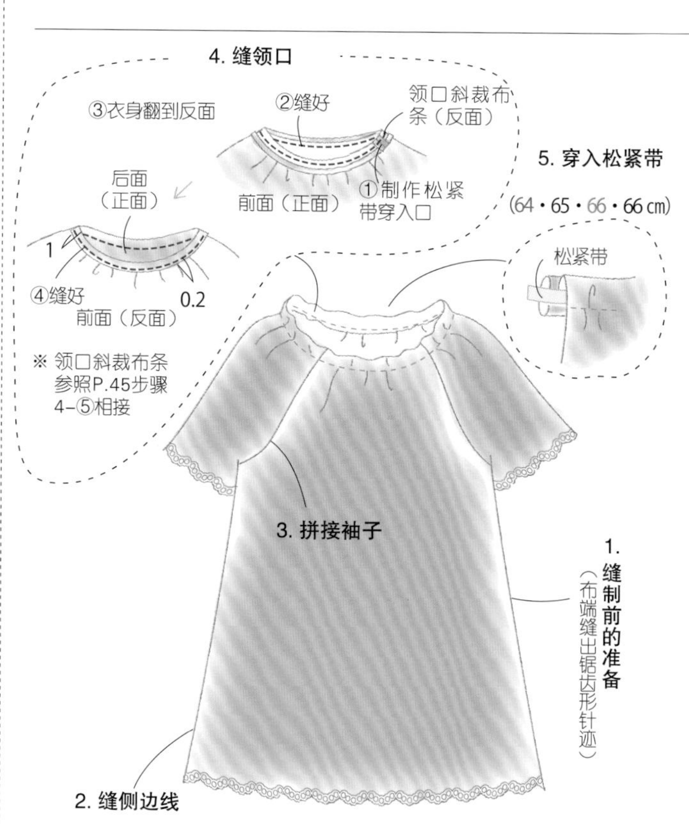

【制作方法顺序】
※基本的缝制方法参考P.44「罩衫」
4. 缝领口
③衣身翻到反面
②缝好
领口斜裁布条（反面）
前面（正面）
①制作松紧带穿入口
后面（正面）
1
④缝好
0.2
前面（反面）
※领口斜裁布条参照P.45步骤4-⑤相接
5. 穿入松紧带（64・65・66・66cm）
松紧带
3. 拼接袖子
1. 缝制前的准备（布端缝出锯齿形针迹）
2. 缝侧边线

P.42

套头连衣裙

材料（左起为S・M・L・LL）

表布（双面印花布）：宽110cm 长2.5・2.7・2.8・2.8cm

两折斜裁布条 宽2cm 长60・65・70・70cm

成品尺寸

总长89・92.5・96・96cm

胸围 92.8・96・100・103.2cm

实物大图纸 C面

【布料的裁剪方法】

※除指定以外缝份均为1cm

※腰间丝带无图纸，请按照图示尺寸直接裁剪

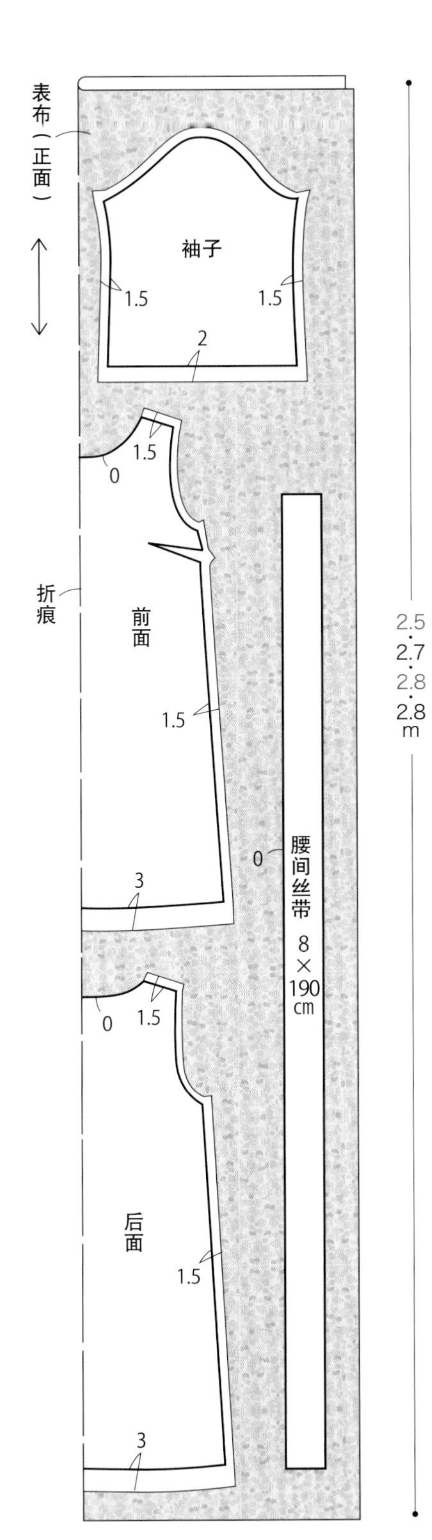

表布（正面）
袖子
1.5
1.5
2
1.5
0
折痕
前面
1.5
3
0
1.5
后面
1.5
3
0
腰间丝带 8×190cm
2.5・2.7・2.8・2.8m
宽110cm

【制作方法顺序】

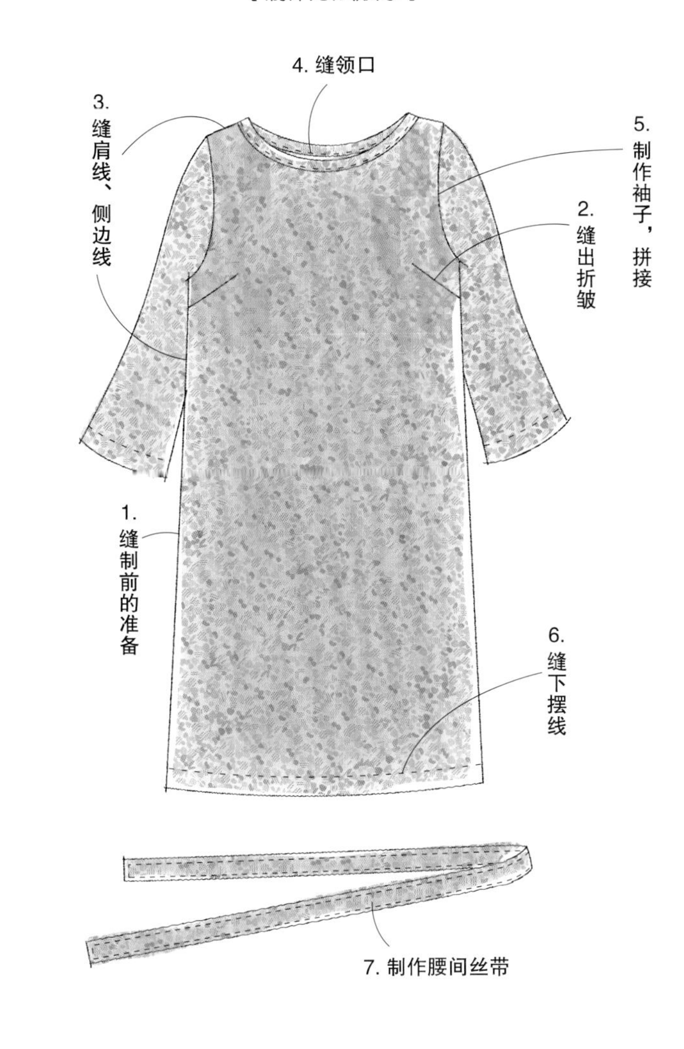

4. 缝领口
3. 缝肩线、侧边线
5. 制作袖子，拼接
2. 缝出折皱
1. 缝制前的准备
6. 缝下摆线
7. 制作腰间丝带

1. 缝制前的准备

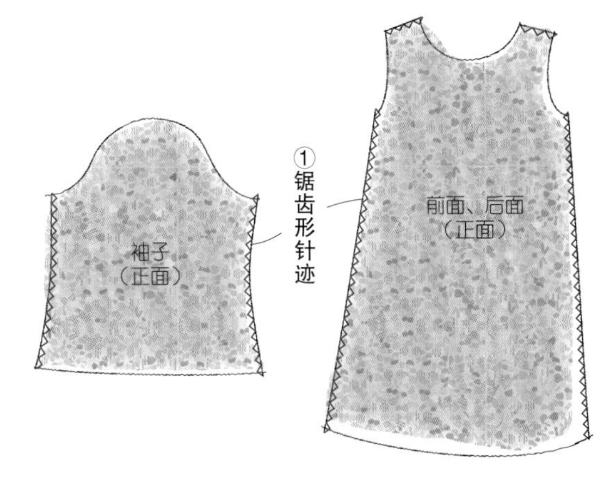

袖子（正面）
①锯齿形针迹
前面、后面（正面）

2. 缝出折皱

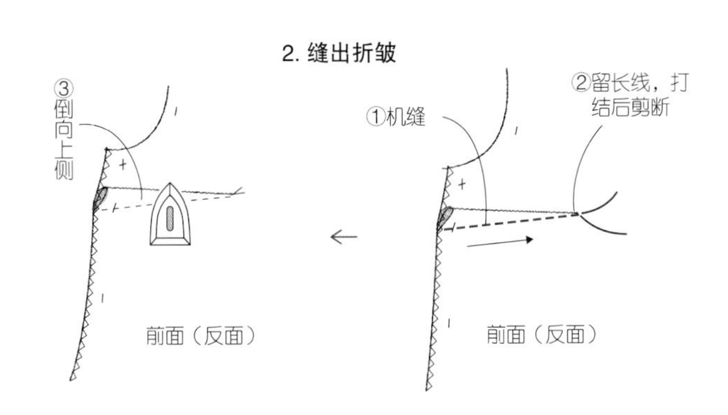

③倒向上侧
①机缝
②留长线，打结后剪断
前面（反面）
前面（反面）

3. 缝肩线、侧边线

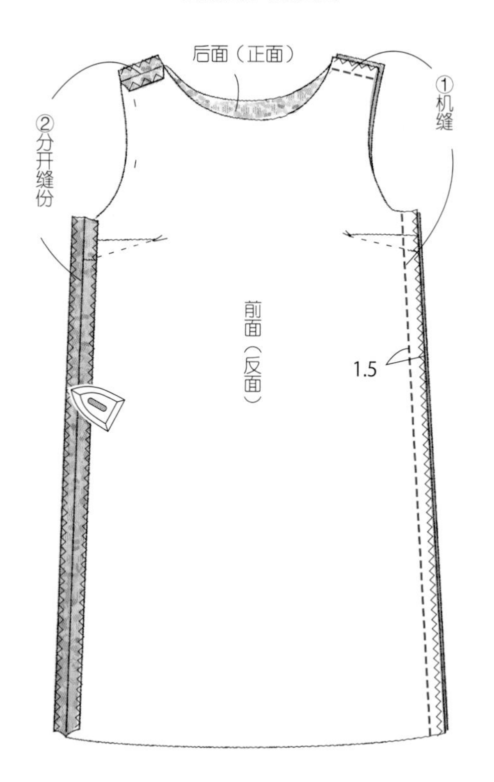
后面（正面）
①机缝
②分开缝份
前面（反面）
1.5

4. 缝领口

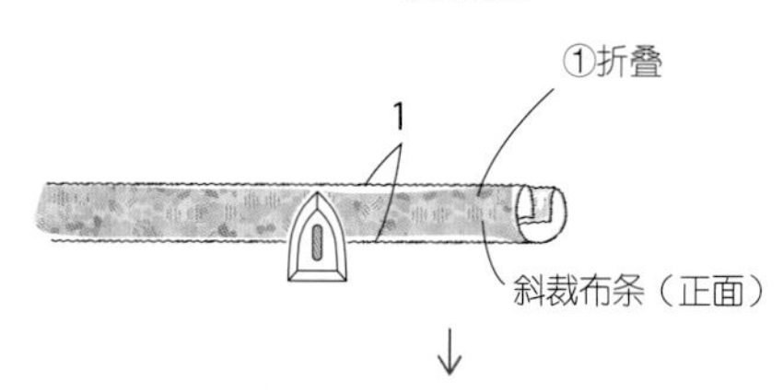
①折叠
1
斜裁布条（正面）

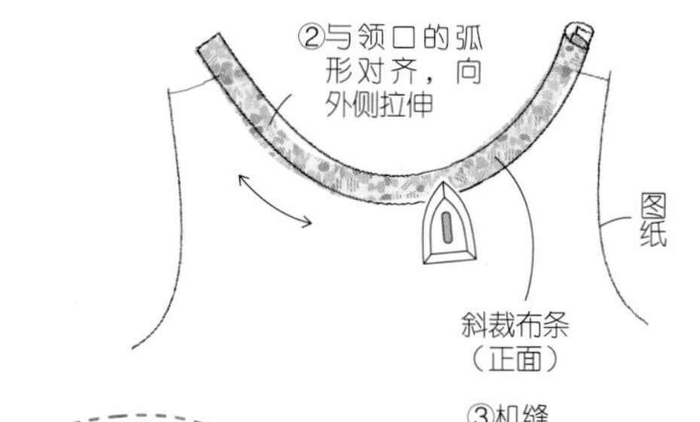
②与领口的弧形对齐，向外侧拉伸
图纸
斜裁布条（正面）

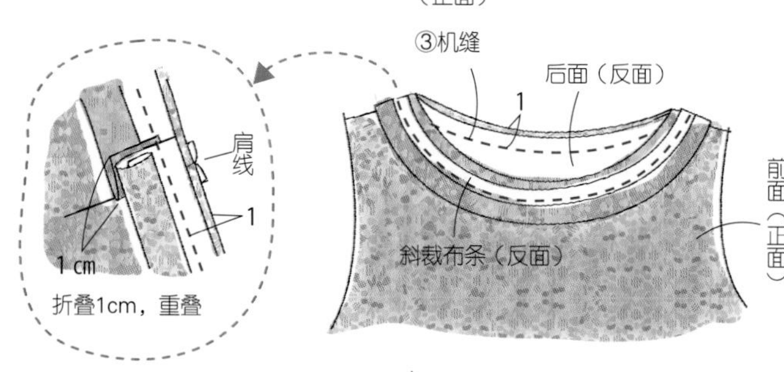
③机缝
后面（反面）
1
肩线
1
1cm
折叠1cm，重叠
斜裁布条（反面）
前面（正面）

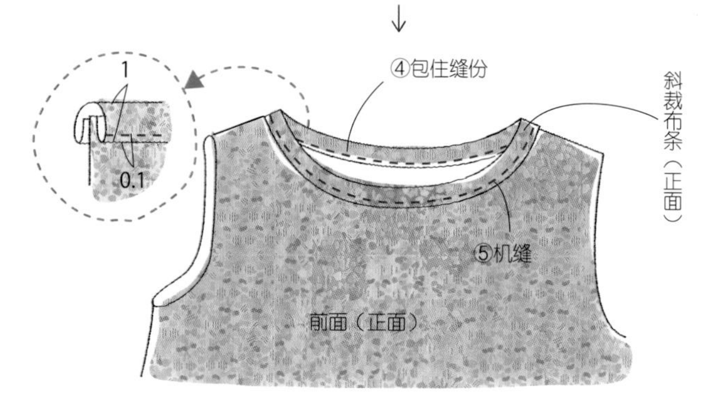
④包住缝份
1
0.1
斜裁布条（正面）
⑤机缝
前面（正面）

5. 制作袖子，拼接

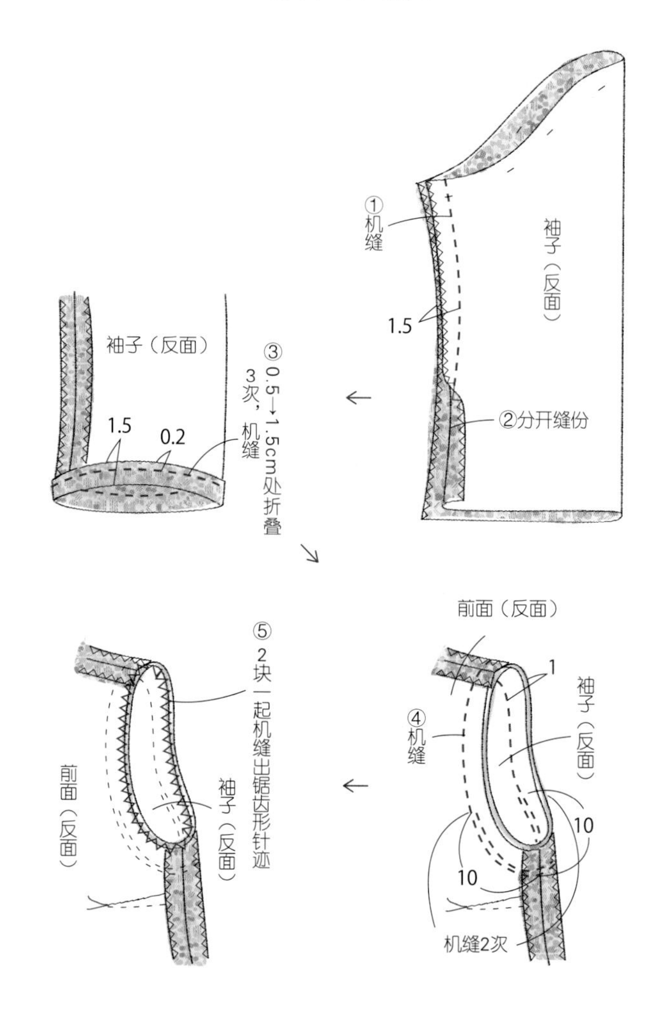
①机缝
袖子（反面）
1.5
②分开缝份
袖子（反面）
③0.5→1.5cm处折叠3次，机缝
1.5
0.2
前面（反面）
1
袖子（反面）
④机缝
10
10
机缝2次
⑤2块一起机缝出锯齿形针迹
前面（反面）
袖子（反面）

6. 缝下摆线

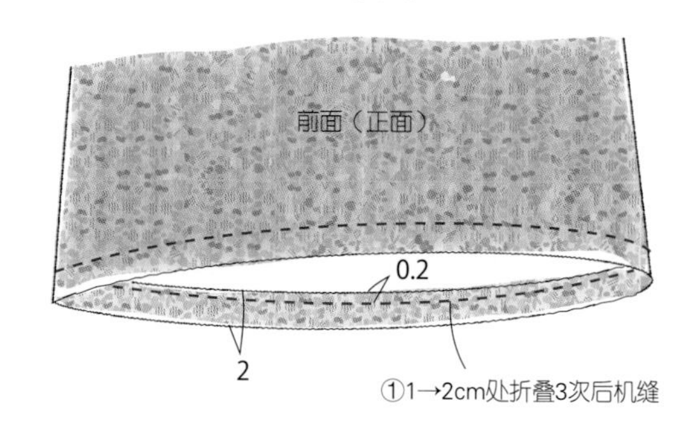
前面（正面）
0.2
2
①1→2cm处折叠3次后机缝

7. 制作腰间丝带

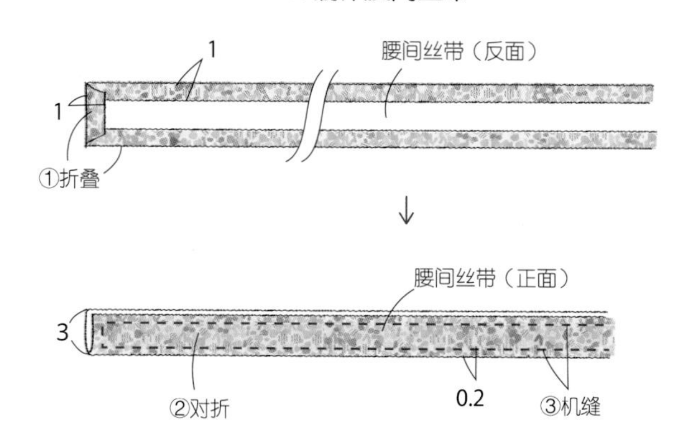
1
腰间丝带（反面）
1
①折叠
腰间丝带（正面）
3
②对折
0.2
③机缝

P.43
V领上衣

材料（左起为S・M・L・LL）
表布（亚麻）宽142cm 长1.3・1.3・1.4・1.4m
粘合芯 宽20cm 长25cm

成品尺寸
总长 73・75.5・78・78cm
胸围 92.8・96・100・103.2cm

实物大图纸 C面

【布料的裁剪方法】
※除指定以外缝份据我内1cm

表布（正面）
袖子
1.5
2
1.5
0
前面贴边
后面贴边
0
折痕
重新裁剪后折叠
1.5
1.5
后面
前面
折痕
1.5
1.5
3
3
折痕
1.3・1.3・1.4・1.4m
宽142cm

【制作方法顺序】
※基本的缝制方法参考P.47「套头连衣裙」

1. 缝制前的准备
（贴边反面贴上粘合芯。布端机缝出锯齿形针迹）

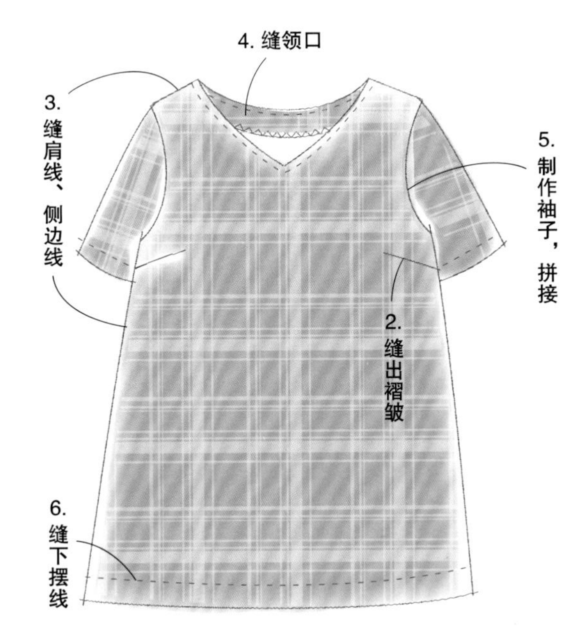
4. 缝领口
3. 缝肩线、侧边线
5. 制作袖子，拼接
2. 缝出褶皱
6. 缝下摆线

P.43
亚麻衬衫

材料（左起为S・M・L・LL）
表布（亚麻）宽106cm 长1.3・1.4・1.4・1.4m
粘合芯 宽20cm 长25cm

成品尺寸
总长 51・52.5・54・54cm
胸围 92.8・96・100・103.2cm

实物大图纸 C面

【布料的裁剪方法】
※除指定以外缝份据我内1cm

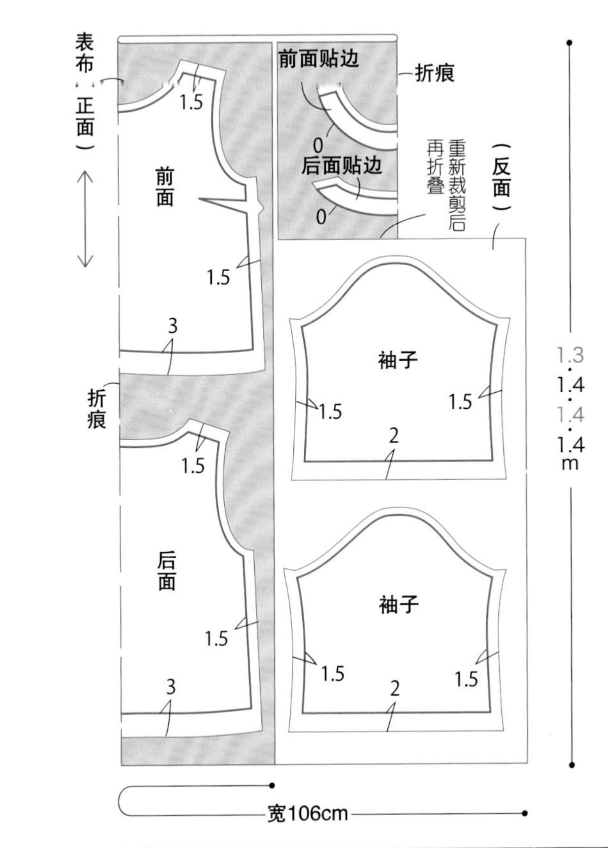
表布（正面）
前面贴边
折痕
1.5
0
后面贴边
0
重新裁剪后再折叠
（反面）
前面
1.5
3
袖子
1.5
1.5
2
1.3・1.4・1.4・1.4m
折痕
1.5
后面
1.5
3
袖子
1.5
1.5
2
宽106cm

【制作方法顺序】
※基本的缝制方法参考P.47「套头连衣裙」

1. 缝制前的准备
（贴边反面贴上粘合芯。布端机缝出锯齿形针迹）

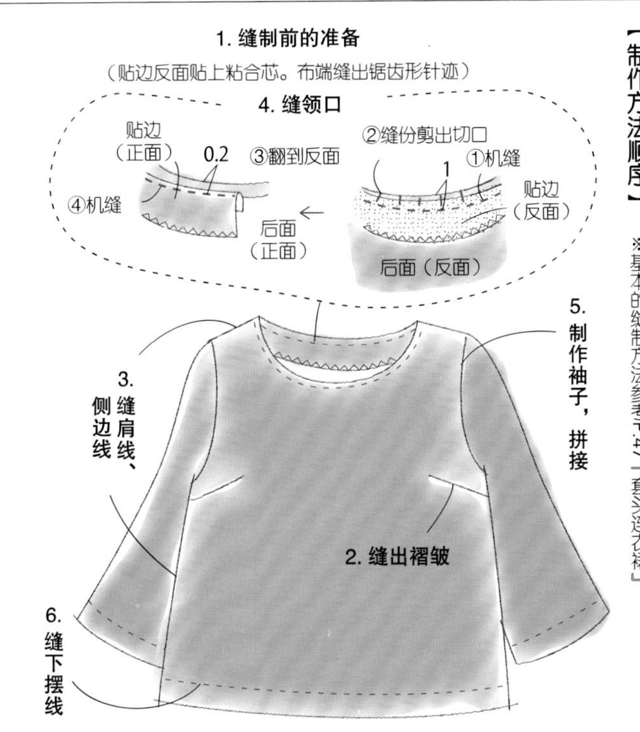
4. 缝领口
贴边（正面）
0.2
③翻到反面
②缝份剪出切口
①机缝
1
贴边（反面）
④机缝
后面（正面）
后面（反面）
3. 缝肩线、侧边线
5. 制作袖子，拼接
2. 缝出褶皱
6. 缝下摆线

缝纫5

样式、材质多样
秋日清爽下装

长度各异、材质不同……
只需稍微做些改动，
印象就完全不一样。
仅仅是一种样式，
就可以拓展出多个款式的
下装制作方案。

模特=asaco（身高167cm，M码）
发型·化妆=岩出奈绪（B★side）形象设计=山田祐子
编辑=井木爱
※无标记说明的物品均为设计师私物
※缝纫5中大人的尺寸S·M·L·LL附有实物大图纸

改良

腰间变换的褶皱裙子·短裙（原色）

流行的雪纺裙也可以加入褶皱。基本款中加入了腰间的变换。

制作方法 / P.52
实物大的图纸 / C面

表布=轻柔雪纺（1820·BK）
其它布料=丝质缎纹（5004016）·16

标准

褶皱裙子·短裙（紫色亚麻）

基本款的褶皱裙子，深紫色的亚麻给人优雅秋意浓浓的印象。

制作方法 / P.52
实物大的图纸 / C面

布料=亚麻100%手洗·深紫色（10-20081018-06）

改良

褶皱裙子・长裙（碎花）

基本款加长改良而成。印花和灰色底色不会过于甜美，也非常百搭。

制作方法 / P.52

实物大的图纸 / C面

布料=小碎花（WP–7900）・4A/GRAY

P.50・51 作品制作=山崎舞华

改良

腰间变换的褶皱裙・长裙（斜纹劳动布）

长款的褶皱裙，腰间加入了变换。蓝色的斜纹劳动布适合搭配方格或条纹衬衫。

制作方法 / P.53

实物大的图纸 / C面

布料=斯拉夫斜纹劳动布

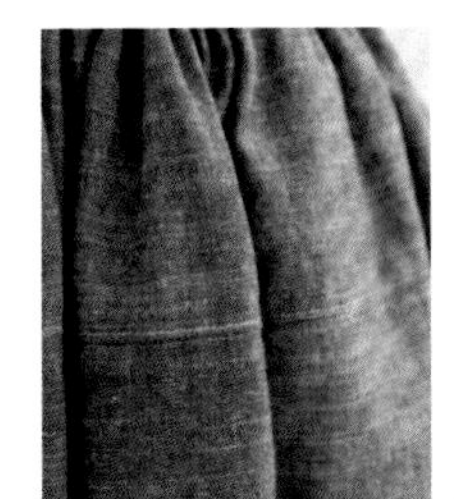

变换部分的针脚明显

P.50・51・63

褶皱裙子（短裙・长裙）

材料（左起为S・M・L・LL）

【P.50】表布（亚麻）宽110cm 长1.5・1.6・1.7・1.7m

【P.51・63】表布（棉质印花・W纱）宽110cm 长1.8・1.9・2・2m

松紧带 宽1.5cm 长1.2・1.3・1.4・1.4m

成品尺寸

【P.50】总长62.5・65・68・68cm

【P.51・63】总长77・80・84・84cm

实物大图纸 C面

※详细的图纸使用方法请参见P.57

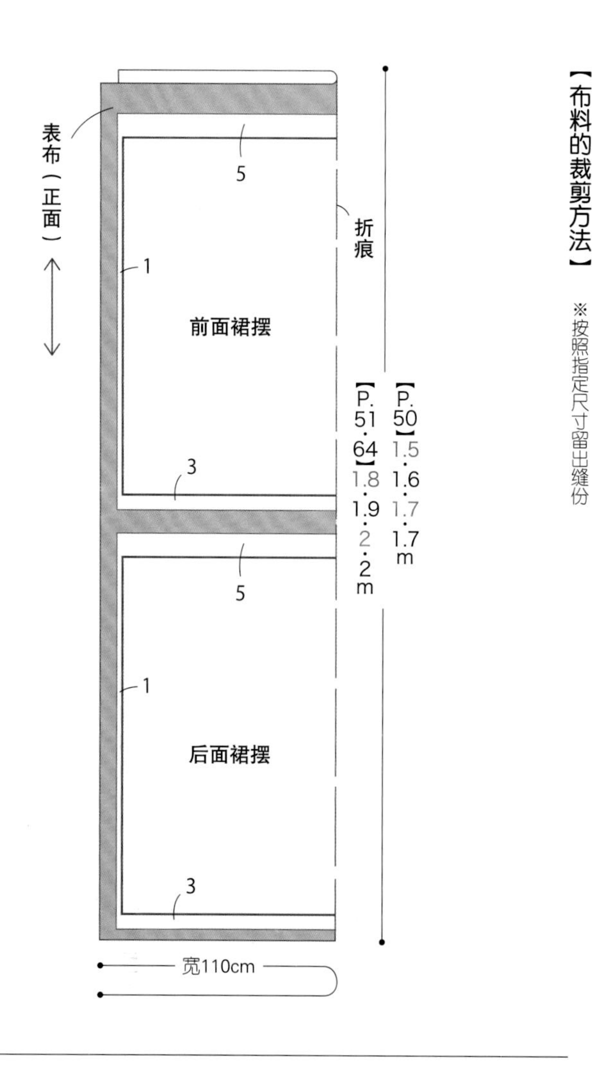

【布料的裁剪方法】
※按照指定尺寸留出缝份
表布（正面）
5
折痕
1
前面裙摆
【P.51・64】1.8・1.9・2・2m
【P.50】1.5・1.6・1.7・1.7m
3
5
1
后面裙摆
3
宽110cm

【制作方法顺序】

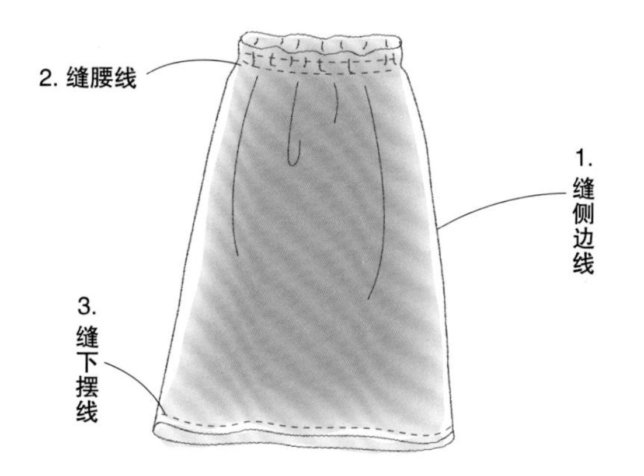

2. 缝腰线
1. 缝侧边线
3. 缝下摆线

1. 缝侧边线

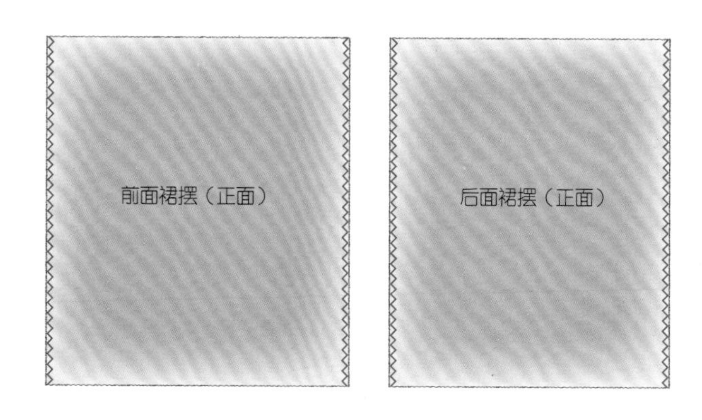

①〰的部分缝出锯齿形针迹
前面裙摆（正面）
后面裙摆（正面）

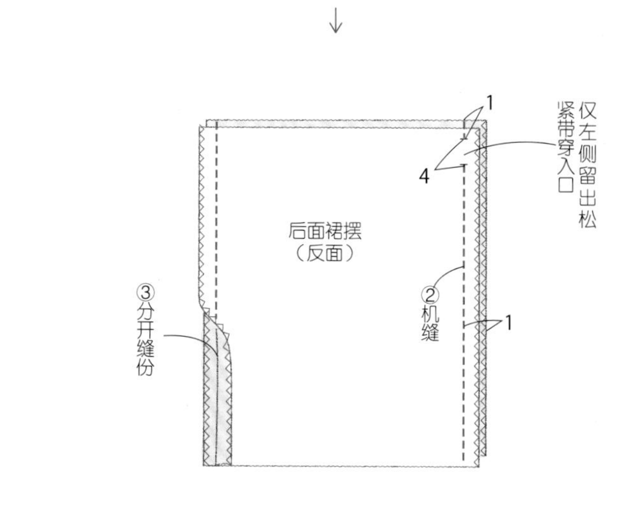

1
4
仅左侧留出松紧带穿入口
后面裙摆（反面）
③分开缝份
②机缝
1

2. 缝腰线

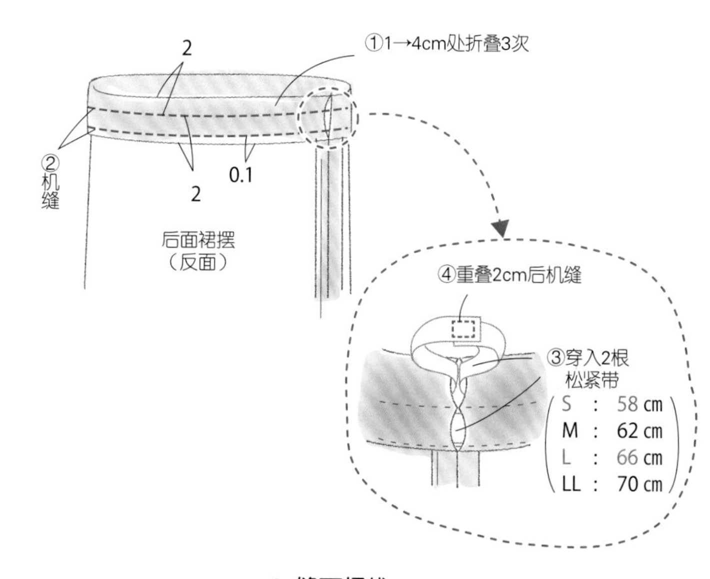

2
①1→4cm处折叠3次
②机缝
0.1
2
后面裙摆（反面）
④重叠2cm后机缝
③穿入2根松紧带
S : 58cm
M : 62cm
L : 66cm
LL : 70cm

3. 缝下摆线

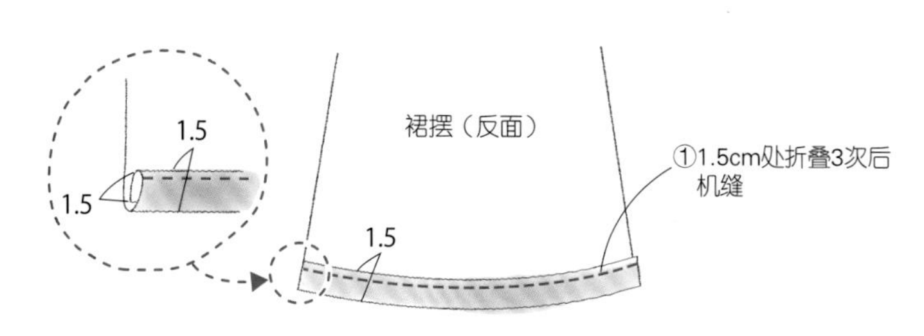

1.5
1.5
裙摆（反面）
①1.5cm处折叠3次后机缝
1.5

P.50・51・61
腰间变换的褶皱裙

材料（左起为S・M・L・LL）
【P.50】表布（轻柔雪纺）宽115cm 长2.1・2.1・2.3・2.3m
其它布料（缎纹）宽11cm 长1.6・1.7・1.8・1.8m
【P.51】表布（斜纹劳动布）宽115cm 长1.9・2・2.1・2.1m
【P.61】表布（二重起毛纱）宽145cm 长1.5・1.5・1.6・1.6m
其它布料（斜纹劳动布）宽110cm 长50・50・60・60cm
松紧带 宽1.5cm 长1.2・1.3・1.3・1.4m

成品尺寸
【P.50】总长62.5・65・68・68cm
【P.51・61】总长77・88・84・84cm

实物大图纸 C面

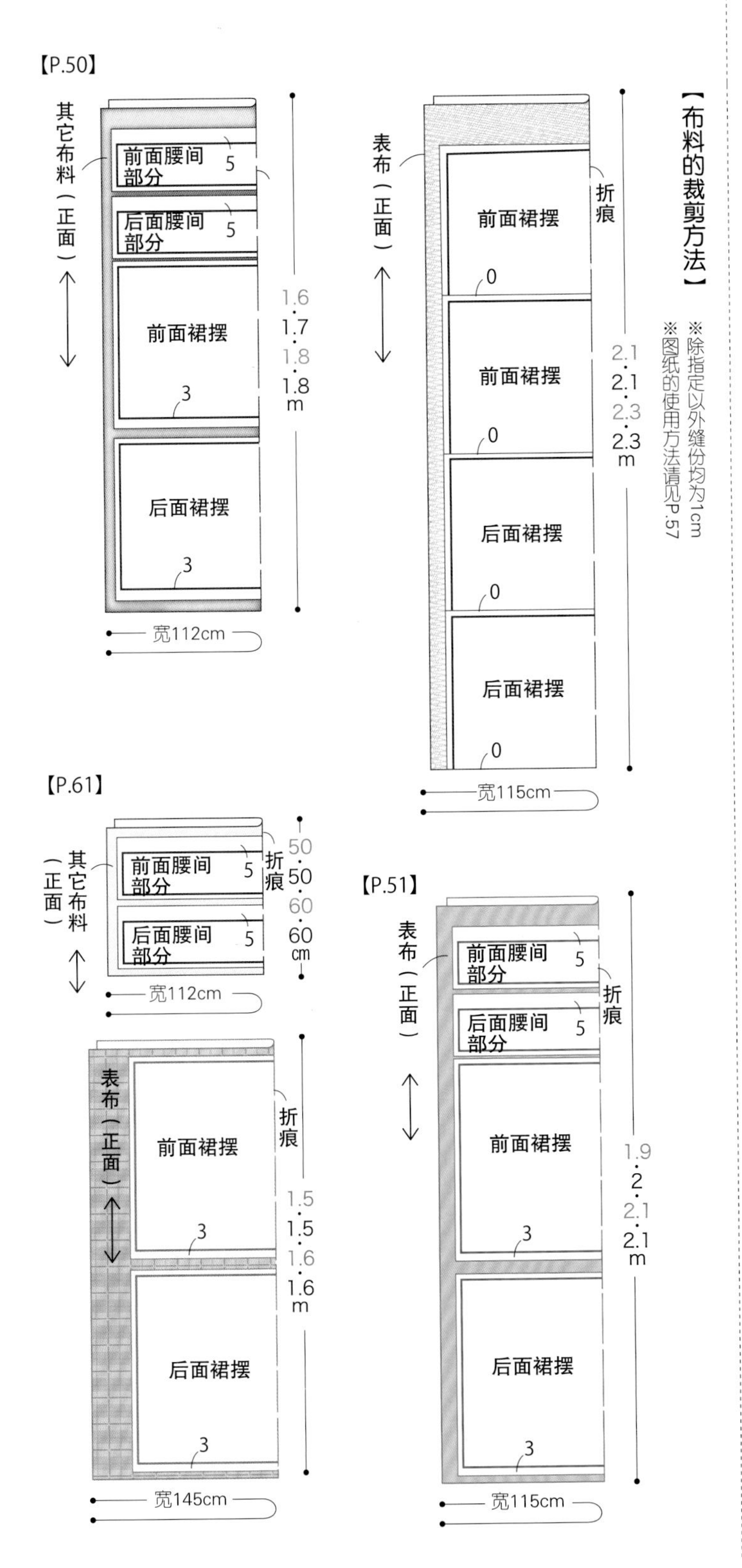

【布料的裁剪方法】
※除指定以外缝份均为1cm
※图纸的使用方法请见P.57
【P.50】
其它布料（正面）
前面腰间部分
后面腰间部分
前面裙摆
后面裙摆
宽112cm
1.6・1.7・1.8・1.8m
表布（正面）
折痕
宽115cm
2.1・2.1・2.3・2.3m
【P.61】
其它布料（正面）
50・50・60・60cm
宽112cm
表布（正面）
宽145cm
1.5・1.5・1.6・1.6m
【P.51】
表布（正面）
宽115cm
1.9・2・2.1・2.1m

【制作方法顺序】

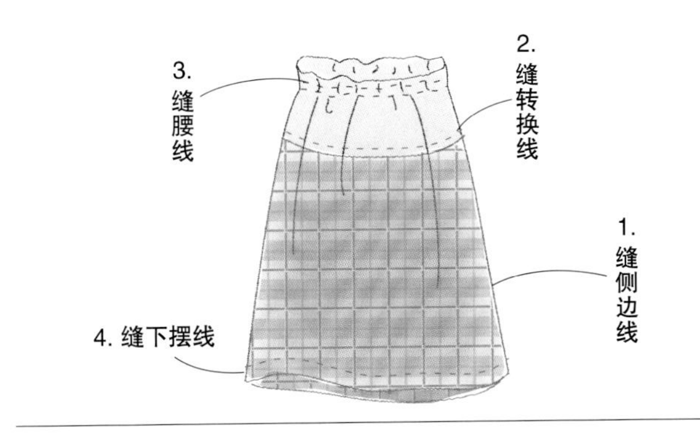

3. 缝腰线
2. 缝转换线
1. 缝侧边线
4. 缝下摆线

1. 缝侧边线

①参照P.52步骤1，缝出腰间部分、裙摆的侧边线

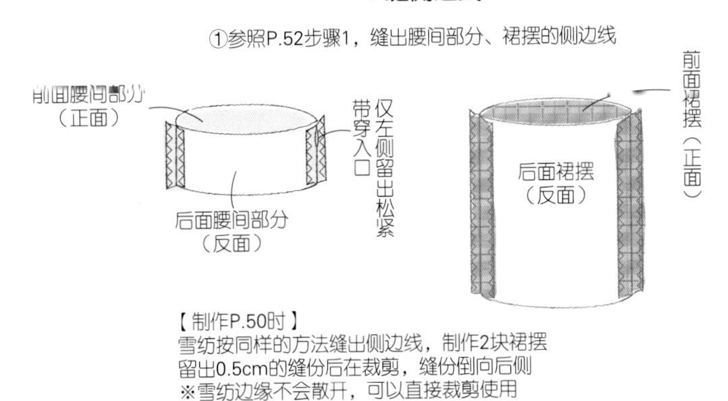

前面腰间部分（正面）
仅左侧留出松紧带穿入口
后面腰间部分（反面）
前面裙摆（正面）
后面裙摆（反面）

【制作P.50时】
雪纺按同样的方法缝出侧边线，制作2块裙摆
留出0.5cm的缝份后在裁剪，缝份倒向后侧
※雪纺边缘不会散开，可以直接裁剪使用

2. 缝转换线

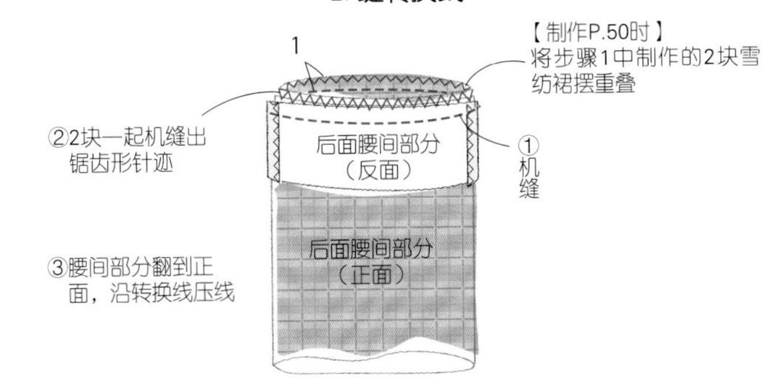

【制作P.50时】
将步骤1中制作的2块雪纺裙摆重叠
②2块一起机缝出锯齿形针迹
①机缝
后面腰间部分（反面）
后面腰间部分（正面）
③腰间部分翻到正面，沿转换线压线

3. 缝腰线

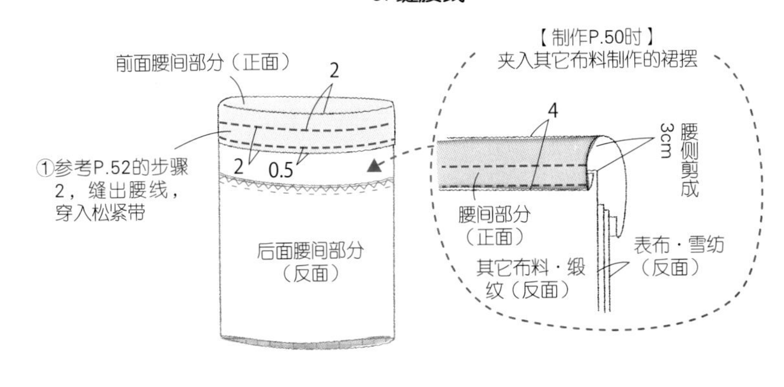

前面腰间部分（正面）
①参考P.52的步骤2，缝出腰线，穿入松紧带
后面腰间部分（反面）
【制作P.50时】
夹入其它布料制作的裙摆
腰侧剪成3cm
腰间部分（正面）
表布・雪纺（反面）
其它布料・缎纹（反面）

4. 缝下摆线

①参考P.52的步骤3

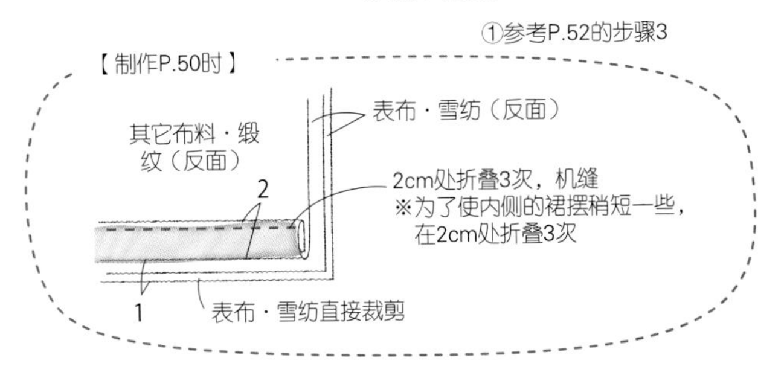

【制作P.50时】
表布・雪纺（反面）
其它布料・缎纹（反面）
2cm处折叠3次，机缝
※为了使内侧的裙摆稍短一些，在2cm处折叠3次
表布・雪纺直接裁剪

标准

卷边裤・九分裤（灰色亚麻）

基本款小腿裤。灰色亚麻和衬衫、背心搭配出几分帅气。

制作方法 / P.56

实物大图纸 / D面

腰间的褶皱衬托出轻柔的线条

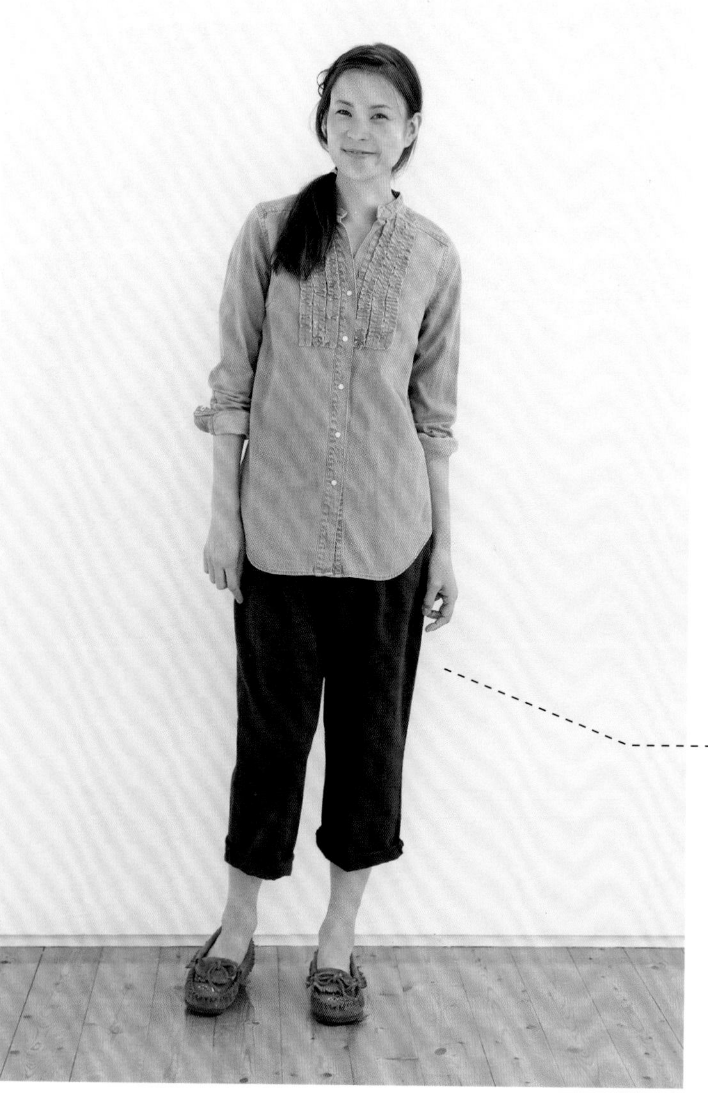

标准

卷边裤・九分裤（深棕色）

深棕色的布料更显干练成熟，是搭配休闲装的最佳选择。

制作方法 / P.56

实物大图纸 / D面

布料=DR–1500・c

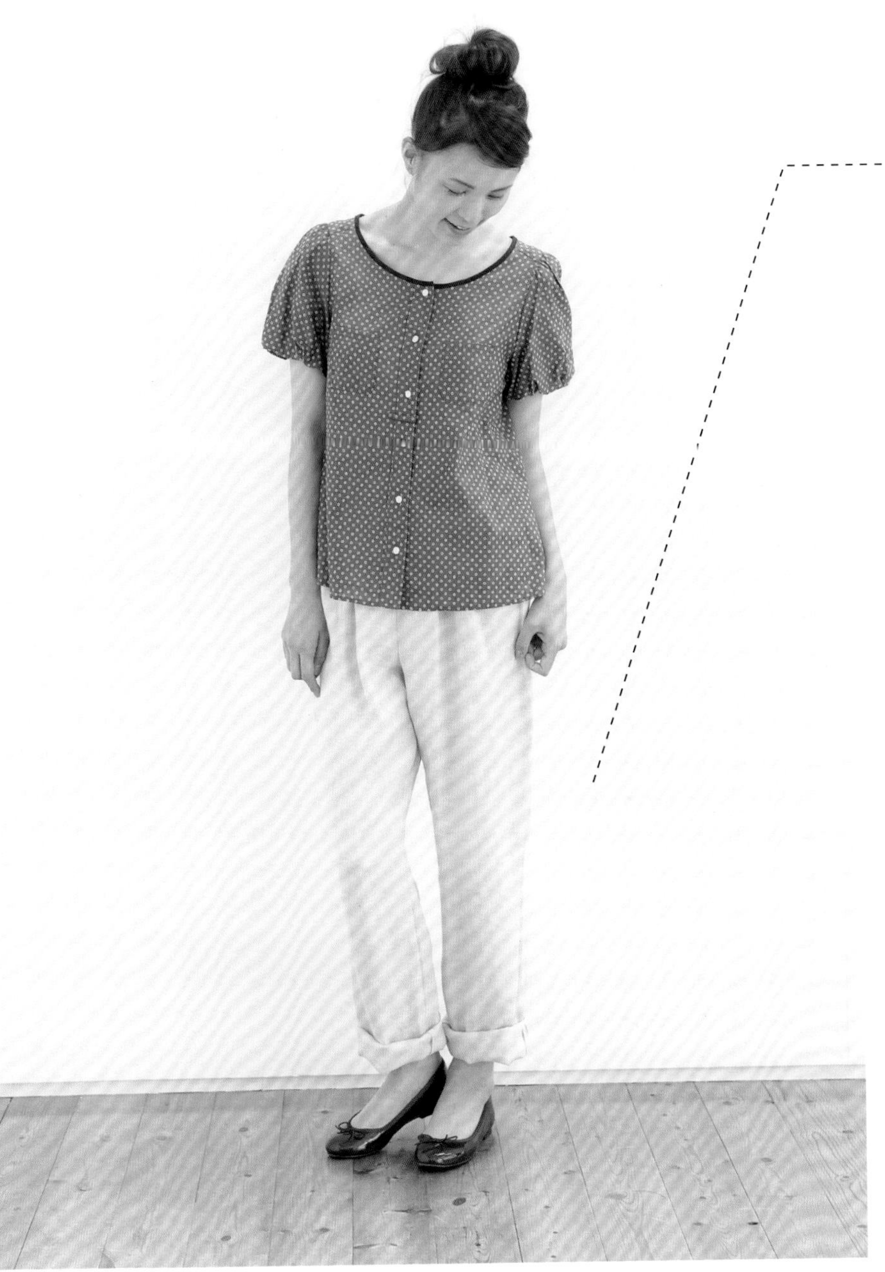

P.54・55作品制作=竹林里和子

改良

卷边裤・长裤（亚麻斜纹布）

与基本款的长度稍有不同，改良后可及地的长裤。具有亚麻斜纹布厚实柔软的质感。

制作方法 / P.56

实物大图纸 / D面

布料=亚麻斜纹布・本白×米白色（10N000850）

改良

卷边裤・长裤（条纹）

条纹的亚麻给人工整的印象。夹克休闲随意，搭配出平衡感。

制作方法 / P.56

实物大图纸 / D面

布料=亚麻双条纹・暗夜海军蓝

P.54・55
卷边裤（九分裤・长裤）

材料（左起为S・M・L・LL）

【P.54】表布（棉质・亚麻）宽108・116cm 长1.9・2・2.1・2.1m
【P.55】表布（亚麻）宽115・146cm 长2.3・2.4・2.5・2.5m
松紧带 宽1.5cm 长60・65・70・70m

成品尺寸

【P.54】总长81・84・88・88cm
【P.55】总长102・106・111・111cm

实物大图纸 D面

【布料的裁剪方法】

※除指定以外缝份据我内1cm

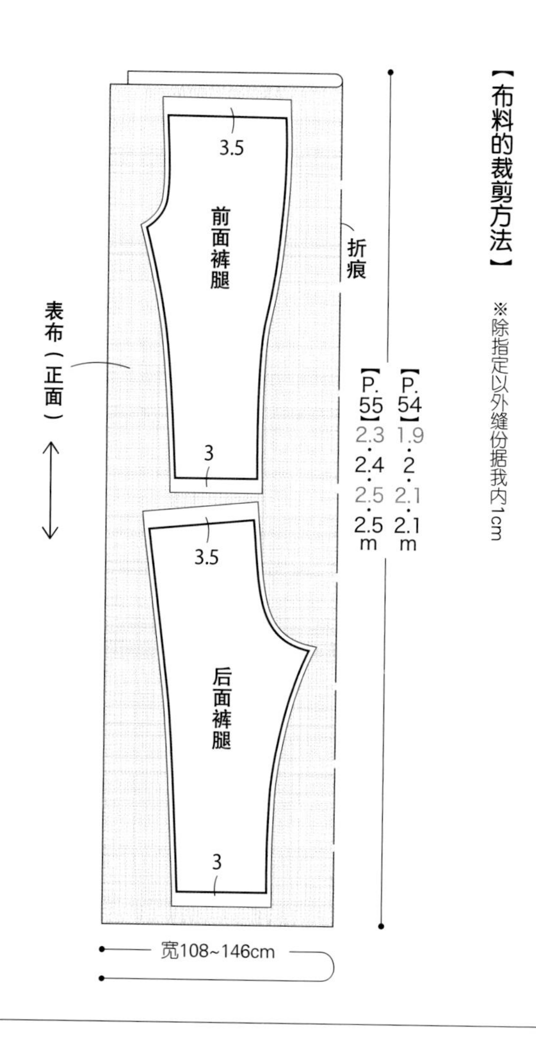

3.5
前面裤腿
折痕
表布（正面）
3
3.5
后面裤腿
3
【P.55】2.3・2.4・2.5・2.5m
【P.54】1.9・2・2.1・2.1m
宽108~146cm

【制作方法顺序】

4. 缝腰线
1. 缝褶皱
3. 缝立裆线
2. 缝侧边线、下裆线
5. 缝裤口线

1. 缝褶皱

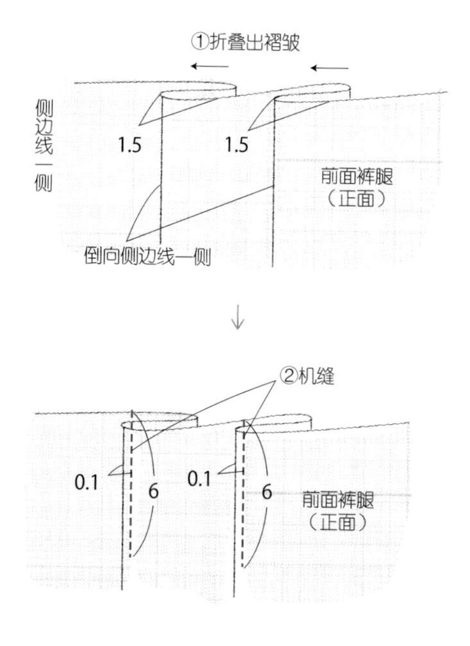

①折叠出褶皱
侧边线一侧
1.5
1.5
前面裤腿（正面）
倒向侧边线一侧
②机缝
0.1
6
0.1
6
前面裤腿（正面）

2. 缝侧边线、下裆线

① ~~ 的部分缝出锯齿形针迹

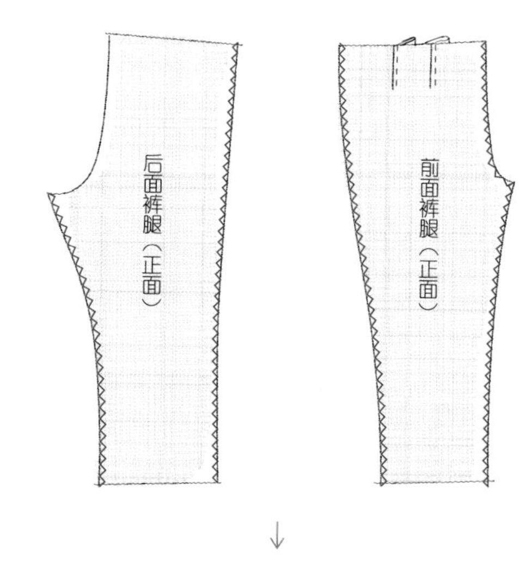

后面裤腿（正面）
前面裤腿（正面）

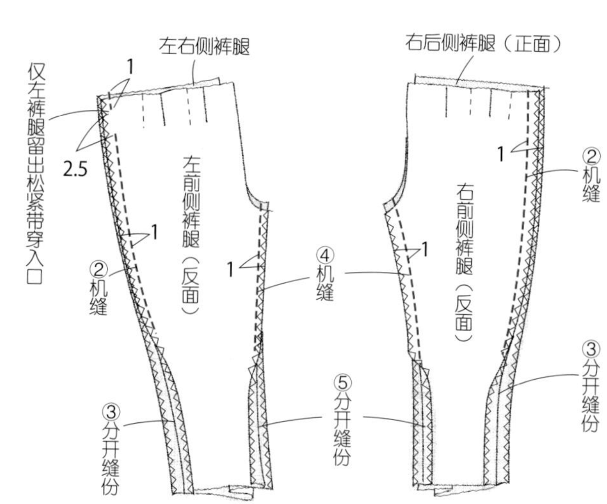

左右侧裤腿
仅左裤腿留出松紧带穿入口
1
2.5
左前侧裤腿（反面）
1
②机缝
1
③分开缝份
右后侧裤腿（正面）
1
②机缝
右前侧裤腿（反面）
1
④机缝
⑤分开缝份
③分开缝份

3. 缝立裆线

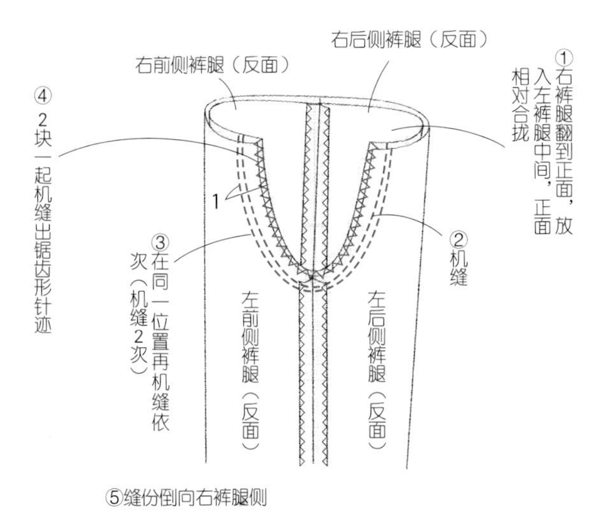

右后侧裤腿（反面）
右前侧裤腿（反面）
①右裤腿翻到正面，放入左裤腿中间，正面相对合拢
④2块一起机缝出锯齿形针迹
1
③在同一位置再机缝依次（机缝2次）
②机缝
左前侧裤腿（反面）
左后侧裤腿（反面）
⑤缝份倒向右裤腿侧

4. 缝腰线

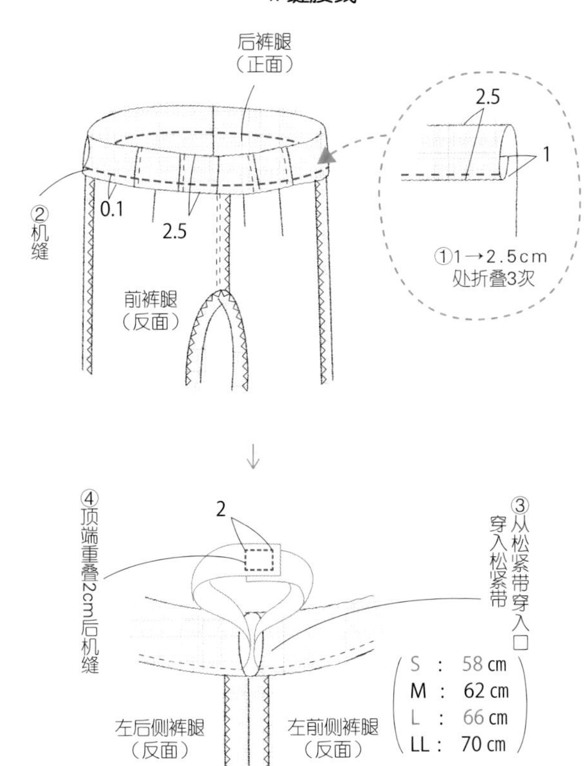

后裤腿（正面）
2.5
1
②机缝
0.1
2.5
①1→2.5cm处折叠3次
前裤腿（反面）
2
④顶端重叠2cm后机缝
③从松紧带穿入口穿入松紧带
S ： 58 cm
M ： 62 cm
L ： 66 cm
LL： 70 cm
左后侧裤腿（反面）
左前侧裤腿（反面）

5. 缝裤口线

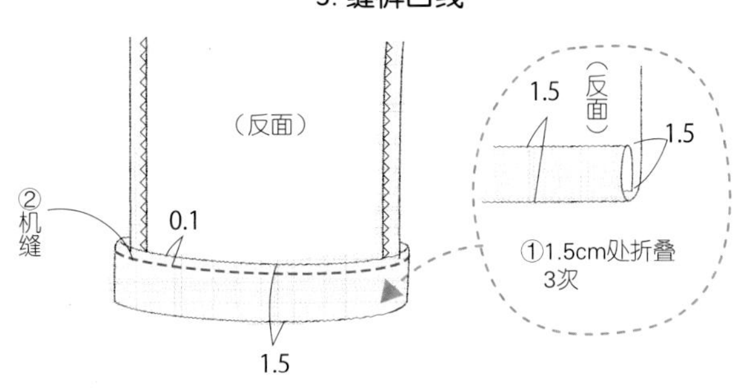

（反面）
1.5
（反面）
1.5
②机缝
0.1
①1.5cm处折叠3次
1.5

图纸的使用方法

[P.50・51褶皱裙子]

＊腰间部分有转换时

5

前后腰间部分

1

折痕

1

腰间转换线

1

前后裙摆

折痕

前后裙摆

前后中心折痕

1

3

从1张图纸中分别将腰间部分和裙摆复写到纸上，留出缝份

[P.50・51褶皱裙子]
[P.54・55卷边裤]

＊用1张图纸制作短款、长款时

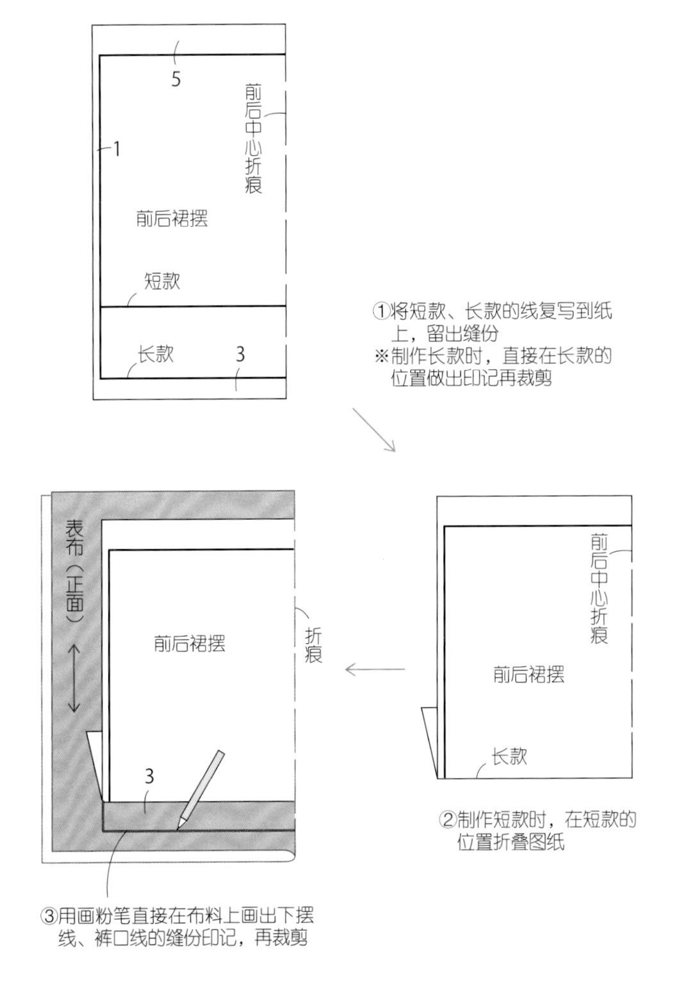

5
前后中心折痕
1
前后裙摆
短款
长款
3
①将短款、长款的线复写到纸上，留出缝份
※制作长款时，直接在长款的位置做出印记再裁剪
表布（正面）
前后裙摆
折痕
前后中心折痕
前后裙摆
3
长款
②制作短款时，在短款的位置折叠图纸
③用画粉笔直接在布料上画出下摆线、裤口线的缝份印记，再裁剪

※卷边裤和P.40“成熟简约风格的缝纫”中的款式使用同样的图纸

布料森林
Hande made supporter

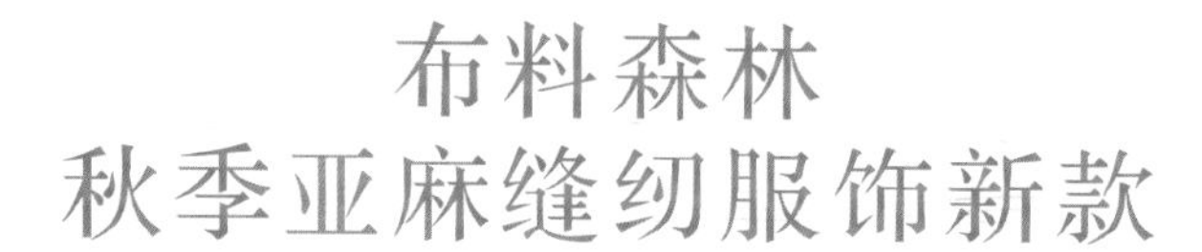

布料森林 秋季亚麻缝纫服饰新款

初秋时最想制作的就是这样一条颜色深沉的连衣裙。
再用大人们喜爱的素雅印花布制作出衬衫和上衣。
准备好穿上“布料森林”的原创服饰迎接秋天了吗？

摄影=藤田律子 版面设计=远藤薰 插图=大森裕美子
形象设计=山田祐子 发型=岩出奈绪
模特=yuka（身高170cm） 编辑=佐藤友美

作品设计・制作=lino
（http://perte.exblog.jp/）

冷色调连衣裙

经过漂洗的绫纹交织比耶拉半亚麻布稍厚，但质感轻柔，用它制作而成的连衣裙。衣领设计为重叠褶皱，冷色自然又不失华丽。条纹交替的手提包中加入铺棉，更具蓬松感。

制作方法 / P.60
实物大图纸 / D面

连衣裙布料=经过漂洗的绫纹交织比耶拉半亚麻布 IN50381 粉色
手提包布料（参考作品）=绫纹交织比耶拉半亚麻布 IN50381 茶色・本白
太阳花【IN50389】棕色

胸口的褶皱让连衣裙的整个线条更柔和

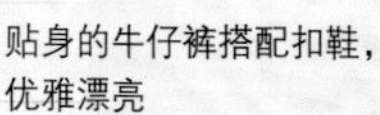

贴身的牛仔裤搭配扣鞋，优雅漂亮

Back Style

冷色调衬衫

连衣裙改短的衬衫。用优质的亚麻栀子花布料制作出这款秋天的衬衫，下摆塞入长裙中，衬托出紧腰宽胸式的蓬松感。

制作方法 / P.60
实物大图纸 / D面

衬衫布料=栀子花 IN50388 原色×海军蓝
裙子（参考作品）布料=经过漂洗的绫纹交织比耶拉半亚麻 IN50381 藏蓝色

卡肩式设计突出漂亮的肩部线条

冷色调上衣

裤装搭配中必不可少的上衣，用彩色比利时圆点花样亚麻制作而成。深卡其色给人干练清爽的印象。

制作方法 / P.60
实物大图纸 / D面

上衣布料=圆点花样 彩色比利时亚麻 IN50359 深卡其色
短裤（参考作品）布料=经过漂洗的绫纹交织比耶拉半亚麻 IN50381 米褐色

最适合这个季节的七分袖，看起来也非常清爽

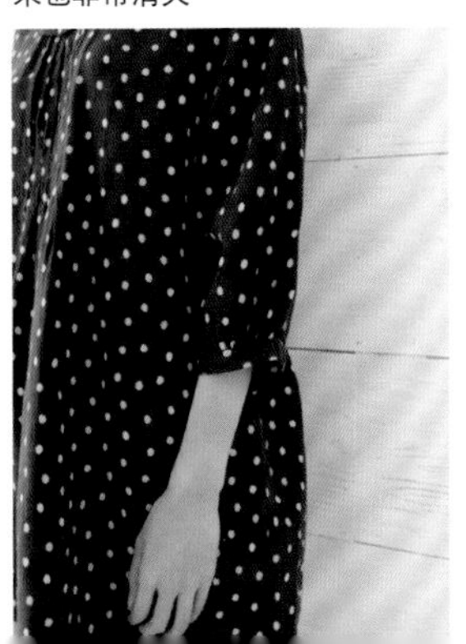

后面

P.58・59
冷色调连衣裙・上衣・衬衫

材料（左起为衬衫・上衣・连衣裙）
表布（亚麻・亚麻・半亚麻）宽108cm 长 2.8・3・3.2m
粘合芯 宽15cm 长30cm

成品尺寸
胸围 106cm
总长 70・80・90cm

实物大图纸 D面

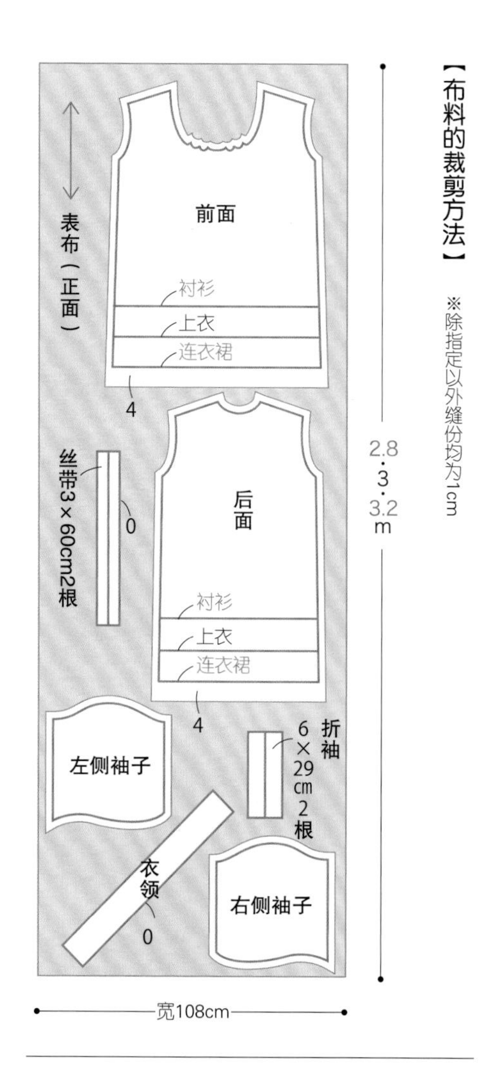

【布料的裁剪方法】
※除指定以外缝份均为1cm
表布（正面）
前面
衬衫
上衣
连衣裙
后面
丝带3×60cm2根
折袖 6×29cm 2根
左侧袖子
右侧袖子
衣领
2.8・3・3.2m
宽108cm

【制作方法顺序】

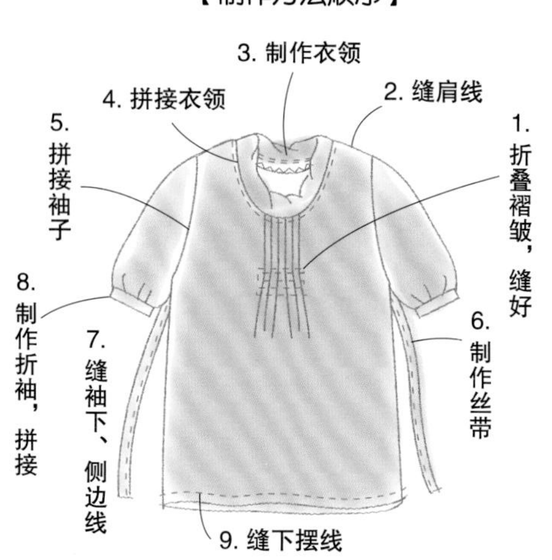

3. 制作衣领
4. 拼接衣领
2. 缝肩线
5. 拼接袖子
1. 折叠褶皱，缝好
8. 制作折袖，拼接
7. 缝袖下、侧边线
6. 制作丝带
9. 缝下摆线

1. 折叠褶皱，缝好

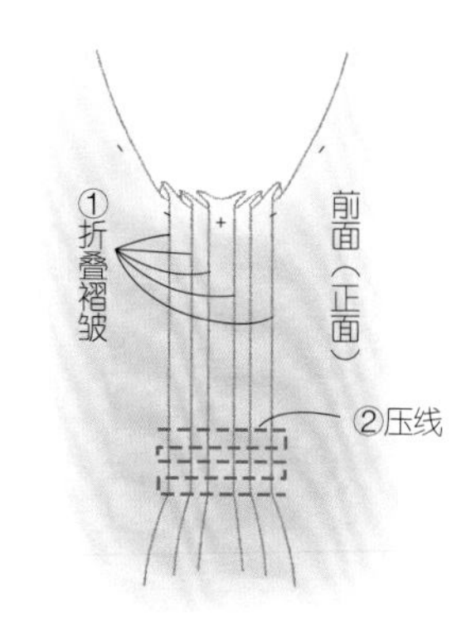

①折叠褶皱
前面（正面）
②压线

2. 缝肩线

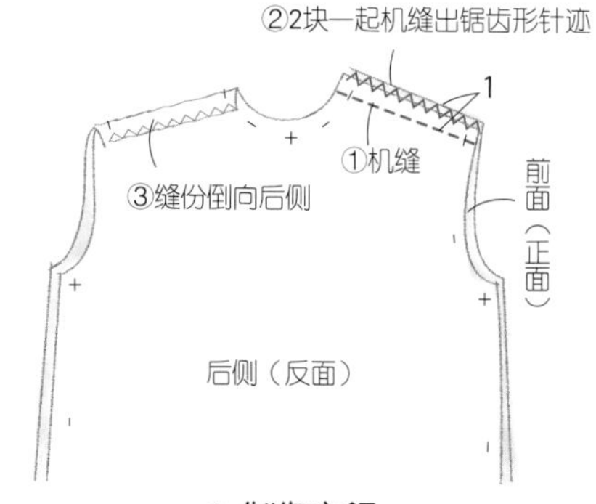

②2块一起机缝出锯齿形针迹
1
①机缝
③缝份倒向后侧
前面（正面）
后侧（反面）

3. 制作衣领

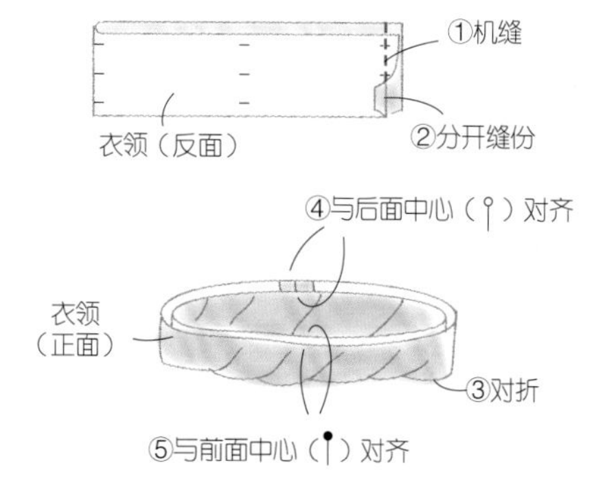

①机缝
衣领（反面）
②分开缝份
④与后面中心对齐
衣领（正面）
③对折
⑤与前面中心对齐

4. 拼接衣领

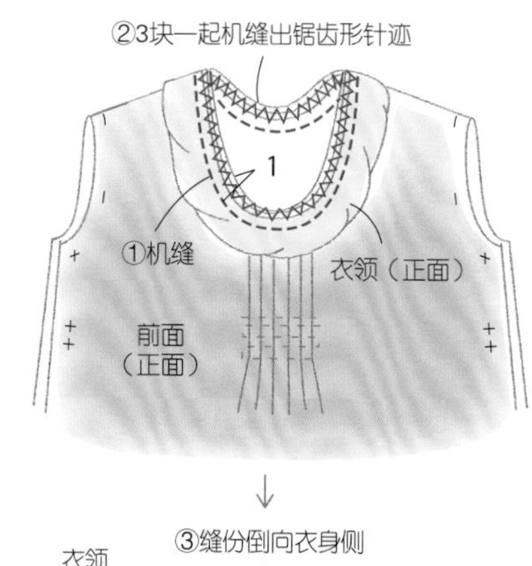

②3块一起机缝出锯齿形针迹
1
①机缝
衣领（正面）
前面（正面）

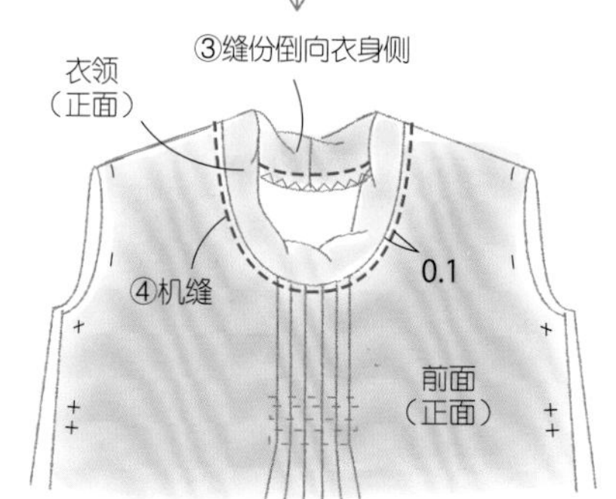

③缝份倒向衣身侧
衣领（正面）
④机缝
0.1
前面（正面）

5. 拼接袖子

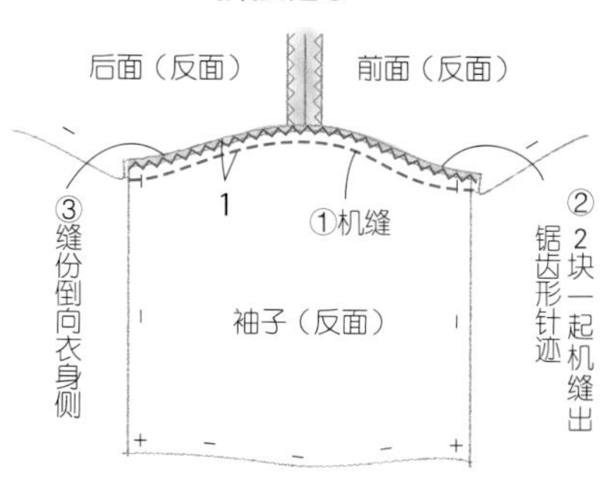

后面（反面）
前面（反面）
1
①机缝
③缝份倒向衣身侧
②2块一起机缝出锯齿形针迹
袖子（反面）

6. 制作丝带

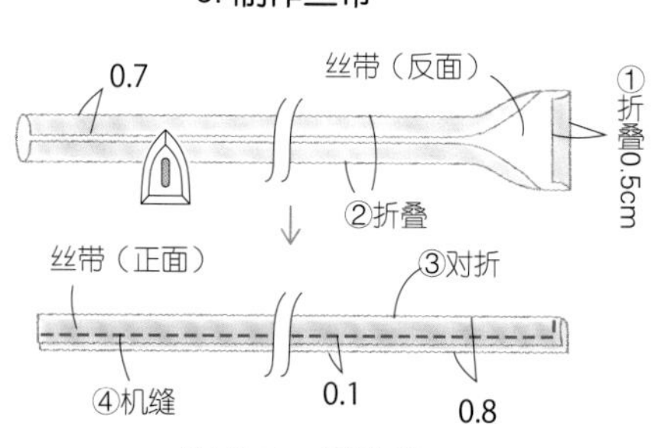

0.7
丝带（反面）
①折叠0.5cm
②折叠
丝带（正面）
③对折
④机缝
0.1
0.8

7. 缝袖下、侧边线

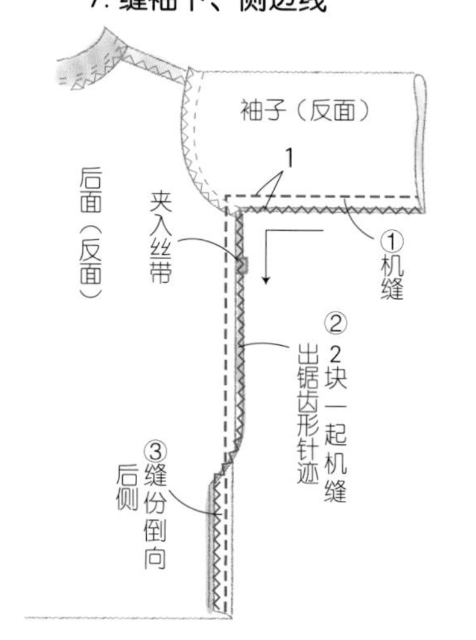

袖子（反面）
1
后面（反面）
夹入丝带
①机缝
②2块一起机缝出锯齿形针迹
③缝份倒向后侧

8. 制作折袖，拼接

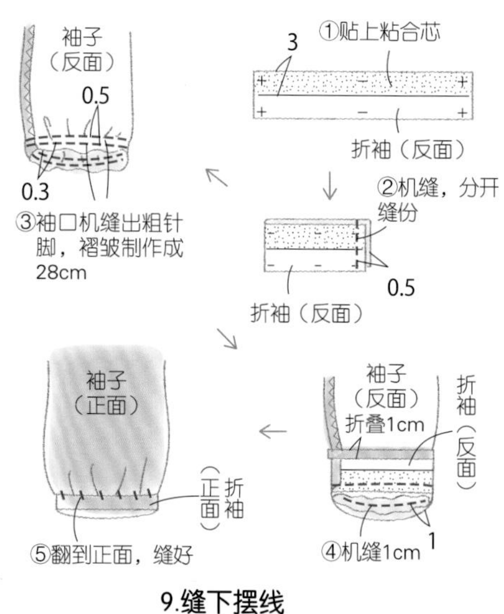

袖子（反面）
3
①贴上粘合芯
0.5
折袖（反面）
0.3
③袖口机缝出粗针脚，褶皱制作成28cm
②机缝，分开缝份
0.5
折袖（反面）
袖子（正面）
袖子（反面）
折叠1cm
折袖（反面）
折袖（正面）
⑤翻到正面，缝好
④机缝1cm
1

9.缝下摆线

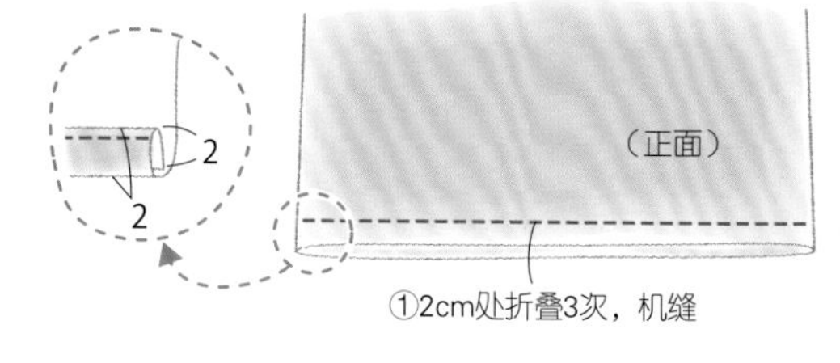

2
2
（正面）
①2cm处折叠3次，机缝

Marche新品
用W幅独特彩色亚麻和W纱制作秋季潮流服饰

讲究素材、风格、颜色变化的独特亚麻和极具亲肤感的W纱……

这个秋天，Marche为你带来最漂亮的手工材料。

摄影=藤田律子 模特=asaco（身高167cm，M码） 形象设计=山田祐子
发型・法装=岩出奈绪（B★side） 版面设计=远藤薰 插图=佐佐木真由美 编辑=并木爱

腰间变换的褶皱裙・长裙（方格）

传统的深绿色方格，非常适合秋季穿着的裙了。腰间转换部分用斜纹劳动布制作，增添了休闲感。

制作方法 / P.53
实物大图纸 / C面

瞥见的碎花图案，清新时尚

表布
【GM116】先染二重起毛方格（W纱）・绿色系 宽145cm
*反面为平纹方格的双面布料

其它布料
【GM153】RAFUNA DUNGAREE・海军蓝 宽110cm

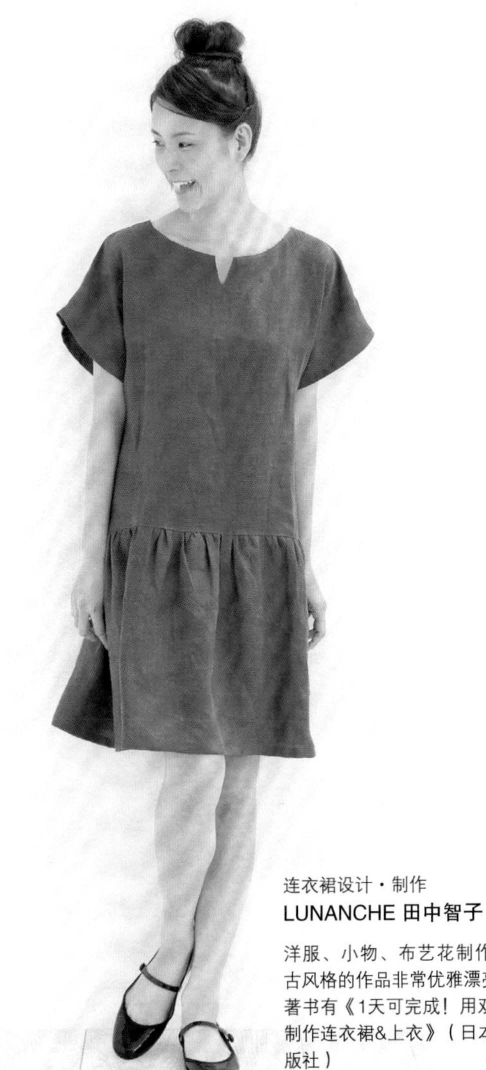

连衣裙设计・制作
LUNANCHE 田中智子

洋服、小物、布艺花制作者。复古风格的作品非常优雅漂亮。
著书有《1天可完成！用双面布料制作连衣裙&上衣》（日本辰巳出版社）
http://www6.plala.or.jp/natural.twl

低腰连衣裙

蝙蝠袖的宽松外形和清新的蓝色亚麻，舒适清新。天凉时还可以搭配开衫和围巾等。

制作方法 / P.62
实物大图纸 / D面

表布
【M115】普罗旺斯系列
Linen`Muret・I.皇家蓝 宽150cm

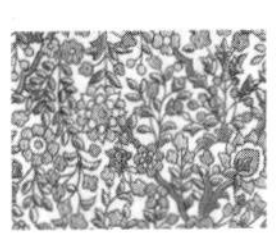

其它布料
【GM126】Flower Flower（小碎花）・藏红花 宽110cm

P.61
蓝色亚麻的低腰连衣裙

材料

表布（亚麻）宽150cm 长2.2m
其它布料（棉质印花布）宽110cm 长20cm
粘合芯 宽80cm 长20cm

成品尺寸

总长84cm
胸围101cm

实物大图纸 **D面**

折痕
前面裙摆
3
后面裙摆
3
前面
3
后面
3
2.2m
表布（正面）
宽150cm

【布料的裁剪方法】

※除指定以外缝份均为1cm

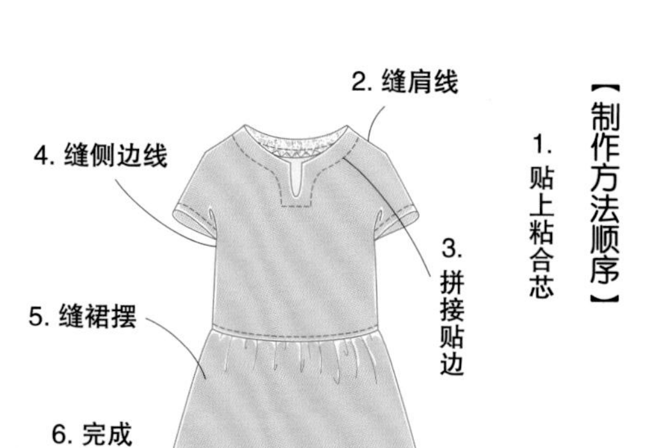

其它布料（正面）
后面贴边
折痕
0
折痕
0
前面贴边
20cm
宽110cm

【制作方法顺序】

2. 缝肩线
4. 缝侧边线
3. 拼接贴边
5. 缝裙摆
6. 完成
1. 贴上粘合芯

1. 贴上粘合芯

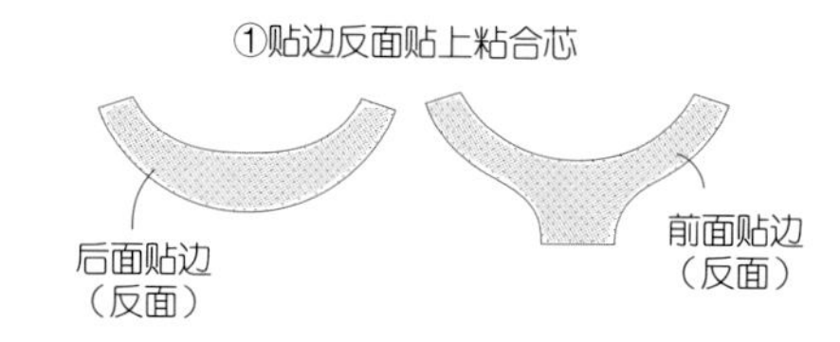

①贴边反面贴上粘合芯
后面贴边（反面）
前面贴边（反面）

2. 缝肩线

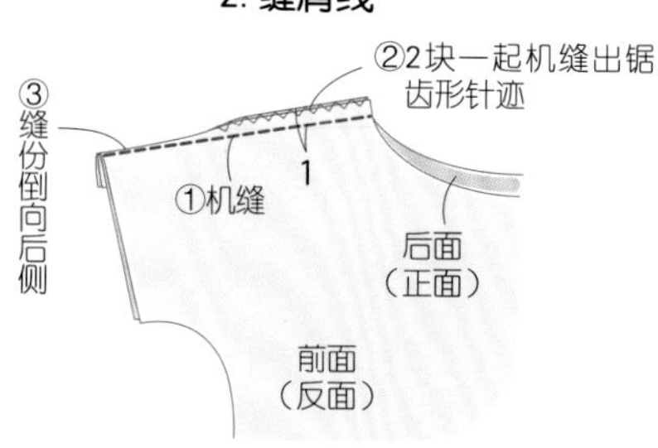

②2块一起机缝出锯齿形针迹
③缝份倒向后侧
①机缝
1
后面（正面）
前面（反面）

3. 拼接贴边

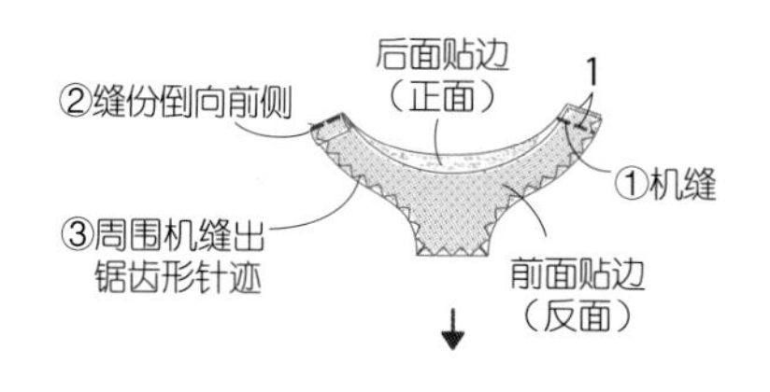

后面贴边（正面）
②缝份倒向前侧
1
①机缝
③周围机缝出锯齿形针迹
前面贴边（反面）

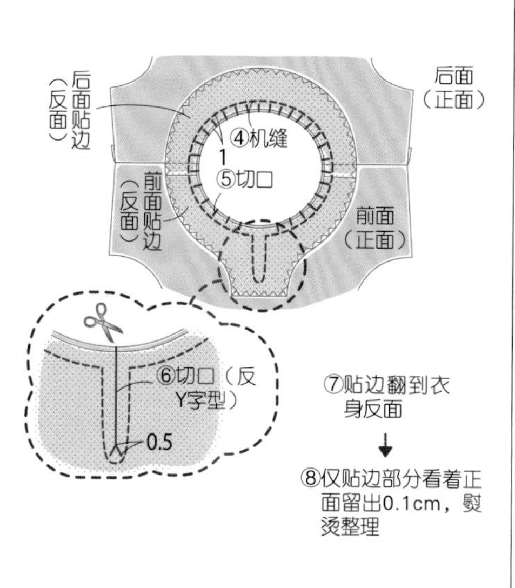

后面（反面）
后面贴边
后面（正面）
④机缝
1
⑤切口
前面贴边（反面）
前面（正面）
⑥切口（反Y字型）
0.5

⑦贴边翻到衣身反面

⑧仅贴边部分看着正面留出0.1cm，熨烫整理

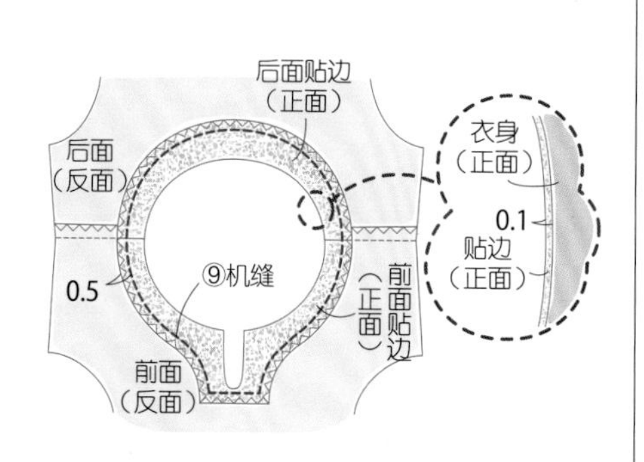

后面贴边（正面）
后面（反面）
衣身（正面）
0.1
贴边（正面）
0.5
⑨机缝
前面贴边（正面）
前面（反面）

4. 缝侧边线

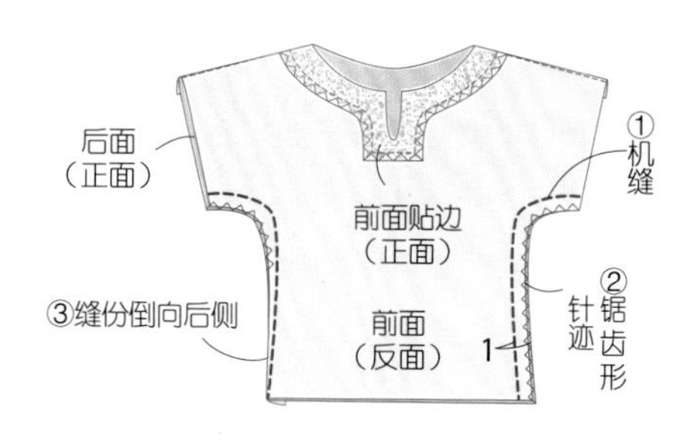

后面（正面）
①机缝
前面贴边（正面）
②锯齿形针迹
③缝份倒向后侧
前面（反面）
1

5. 缝裙摆

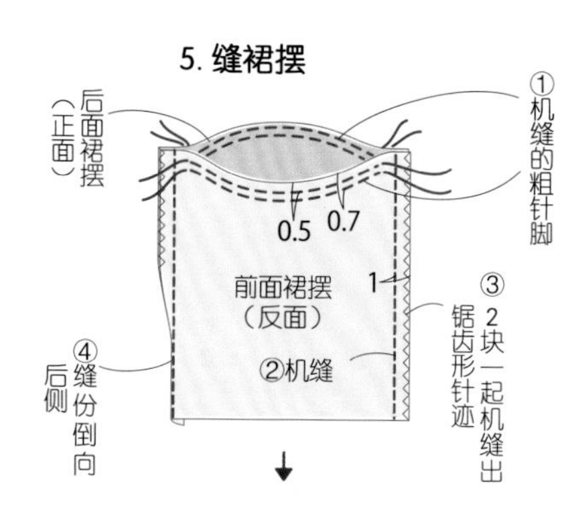

后面裙摆（正面）
①机缝的粗针脚
0.5
0.7
前面裙摆（反面）
1
③2块一起机缝出锯齿形针迹
④缝份倒向后侧
②机缝

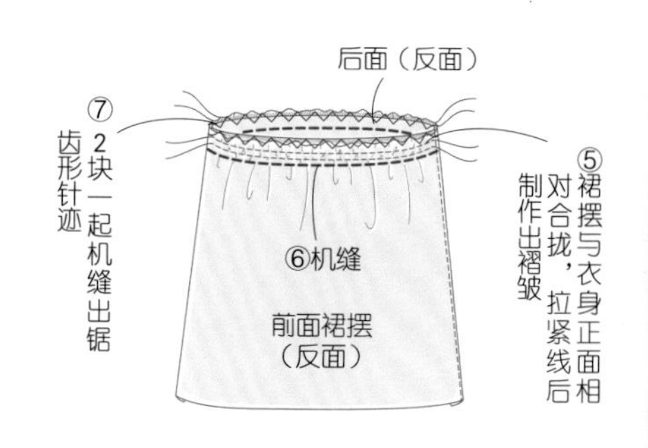

后面（反面）
⑦2块一起机缝出锯齿形针迹
⑤裙摆与衣身正面相对合拢，拉紧线后制作出褶皱
⑥机缝
前面裙摆（反面）

6. 完成

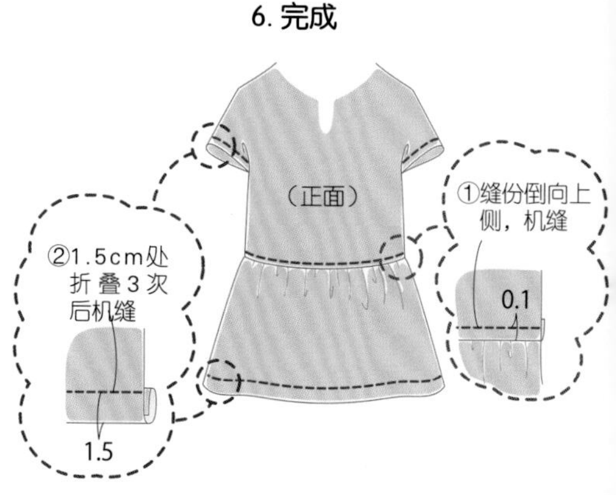

（正面）
①缝份倒向上侧，机缝
0.1
②1.5cm处折叠3次后机缝
1.5

用MUDDY WORKS制作出
趣味盎然的生活手工作品

主要以泥染布为中心的设计团队“TOMOTAKE”推出的首款布料作品，天然素材上加入抽象花样，试着用这种略显个性的布料，来制作缝纫作品吧。

蒲公英连衣裙和甜甜圈褶皱裙

蒲公英花样的连衣裙搭配甜甜圈花样的褶皱裙。颜色稍微有些关联性的话，花样与花样的组合也会变得可爱哦。

制作方法 / P.66（连衣裙）・P.52（裙子）
实物大图纸 / D面（连衣裙）・C面（裙子）

连衣裙布料=蒲公英
裙子布料=甜甜圈

背面

领肩转换部分加入芥末色的包边

摄影=藤田律子 版面设计=远藤薰
插图=佐佐木真由美
作品制作=太田秀美 日沼由纪子 山崎舞华
设计师=山田祐子 发型=间中佳子
模特=和田蓝（身高155cm） 编辑=佐藤友美

背面

醋栗花样的斗篷

浅灰褐色的布料上加入黄色的醋栗花样，轻柔的W纱制作出这款具有质感的连帽斗篷。流畅的线条，可以折叠后放到包包中，推荐休闲游玩时穿着。

制作方法 / P.67

实物大图纸 / A面

布料=醋栗花样

人字形条纹花样的肩包

用人字形条纹花样帆布制作而成的肩包。包盖部分折叠后拼接上宽绫纹肩带，摩卡色的仿山羊皮带十分抢眼。

制作方法 / P.67

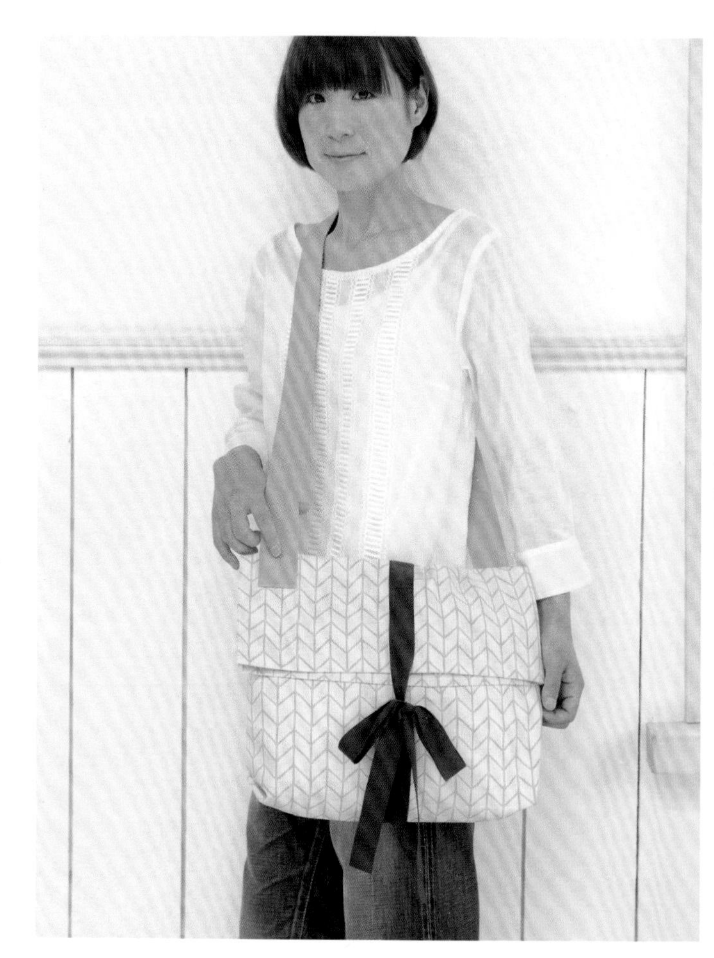

家居手作小物

季节交替，想换一下家里的布制品吗？再多也嫌不够的靠枕、布制的居家鞋，或是放到床边的旗子装饰品……

均为参考作品

靠枕布料=雏菊花边
包边=仿山羊皮包边布条 紫色、海军蓝、棕色
居家鞋布料=醋栗花样

/Home Craft

各种颜色与材质的组合，欢乐的小旗装饰品

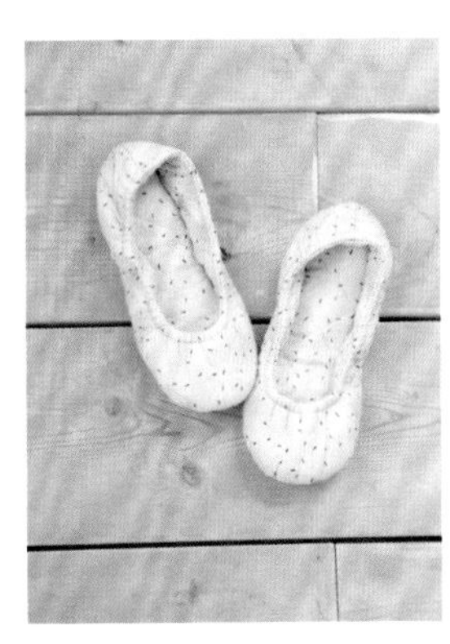

用布料制作的居家鞋，光脚穿也很舒服

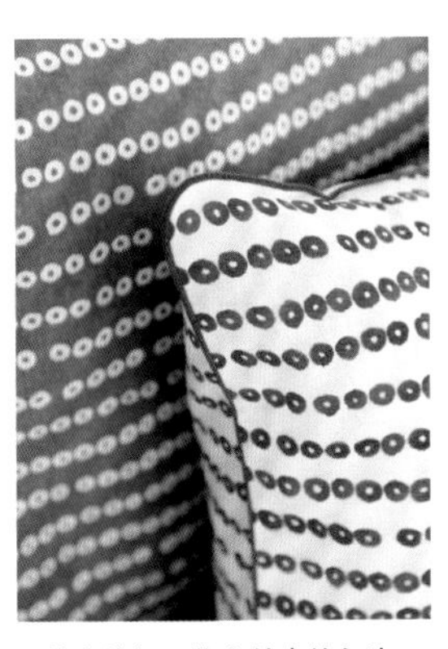

靠枕边缘加入仿山羊皮的包边

P.63

蒲公英连衣裙

材料

表布（棉质印花）宽110cm 长2.7m
包边线绳 宽0.3cm 长90cm
钮扣 1.1cm 4颗

成品尺寸

胸围94cm 总长92cm

实物大图纸 D面

【布料的裁剪方法】

※除指定以外缝份均为1cm
※领口的斜裁布条无图纸，请按图示的尺寸直接裁剪

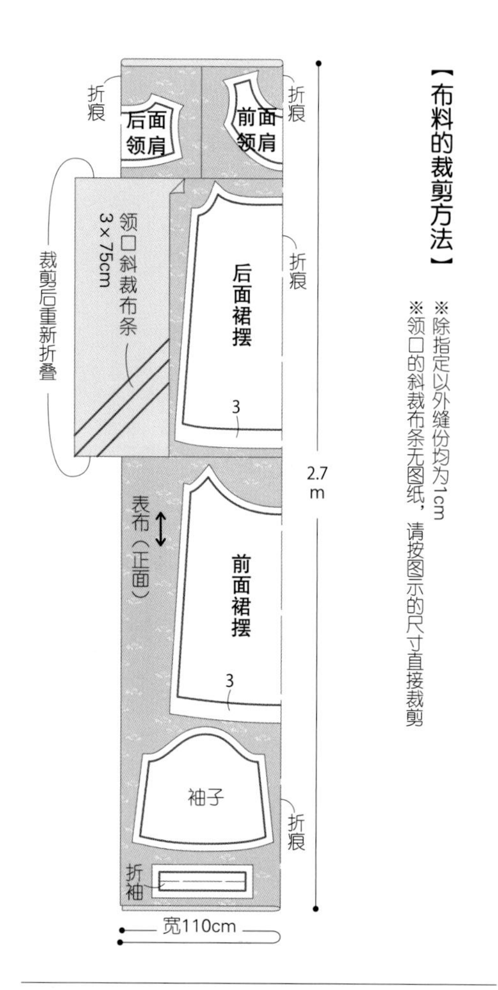

折痕
后面领肩
前面领肩
折痕
领口斜裁布条 3×75cm
裁剪后重新折叠
后面裙摆
折痕
3
2.7m
表布（正面）
前面裙摆
3
袖子
折痕
折袖
宽110cm

【制作方法顺序】

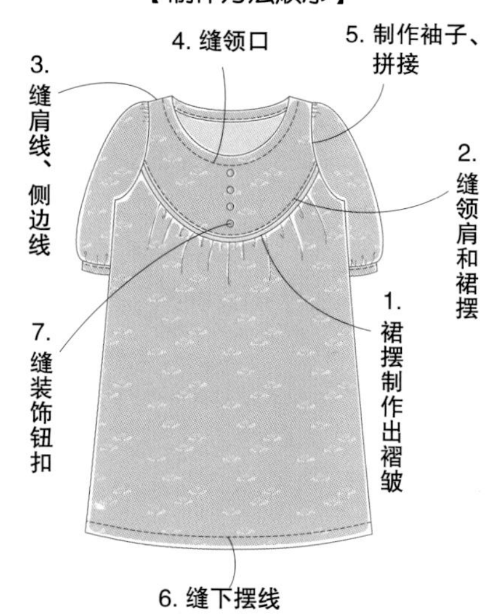

4. 缝领口
5. 制作袖子、拼接
3. 缝肩线、侧边线
2. 缝领肩和裙摆
1. 裙摆制作出褶皱
7. 缝装饰钮扣
6. 缝下摆线

1. 裙摆制作出褶皱

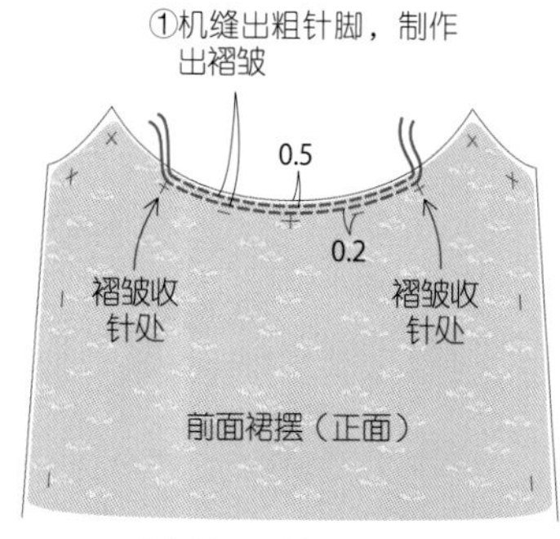

①机缝出粗针脚，制作出褶皱
0.5
0.2
褶皱收针处
褶皱收针处
前面裙摆（正面）

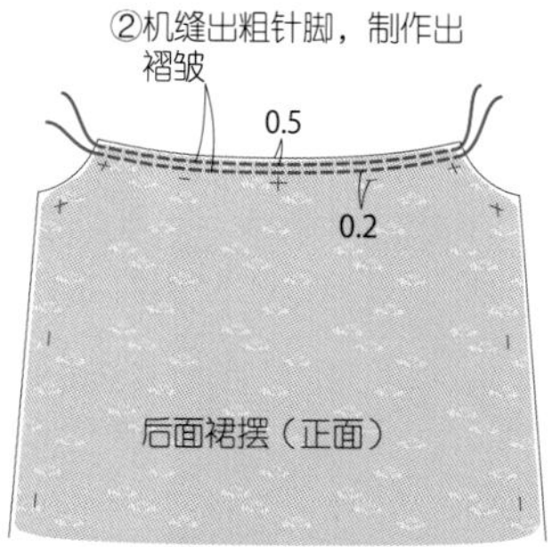

②机缝出粗针脚，制作出褶皱
0.5
0.2
后面裙摆（正面）

2. 缝领肩和裙摆

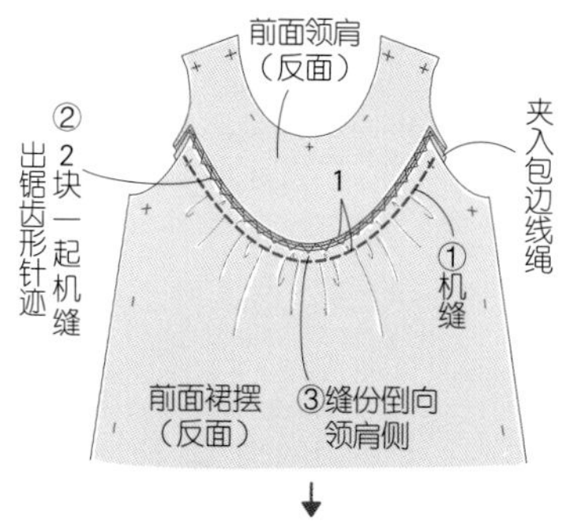

前面领肩（反面）
②2块一起机缝出锯齿形针迹
夹入包边线绳
1
①机缝
前面裙摆（反面）
③缝份倒向领肩侧

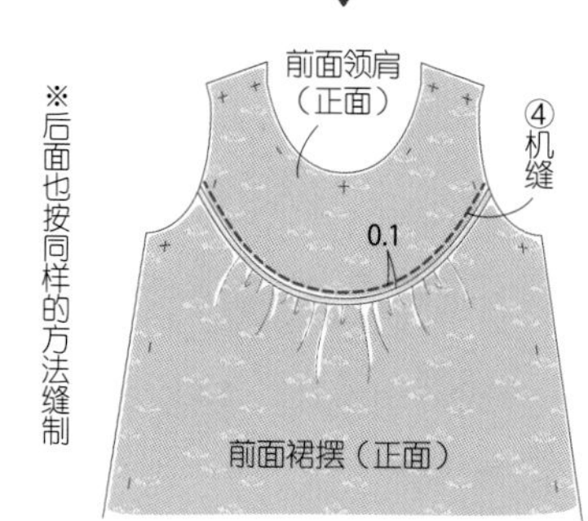

前面领肩（正面）
④机缝
0.1
前面裙摆（正面）

※后面也按同样的方法缝制

3. 缝肩线、侧边线

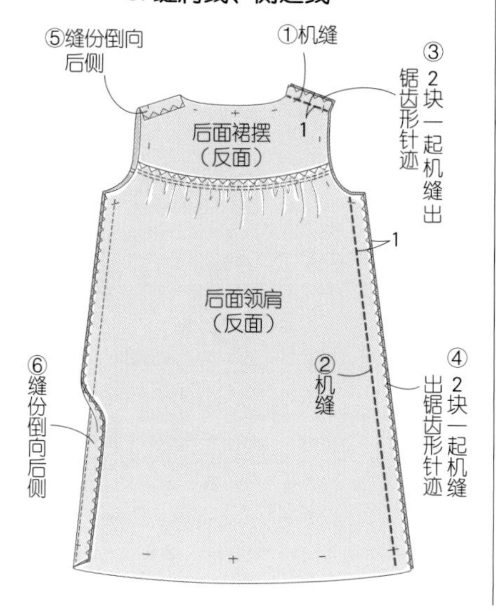

⑤缝份倒向后侧
①机缝
③2块一起机缝出锯齿形针迹
后面裙摆（反面）
1
1
后面领肩（反面）
②机缝
④2块一起机缝出锯齿形针迹
⑥缝份倒向后侧

4. 缝领口

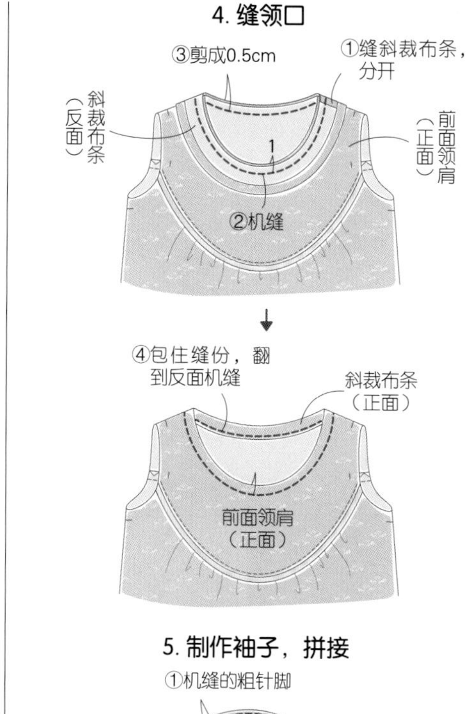

③剪成0.5cm
①缝斜裁布条，分开
斜裁布条（反面）
前面领肩（正面）
1
②机缝
④包住缝份，翻到反面机缝
斜裁布条（正面）
前面领肩（正面）

5. 制作袖子，拼接

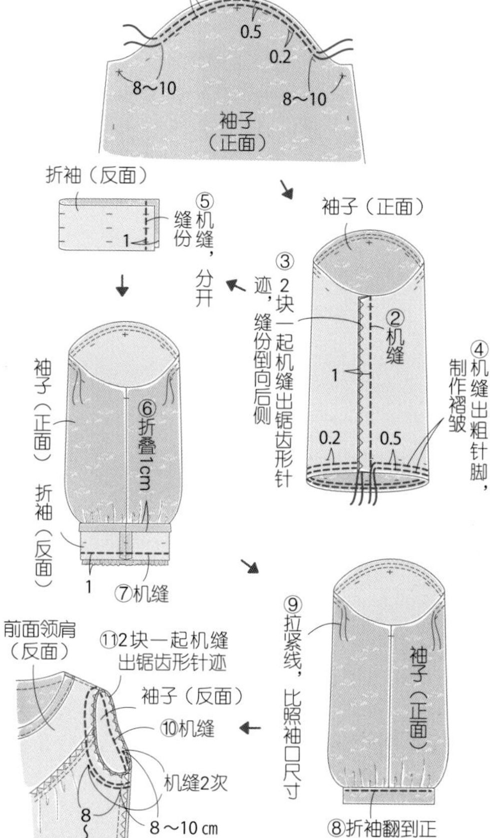

①机缝的粗针脚
0.5
0.2
8～10
8～10
袖子（正面）
折袖（反面）
⑤机缝，缝份分开
1
袖子（正面）
③2块一起机缝出锯齿形针迹，缝份倒向后侧
②机缝
1
④机缝出粗针脚，制作褶皱
0.2
0.5
袖子（正面）
⑥折叠1cm
折袖（反面）
1
⑦机缝
⑨拉紧线，比照袖口尺寸
袖子（正面）
⑧折袖翻到正面，机缝

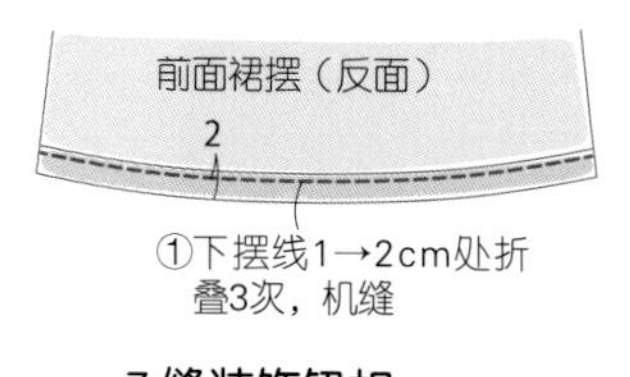

前面领肩（反面）
⑪2块一起机缝出锯齿形针迹
袖子（反面）
⑩机缝
机缝2次
8～10cm
8～10cm

6. 缝下摆线

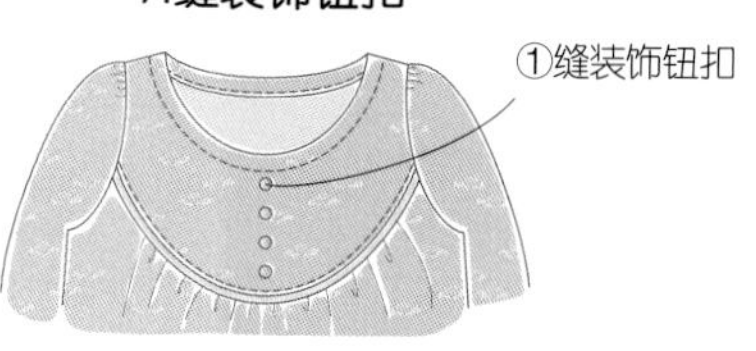

前面裙摆（反面）
2
①下摆线1→2cm处折叠3次，机缝

7.缝装饰钮扣

①缝装饰钮扣

P.64
醋栗花样的斗篷

材料

表布（W纱）宽110cm 长2cm
羊角扣 1对

成品尺寸

180×60cm（斗篷部分）

实物大图纸 A面（仅帽子）

【布料的裁剪方法】

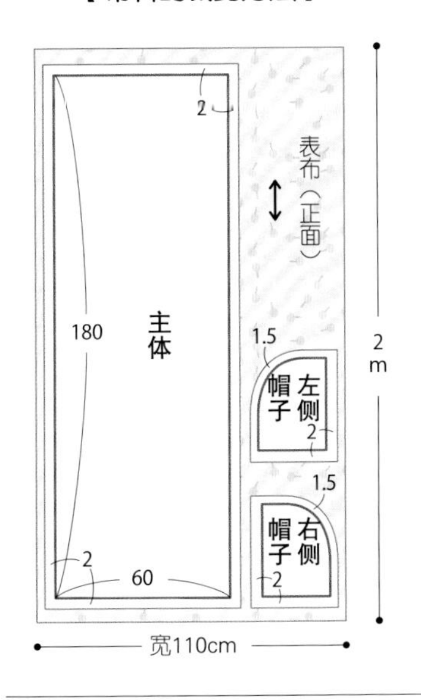

表布（正面）
主体
帽子 左侧
帽子 右侧
180
60
1.5
2
2m
宽110cm

※按照指定尺寸裁剪缝份
※主体无图纸，请按图示尺寸留出缝份后直接裁剪

【制作方法顺序】

1. 制作帽子
2. 拼接帽子，顶端缝好
3. 缝上羊角扣

1. 制作帽子

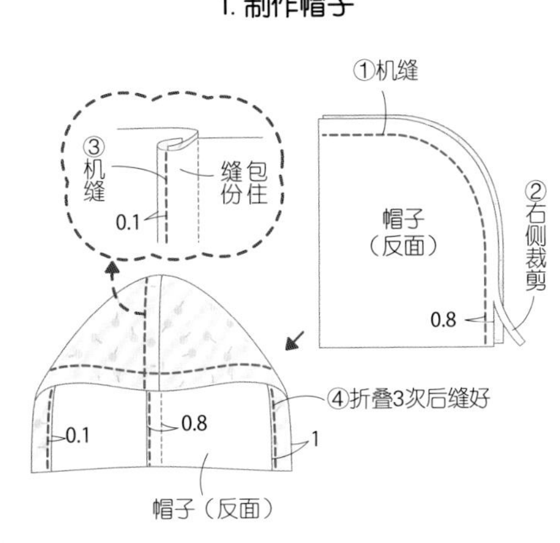

①机缝
②右侧裁剪
帽子（反面）
0.8
③机缝
缝包份住
0.1
④折叠3次后缝好
0.1
0.8
1
帽子（反面）

2. 拼接帽子，顶端缝好

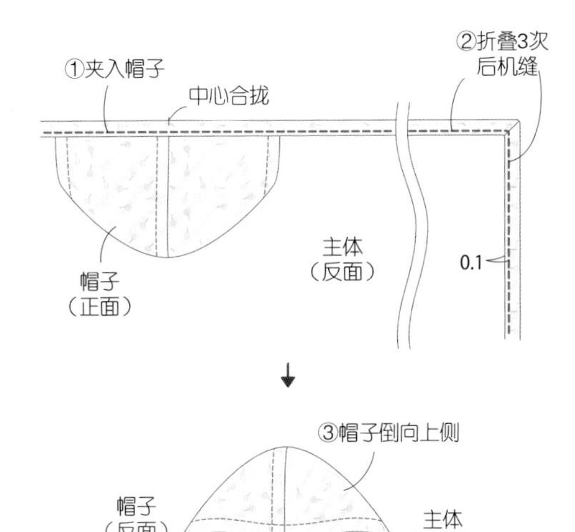

①夹入帽子
中心合拢
②折叠3次后机缝
帽子（正面）
主体（反面）
0.1

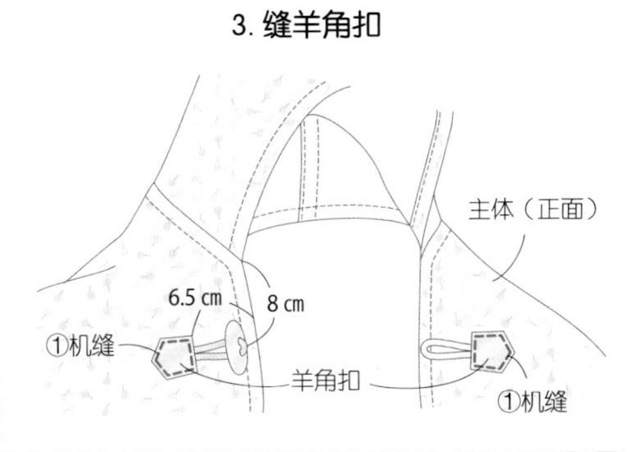

③帽子倒向上侧
帽子（反面）
主体（反面）
0.9
④机缝

3. 缝羊角扣

主体（正面）
6.5cm
8cm
①机缝
羊角扣
①机缝

P.64
人字形条纹花样的肩包

材料

表布（棉帆布）宽110cm长60cm
仿山羊皮带 宽3cm 长160cm
提手用绫纹布条 宽4.5cm 长110cm

成品尺寸

40×29cm（不含提手）

【布料的裁剪方法】

※按指定尺寸裁剪缝份
※无实物大图纸，请按图示方法直接裁剪

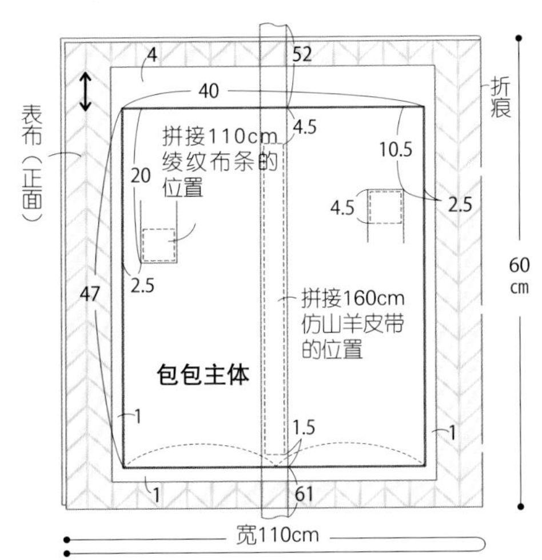

表布（正面）
折痕
4
52
40
4.5
拼接110cm绫纹布条的位置
20
10.5
4.5
2.5
2.5
47
拼接160cm仿山羊皮带的位置
60cm
包包主体
1
1.5
1
1
61
宽110cm

【制作方法顺序】

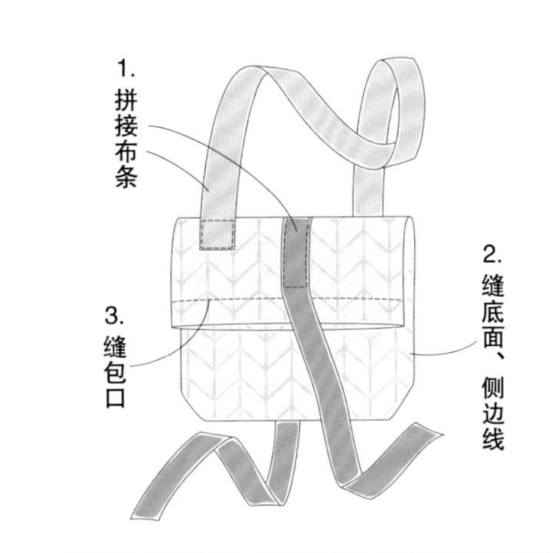

1. 拼接布条
2. 缝底面、侧边线
3. 缝包口

1. 拼接布条

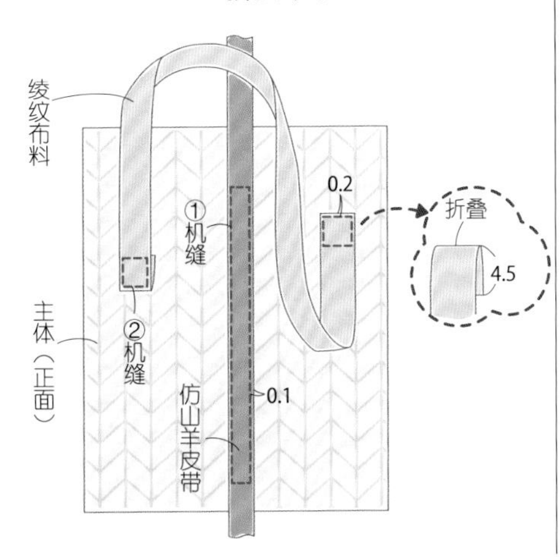

绫纹布料
主体（正面）
①机缝
②机缝
仿山羊皮带
0.1
0.2
折叠
4.5

2. 缝底面、侧边线

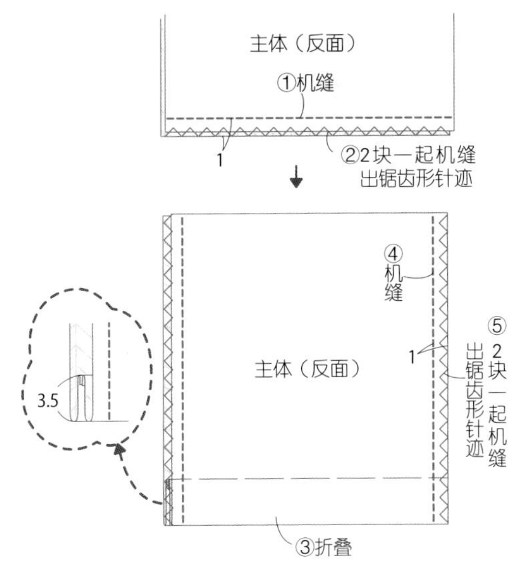

主体（反面）
①机缝
1
②2块一起机缝出锯齿形针迹
④机缝
主体（反面）
1
⑤2块一起机缝出锯齿形针迹
3.5
③折叠

3. 缝包口

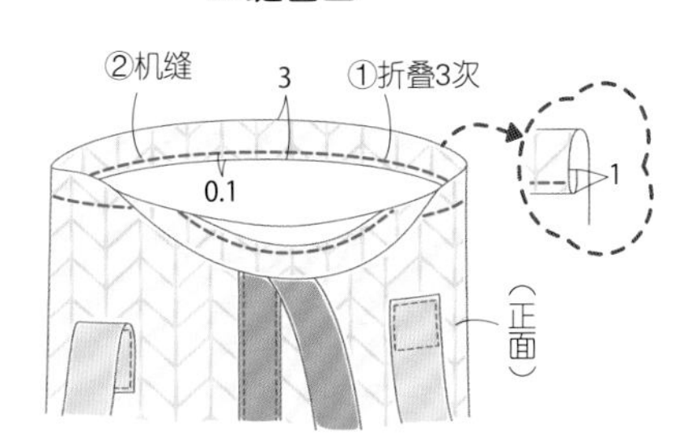

②机缝
3
①折叠3次
0.1
1
（正面）

用俏皮可爱的MOCO制作口金包&化妆包

缝纫线“MOCO”朴素的质感、丰富的颜色最适合手工缝纫。来制作可爱的迷你包包和化妆包吧。

摄影=藤田律子 版面设计=远藤薰 插图=白井郁美 编辑=并木爱

作品右上开始
335 809 802 813 810 808
用线
作品上方开始
332 336 247 13 172 52
249 197 195 3 346
用线
197 195 191 266

刺绣口金包（右上）

用链式针迹一圈圈绣出圆形花朵图案。渐变色缝纫线的使用非常生动。

制作方法 / P.69
实物大图纸 / D面

多种刺绣针迹的口金包（左）

各种针脚的组合，加上用“MOCO”制作的线穗，也非常可爱。（参考作品）

大花朵的口金包（右下）

大花朵，用鲜艳的颜色刺绣而成，十分显眼。（参考作品）

作品设计・制作=Ashida Nobuko
京都手工杂货店“Angie Angie”店主。
http://angieangie.petit.cc/

背面

【MOCO】

MOCO缝纫线厚而松软的质感，丰富的颜色种类，都相当具有魅力。用来手工缝纫的话，有一种朴素的感觉，非常不错。

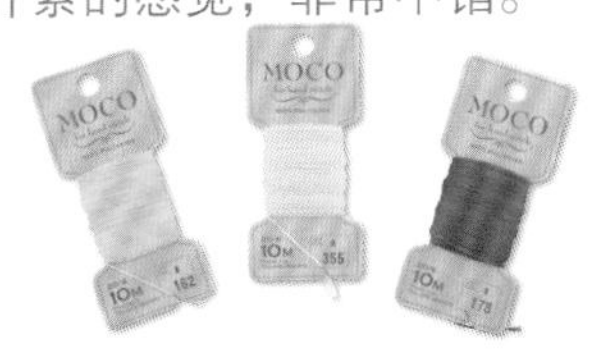

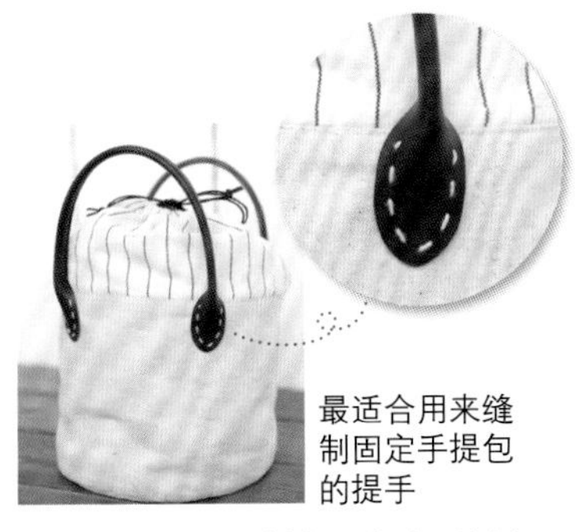

最适合用来缝制固定手提包的提手

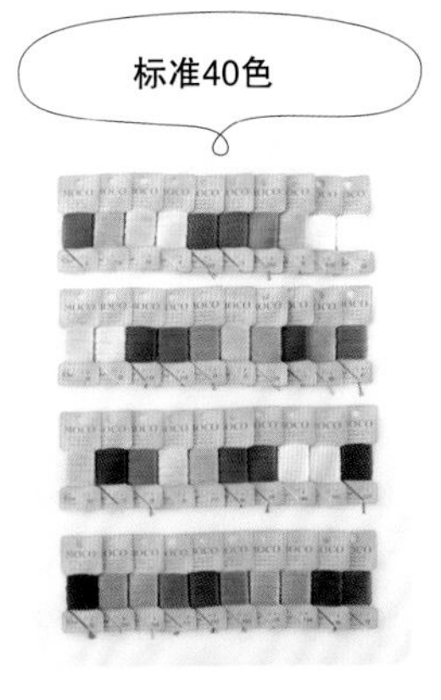

标准40色

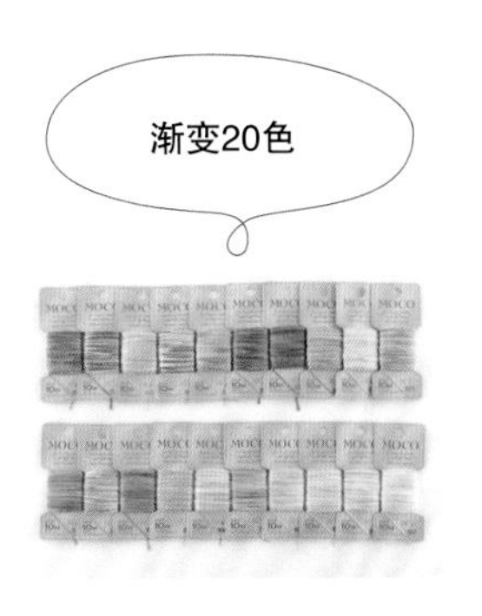

渐变20色

· 震撼20色新登场！·

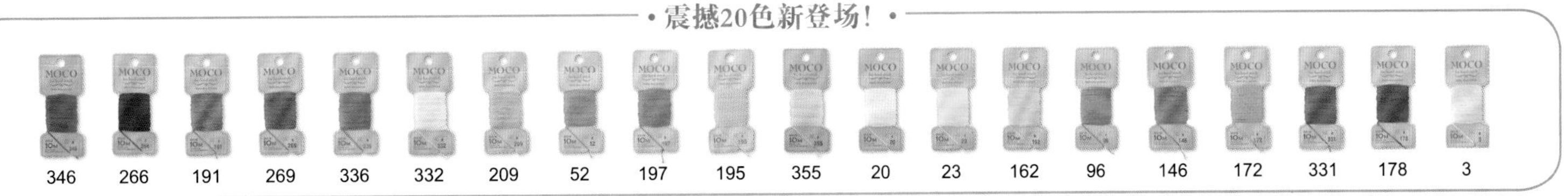

346
266
191
269
336
332
209
52
197
195
355
20
23
162
96
146
172
331
178
3

还有放入可爱小盒中的套装♪

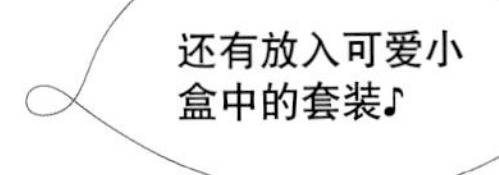

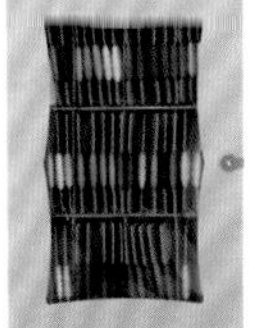

现有40色+新色20色套装
MOCO纸盒套装A

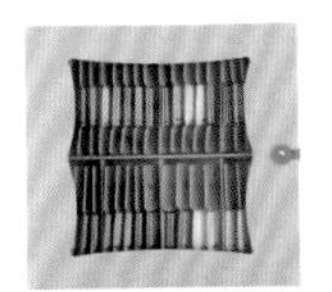

现有40色套装
MOCO纸盒套装B

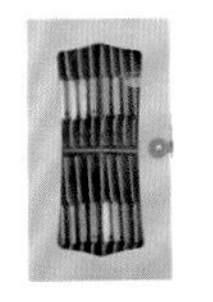

新色20色套装
MOCO纸盒套装C

渐变色20色套装
MOCO纸盒套装D

P.68

刺绣口金包

材料

表布（亚麻）宽60cm 长40cm
里布（棉质印花）宽30cm 长40cm
粘合芯 宽30cm 长40cm
口金 宽约14cm 长9cm
D形扣 11mm 2个 圆形扣 8mm 2个
龙虾扣 2cm 2个
MOCO（355・808・810・813・802・809）适量
手工用粘合剂

实物大图纸 D面

成品尺寸 16×15×3cm

【布料的裁剪方法】

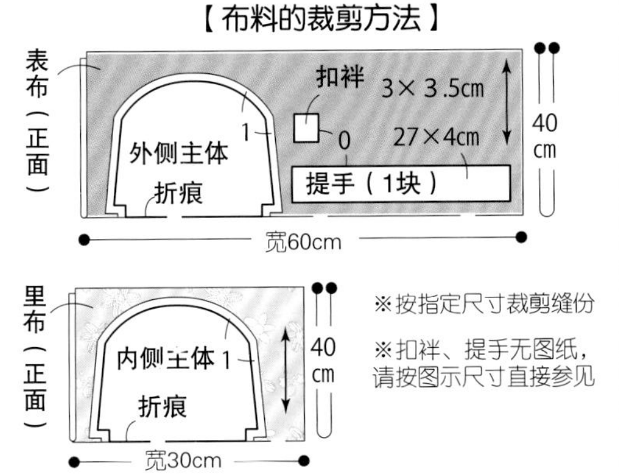

表布（正面）
扣袢
3×3.5cm
外侧主体
1
0
27×4cm
40cm
折痕
提手（1块）
宽60cm
里布（正面）
内侧主体 1
40cm
折痕
宽30cm

※按指定尺寸裁剪缝份
※扣袢、提手无图纸，请按图示尺寸直接参见

【制作方法顺序】

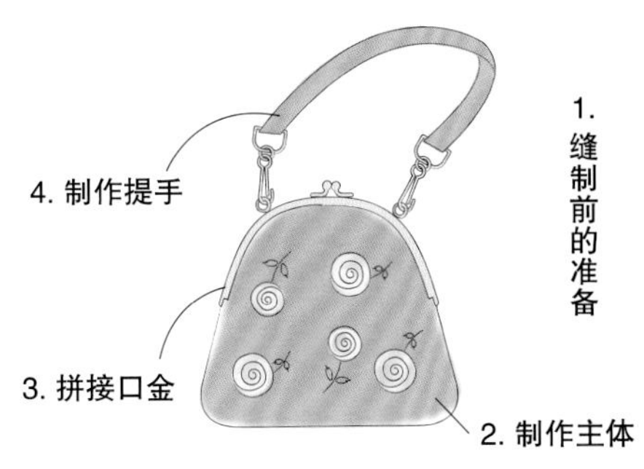

4. 制作提手
1. 缝制前的准备
3. 拼接口金
2. 制作主体

1. 缝制前的准备

①外侧主体的反面贴上粘合芯
②在外侧主体上刺绣

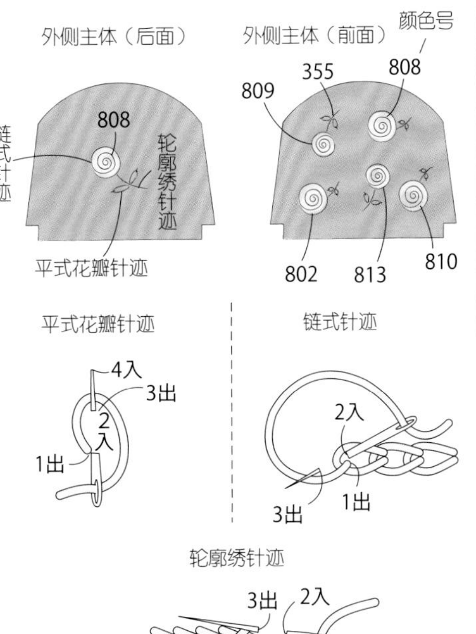

外侧主体（后面）
外侧主体（前面）
颜色号
链式针迹
808
轮廓绣针迹
平式花瓣针迹
809
355
808
802
813
810
平式花瓣针迹
4入
3出
2入
1出
链式针迹
2入
3出
1出
轮廓绣针迹
3出
2入
1出

2. 制作主体

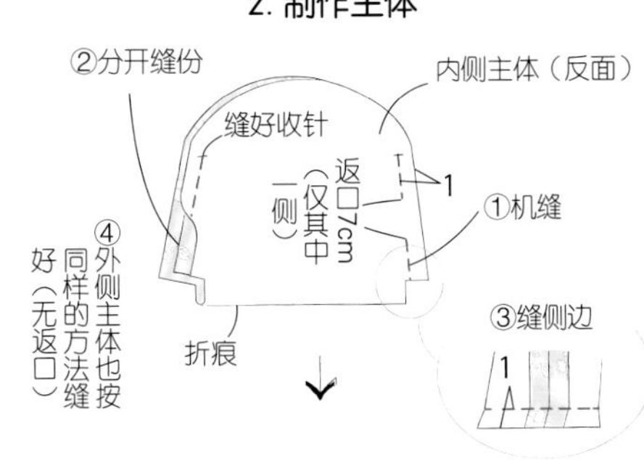

②分开缝份
内侧主体（反面）
缝好收针
返口（仅其中一侧）7cm
1
①机缝
④外侧主体也按同样的方法缝好（无返口）
折痕
③缝侧边
1

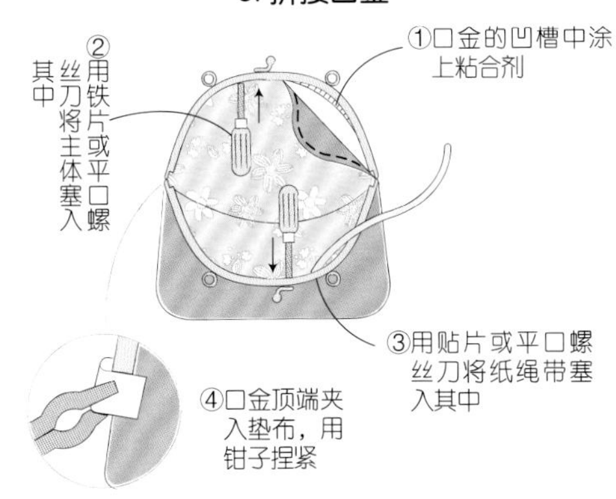

1
内侧主体（反面）
⑥从返口翻到正面，缝好返口
外侧主体（反面）
⑤外侧主体与内侧主体正面相对合拢，包口处机缝

3. 拼接口金

①口金的凹槽中涂上粘合剂
②用铁丝刀或平口螺丝刀将主体塞入其中
③用贴片或平口螺丝刀将纸绳带塞入其中
④口金顶端夹入垫布，用钳子捏紧

4. 制作提手

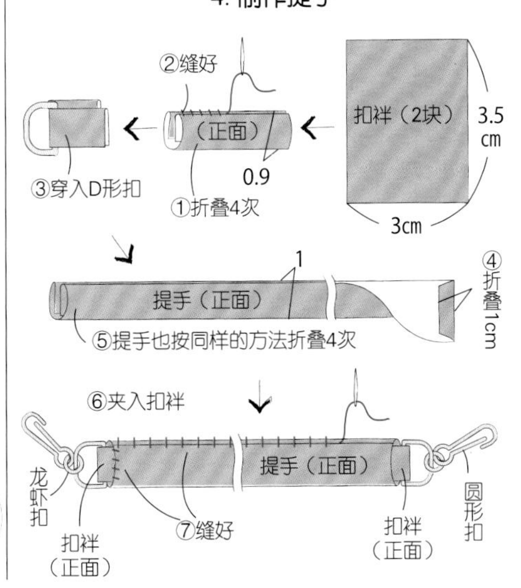

②缝好
（正面）
扣袢（2块）
3.5cm
③穿入D形扣
0.9
①折叠4次
3cm
1
提手（正面）
④折叠1cm
⑤提手也按同样的方法折叠4次
⑥夹入扣袢
提手（正面）
龙虾扣
扣袢（正面）
⑦缝好
扣袢（正面）
圆形扣

川本老师的拼布教室

川本京子

1992年，在日本第一届riccar机缝拼布大奖赛上，获得了一等奖。从此之后，活跃在拼布以机缝拼布为中心的作品制作和技术指导这两大领域。

1999年，在日本兄弟工业株式会社主办的第一届HCC拼布大奖赛上，获得了最高奖项——兄弟拼布大奖赛一等奖。现在，川本京子拼布教室已经成了日本京桥、日本桥、立川、桥本、横滨地区最具影响力的拼布教室，培养出一批又一批优秀的机缝拼布老师。

右图的夏威夷风拼布挂饰，可不是手缝完成的哦！而且是日本著名拼布大师川本老师使用兄弟家用缝纫机制作的。使用缝纫机制作拼布，不仅可以大大节约作品制作的时间，而且也可以制作出更多工艺复杂的作品。此外，由于机缝拼布可以使用更多的素材、更丰富的技法，所以非常适合制作家居装饰品和艺术品。通过川本老师的拼布教室，你可以系统掌握从布艺包、靠枕等生活小物，到床罩、壁饰等大件作品的制作方法，同时，在川本老师的指导下，每个人都可以最大程度发挥创作力，制作出各种丰富多样的原创作品。

好消息：

川本教室证书班10月开班，招生火热进行中……

教学说明：川本大师亲临指导，分初、中、高三个证书班。
可培养专业拼布讲师（可颁发专业拼布讲师资格证）

特色教学：机缝拼布的技巧&专业讲师的培养。

教学机型：Brother拼布专用机

教室地址：上海市虹口区恒业路387弄10号105室

咨询(报名)热线：021-56319040　400-666-3191

※ 以下为川本老师拼布教室证书班（初级课程）的部分参考作品照片。

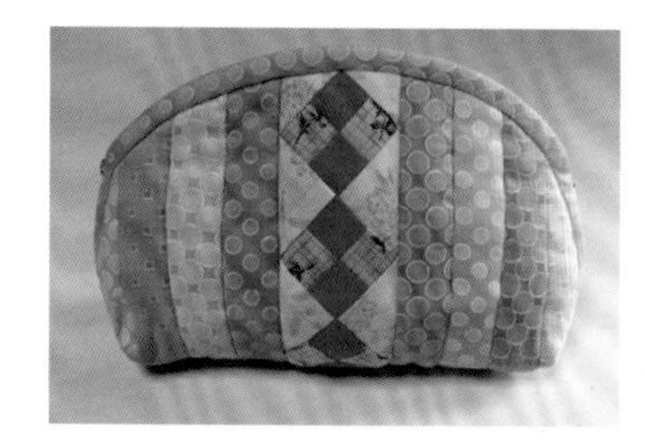

* 更多关于川本老师拼布教室的最新信息，请登陆Brother官方网站 （www.brother.cn），关注家用缝纫机页面“川本老师的拼布教室”专栏。

brother
at your side

Hi 大家好！我是Brother吉祥物——**宝袋熊**！大家可能还不认识我，让我来说说我的来历吧！我来自遥远的外太空——宝袋熊星球。在我的星球上流传着十二勇士的传说，每一位宝袋熊勇士都拥有自己独特的能力。我们的星球上有个神奇的宝物——看到宇宙中不同星球的水晶球。一次偶然的机会，通过水晶球我发现了美丽的地球，刚好看到了Brother公司正在研发新款的家用缝纫机，这个有趣的东西马上就吸引了我的眼球。“如果自己也能拥有一台就好了呢！”突然，水晶球发出了耀眼的光芒，瞬间我来到了Brother研发工厂。原来技术员在研发的过程中产生了大量的智慧能量，刚好能量被水晶球感应吸收从而打开了时光隧道，触发了瞬间转移功能。看到梦寐以求的Brother缝纫机，我激动不已。技术员被我的可爱外表所吸引，他们让我成为了**Brother“吉祥物”**，并教会了我许多缝纫的实用技巧。就这样我决定暂时留在了地球。我们宝袋熊都有可以自由变身的魔法，自从我爱上缝纫之后，我就经常变身成Brother家用缝纫机，用我的魔法帮助手工爱好者发挥创意，实现他们的手工梦想！即使是没有缝纫经验的人，在我的神奇力量的帮助下，也可以很快学会并制作出漂亮的DIY手工作品！只要有我的地方就充满了欢声笑语，看着大家在我的帮助下梦想成真的笑脸，我就特别的开心！宝袋熊的冒险故事就这样开始了，想知道更多关于十二星座宝袋熊有趣的小故事吗？

欢迎关注Brother官方网站(www.brother.cn) & 兄弟中国官方微博。

ぼてこ

纯正手工制作的肩包&休闲包

不敢相信是手工制作的纯正样式。材质和形状精致，令人爱不释手。秋天外出时一定要带上这样的包包哦。

摄影=藤田律子 形象设计=山田祐子 发型=间中桂子
版面设计=林瑞穗 插图=白井麻衣 编辑=并木爱

※无标记说明的物品均为设计师私物。

三用包包

休闲包、肩包、双肩包，基本的三大类包包完全融为一体。可以根据东西的多少、每日的搭配调整携带方法。

制作方法 / P.74
实物大图纸 / A面

表布=11 号帆布・深卡其色
里布=条纹・蓝色

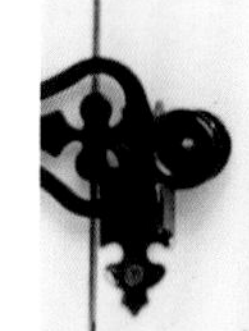

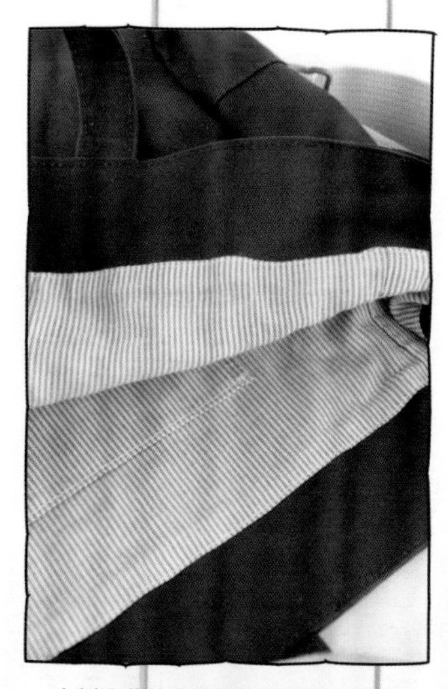

内侧隐藏的条纹露出几分清新时尚

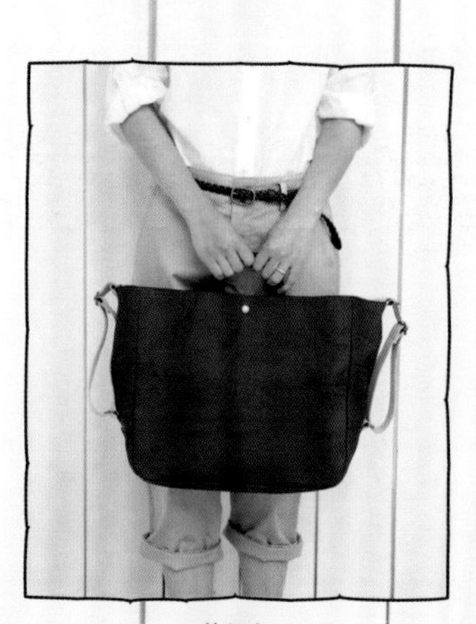

休闲包

双肩包

邮差包

大容量，使用方便的邮差包也可以做妈妈包（Mother's bag）。即便放入大量的东西，宽肩带也能负荷。

制作方法 / P.75

表布=11号帆布・海军蓝
里布=条纹・蓝色

外侧的大口可迅速取放物品

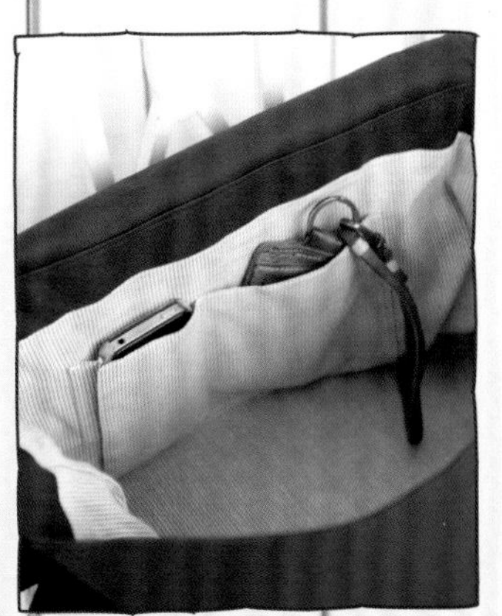

包包中附有小口袋，井井有条

P.72~P.78
作品设计・制作=popo 富山朋子
设计各种纯正且富有手工质感的漂亮手提包。
http://www.popo-zakka.jp

模特=竹谷千穗（身高163cm）

P.72

三用包包

材料

表布（帆布）宽112cm 长1m
里布（棉麻条纹）宽112cm 长60cm
腈纶带子 宽4cm 长2m
方形扣 内径4cm 4个 移动扣 内径 4cm 2个
按扣 1.2cm 1对 双面大铆钉・普通钉杆 10颗
垫芯 宽40cm 长10cm 切片 宽30cm 长20cm
薄皮革 宽30cm 长7cm

成品尺寸 35×30×15cm

实物大图纸 A面（仅主体、外侧口袋）

【布料的裁剪方法】

※除指定以外缝份均为0.7cm
※除主体、外侧口袋以外无图纸，请按图示的尺寸指尖裁剪

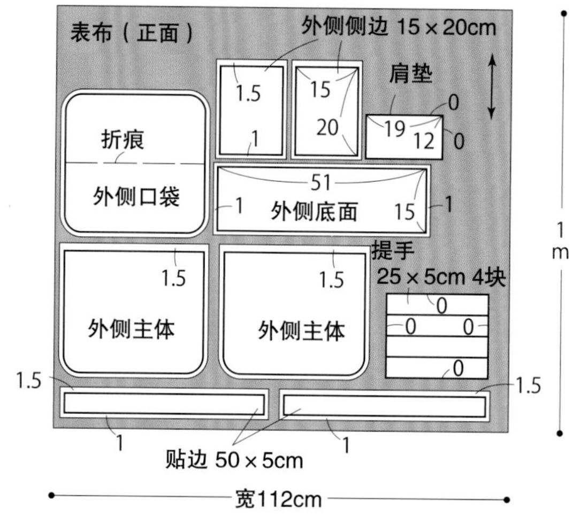

表布（正面）
外侧侧边 15×20cm
肩垫
折痕
外侧口袋
外侧底面
提手
25×5cm 4块
外侧主体
外侧主体
贴边 50×5cm
宽112cm
1m

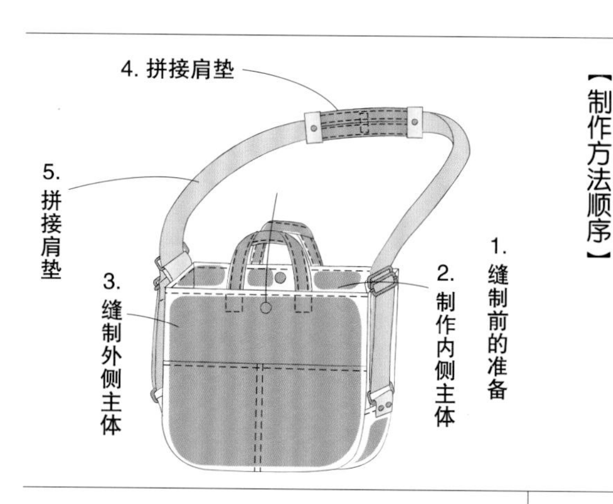

4. 拼接肩垫
5. 拼接肩垫
3. 缝制外侧主体
2. 制作内侧主体
1. 缝制前的准备

【制作方法顺序】

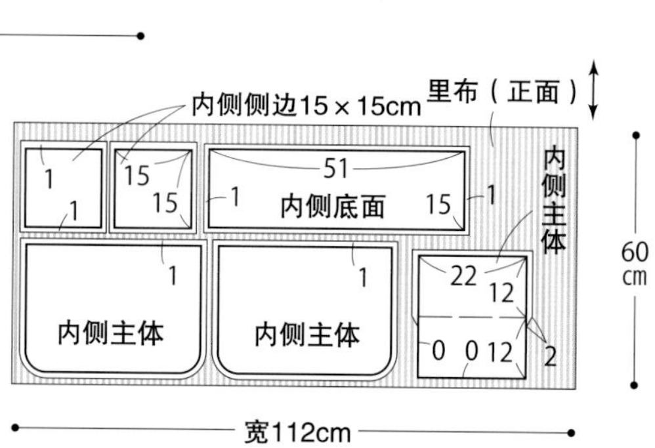

皮革（正面）
宽30cm 长7cm
皮革标牌
7×3.8cm×4块
肩垫用皮革
13×2.5cm×2块
内侧侧边15×15cm
里布（正面）
内侧底面
内侧主体
内侧主体
内侧主体
60cm
宽112cm

1. 缝制前的准备

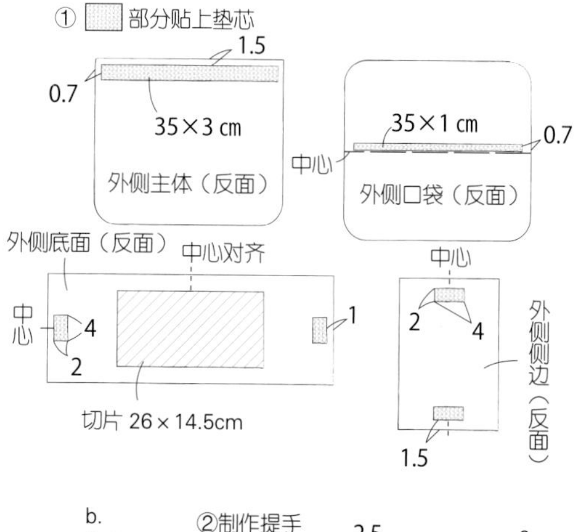

① 部分贴上垫芯
35×3cm
外侧主体（反面）
35×1cm
中心
外侧口袋（反面）
外侧底面（反面）
中心对齐
中心
切片 26×14.5cm
外侧侧边（反面）

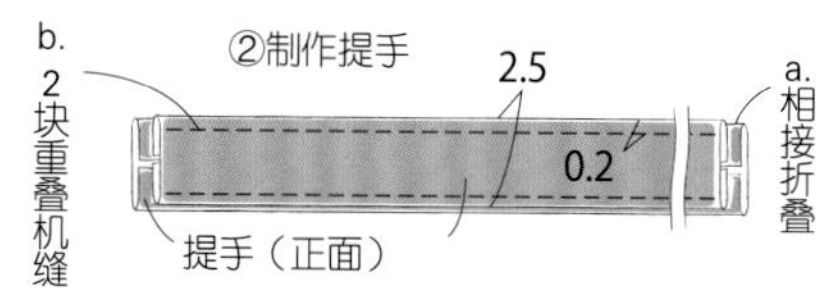

b. 2块重叠机缝
②制作提手
提手（正面）
a. 相接折叠

2. 制作内侧主体

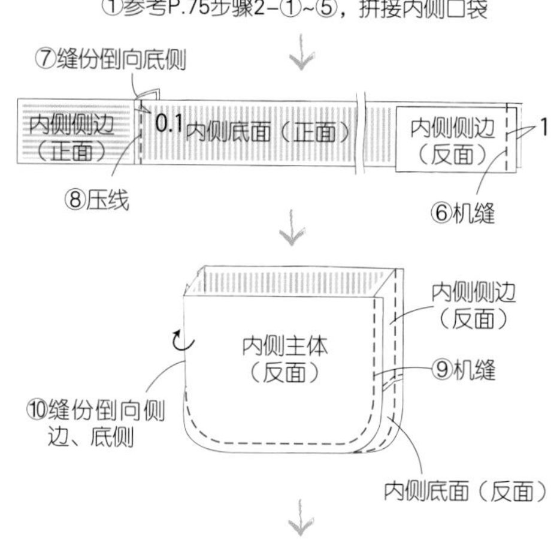

①参考P.75步骤2-①~⑤，拼接内侧口袋
⑦缝份倒向底侧
内侧侧边（正面）
内侧底面（正面）
内侧侧边（反面）
⑧压线
⑥机缝
内侧主体（反面）
内侧侧边（反面）
⑨机缝
⑩缝份倒向侧边、底侧
内侧底面（反面）

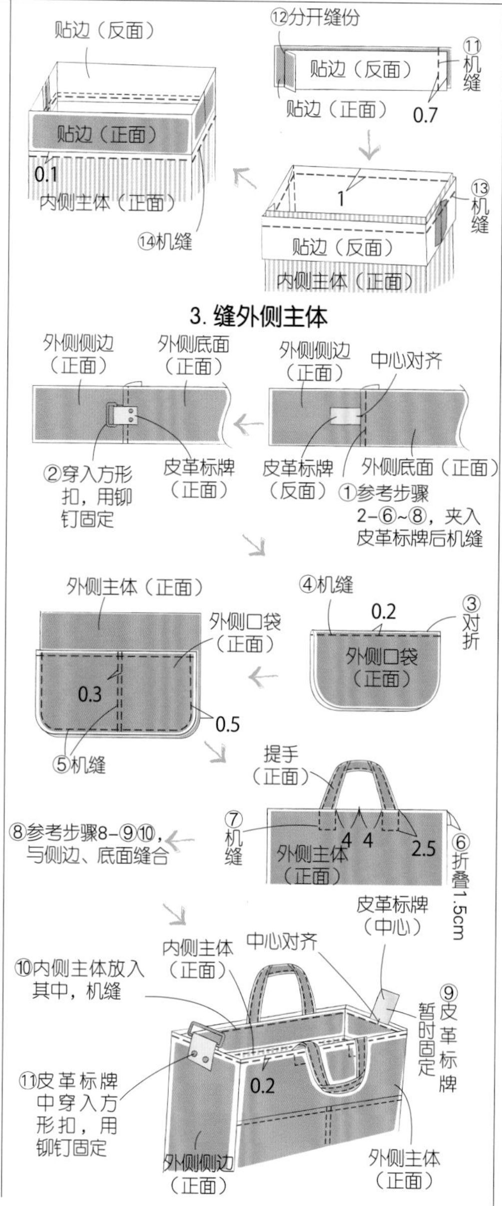

贴边（反面）
⑫分开缝份
贴边（反面）
⑪机缝
贴边（正面）
贴边（正面）
内侧主体（正面）
⑭机缝
⑬机缝
贴边（反面）
内侧主体（正面）
3. 缝外侧主体
外侧侧边（正面）
外侧底面（正面）
外侧侧边（正面）
中心对齐
②穿入方形扣，用铆钉固定
皮革标牌（正面）
皮革标牌（反面）
外侧底面（正面）
①参考步骤2-⑥~⑧，夹入皮革标牌后机缝
外侧主体（正面）
外侧口袋（正面）
④机缝
③对折
外侧口袋（正面）
⑤机缝
提手（正面）
⑧参考步骤8-⑨⑩，与侧边、底面缝合
⑦机缝
外侧主体（正面）
⑥折叠1.5cm
皮革标牌（中心）
⑩内侧主体放入其中，机缝
内侧主体（正面）
中心对齐
⑨皮革标牌暂时固定
⑪皮革标牌中穿入方形扣，用铆钉固定
外侧侧边（正面）
外侧主体（正面）

4. 拼接肩垫

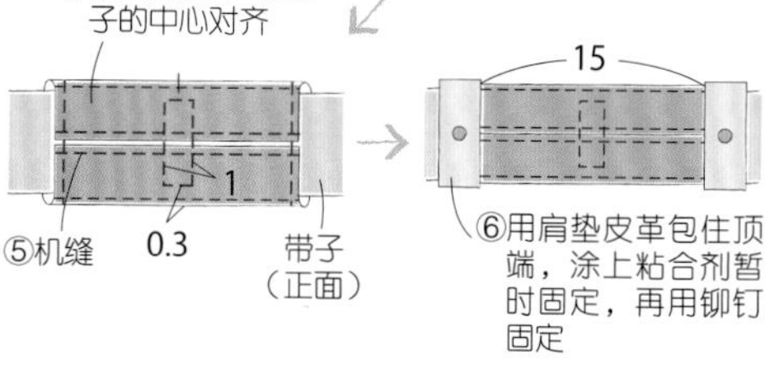

①折叠
肩垫（反面）
②相接合拢，不要留有缝隙，折叠
（正面）
③机缝
④键入肩垫，与带子的中心对齐
⑤机缝
带子（正面）
⑥用肩垫皮革包住顶端，涂上粘合剂暂时固定，再用铆钉固定

5. 拼接肩带

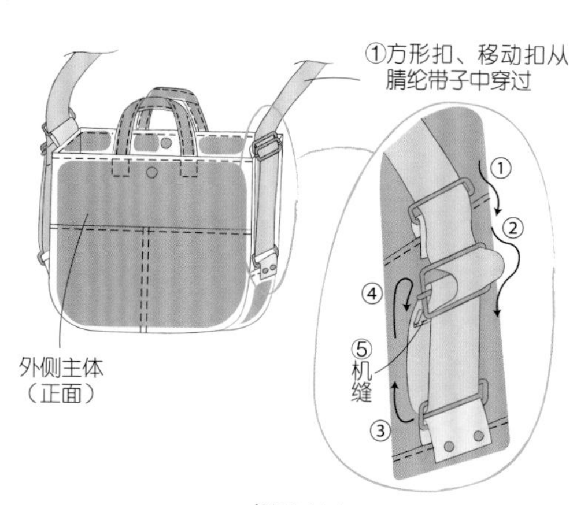

①方形扣、移动扣从腈纶带子中穿过
外侧主体（正面）
⑤机缝

6. 拼接按扣

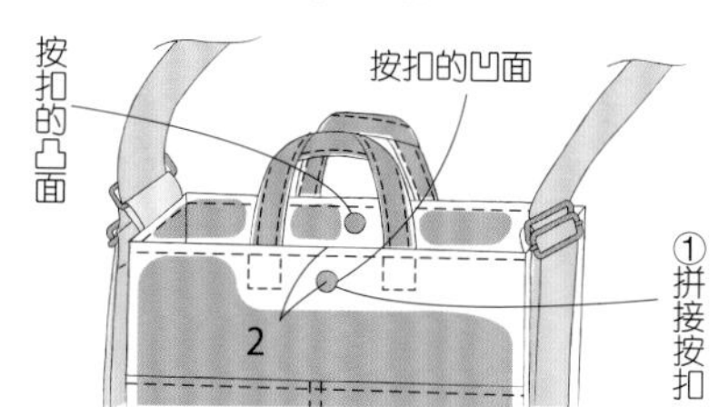

按扣的凸面
按扣的凹面
①拼接按扣

P.73
邮差包

材料
表布（帆布）宽112cm 长1.6m
里布（棉麻条纹）宽112cm 长60cm
按扣 1对
垫芯 宽60cm 长15cm
切片 宽2.5cm 长2.5cm

成品尺寸
38×23×14cm

【布料的裁剪方法】

※除指定以外缝份均为0.7cm
※无实物大图纸，请按图示的尺寸直接裁剪

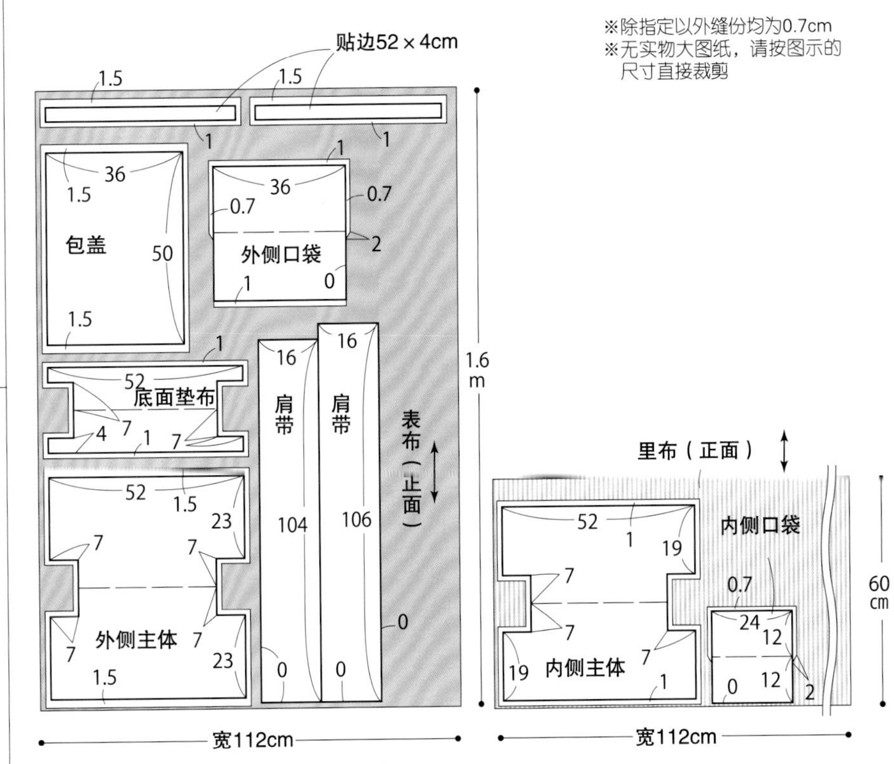

贴边52×4cm
包盖
外侧口袋
底面垫布
肩带
外侧主体
表布（正面）
宽112cm
1.6m
里布（正面）
内侧口袋
内侧主体
宽112cm
60cm

【制作方法顺序】

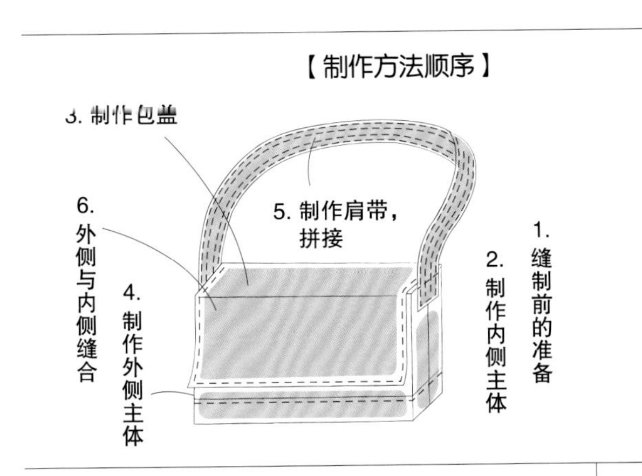

3. 制作包盖
5. 制作肩带，拼接
6. 外侧与内侧缝合
4. 制作外侧主体
2. 制作内侧主体
1. 缝制前的准备

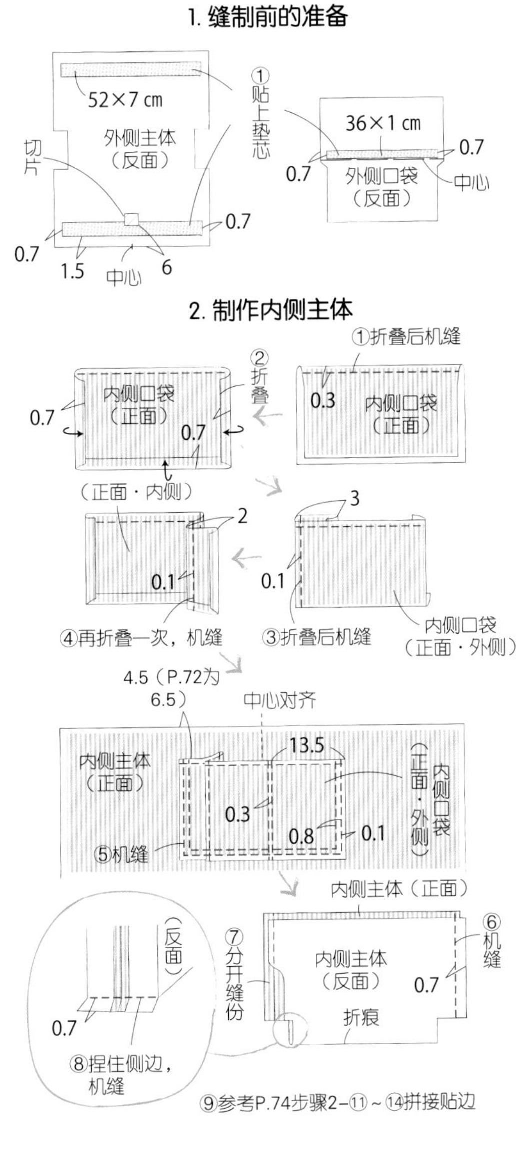

1. 缝制前的准备
①贴上垫芯
52×7 cm
外侧主体（反面）
切片
36×1 cm
外侧口袋（反面）
中心
2. 制作内侧主体
①折叠后机缝
②折叠
内侧口袋（正面）
（正面·内侧）
④再折叠一次，机缝
③折叠后机缝
内侧口袋（正面·外侧）
4.5（P.72为6.5）
中心对齐
内侧主体（正面）
⑤机缝
内侧口袋（正面·外侧）
内侧主体（正面）
内侧主体（反面）
折痕
⑥机缝
（反面）
⑦分开缝份
⑧捏住侧边，机缝
⑨参考P.74步骤2-⑪～⑭拼接贴边

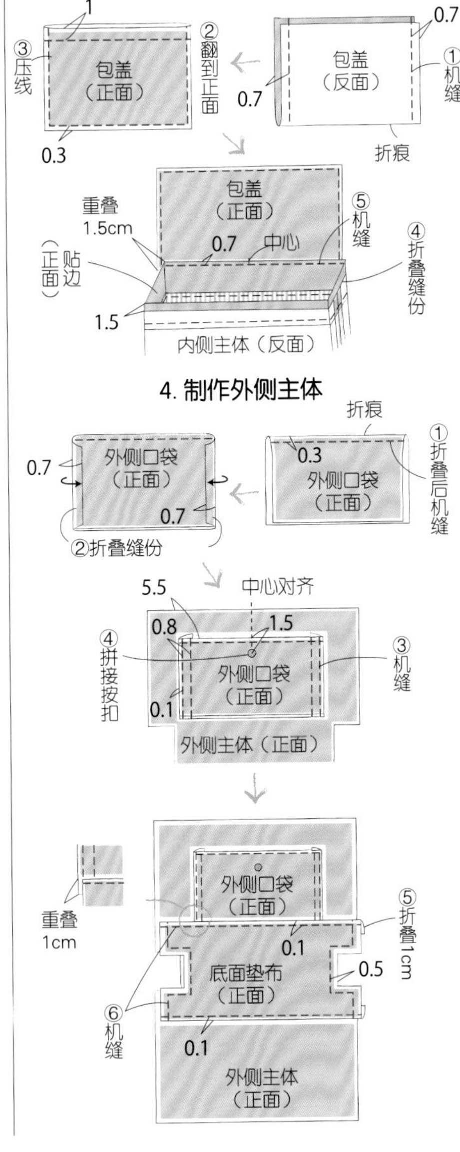

3. 制作包盖
③压线
②翻到正面
包盖（正面）
包盖（反面）
①机缝
折痕
重叠1.5cm
（正面）贴边
包盖（正面）
中心
⑤机缝
④折叠缝份
内侧主体（反面）
4. 制作外侧主体
折痕
外侧口袋（正面）
①折叠后机缝
②折叠缝份
中心对齐
④拼接按扣
③机缝
外侧主体（正面）
重叠1cm
外侧口袋（正面）
⑤折叠1cm
底面垫布（正面）
⑥机缝
外侧主体（正面）

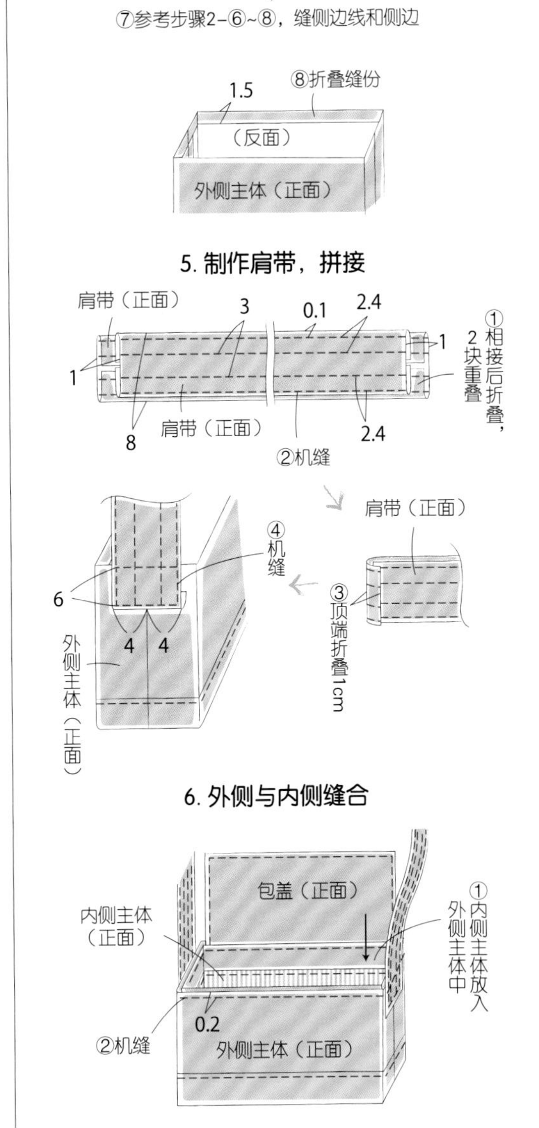

⑦参考步骤2-⑥~⑧，缝侧边线和侧边
⑧折叠缝份
（反面）
外侧主体（正面）
5. 制作肩带，拼接
肩带（正面）
①相接后折叠，2块重叠
肩带（正面）
②机缝
肩带（正面）
④机缝
③顶端折叠1cm
外侧主体（正面）
6. 外侧与内侧缝合
包盖（正面）
内侧主体（正面）
①内侧主体放入外侧主体中
②机缝
外侧主体（正面）

天鹅绒花边具有普通蕾丝花边的
镂空花样

天鹅绒花边的时尚挎包

心情好、想要扮靓的日子或者具有特殊意义的日子，都可以搭配这款精致的包包。加入镂空花样的天鹅绒花边与反面布料的组合，体味手工制作独有的乐趣。

制作方法 / P.78

实物大图纸 / A面

表布=天鹅绒花边（AL103）·80 里布=粗纹绸布
链子=K-202·复古金色 拉链-3GKB-DNDBL·801 D形扣（普通半月形）
15mm·AG

模特=和田蓝（身高155cm）

用一条细细的皮绳缠到钮扣上来
合上包包

简约皮革包包

两侧缝好，用铆钉固定皮革绳带，即制作出简单的皮革包包。口袋和包口的大钮扣是亮点。扁平的包盖设计，让这款包包更像是一件装饰品。

制作方法 / P.79

皮革=纯皮・茶色（9032）（厚1.3mm）
皮革绳带= 意式花边 宽9mm・茶色

P.76
天鹅绒花边的时尚挎包

材料

表布（天鹅绒花边）宽100cm 长50cm
里布（粗纹绸布）宽100cm 长50cm
皮革 厚1mm 宽30cm 长10cm
拉链 20cm 1根
链子 110cm
D形扣 内径1.5cm 2个
圆形扣 8.4mm 2个
双面大铆钉・普通钉杆4颗
透明粘合剂

成品尺寸 22×19cm

实物大图纸 A面

【布料的裁剪方法】

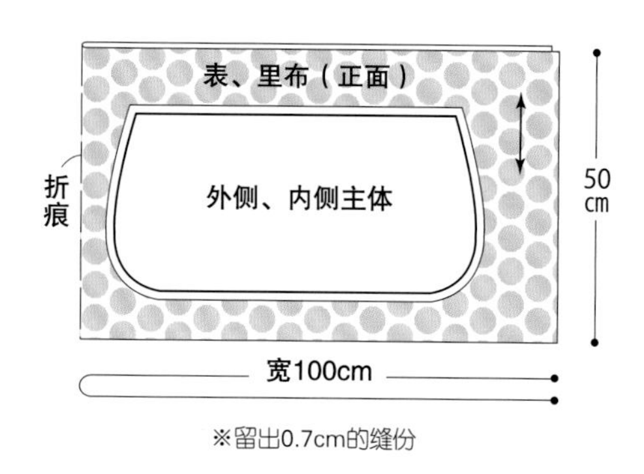

表、里布（正面）
外侧、内侧主体
折痕
50cm
宽100cm

※留出0.7cm的缝份

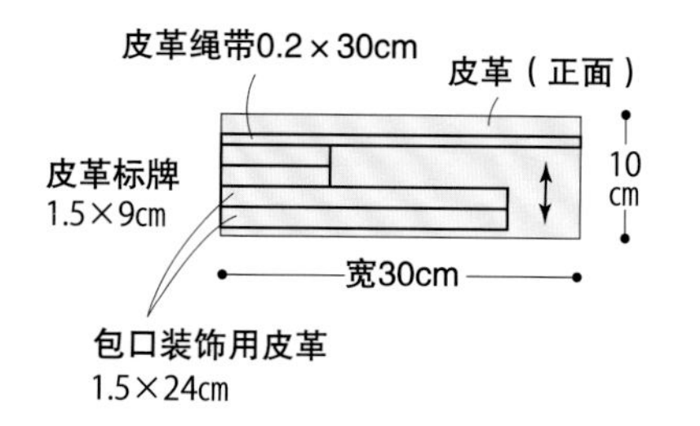

皮革绳带0.2×30cm
皮革（正面）
皮革标牌
1.5×9cm
10cm
宽30cm
包口装饰用皮革
1.5×24cm

※图纸上无包口装饰用皮革、皮革标牌、皮革绳带的制作图，请根据实际测量裁取材料。

【制作方法顺序】

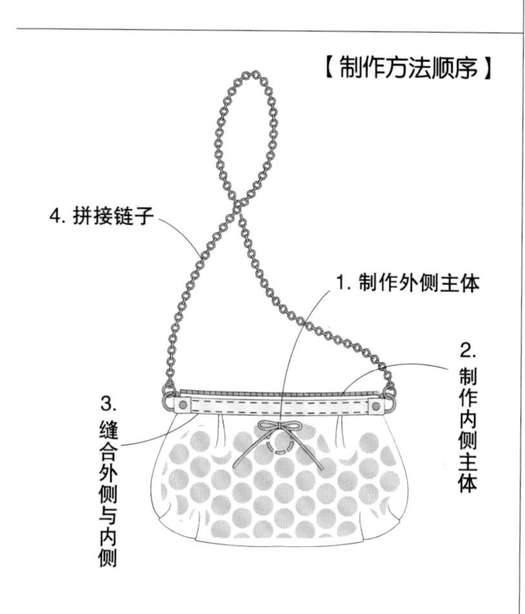

4. 拼接链子
1. 制作外侧主体
2. 制作内侧主体
3. 缝合外侧与内侧

1. 制作外侧主体

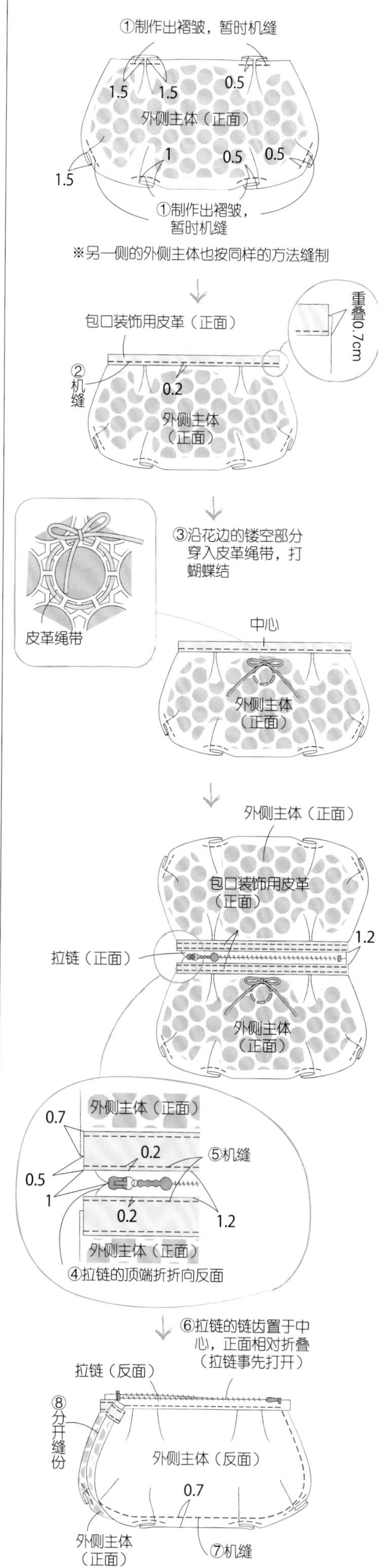

①制作出褶皱，暂时机缝
1.5
1.5
0.5
外侧主体（正面）
1.5
1
0.5
0.5
①制作出褶皱，暂时机缝
※另一侧的外侧主体也按同样的方法缝制
包口装饰用皮革（正面）
重叠0.7cm
②机缝
0.2
外侧主体（正面）
③沿花边的镂空部分穿入皮革绳带，打蝴蝶结
皮革绳带
中心
外侧主体（正面）
外侧主体（正面）
包口装饰用皮革（正面）
1.2
拉链（正面）
外侧主体（正面）
外侧主体（正面）
0.7
0.2
⑤机缝
0.5
1
0.2
1.2
外侧主体（正面）
④拉链的顶端折折向反面
⑥拉链的链齿置于中心，正面相对折叠（拉链事先打开）
拉链（反面）
⑧分开缝份
外侧主体（反面）
0.7
外侧主体（正面）
⑦机缝

2. 制作内侧主体

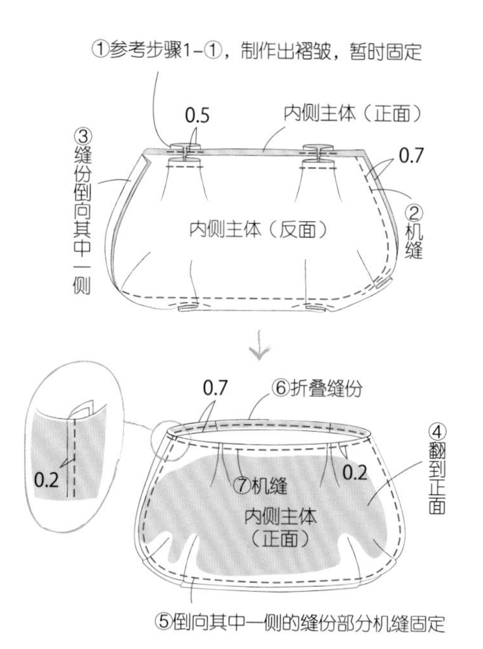

①参考步骤1-①，制作出褶皱，暂时固定
0.5
内侧主体（正面）
0.7
③缝份倒向其中一侧
②机缝
内侧主体（反面）
0.7
⑥折叠缝份
0.2
④翻到正面
⑦机缝
0.2
内侧主体（正面）
⑤倒向其中一侧的缝份部分机缝固定

3. 缝合外侧与内侧

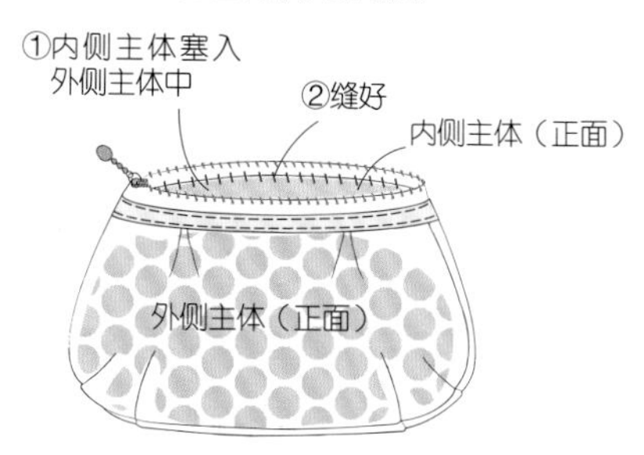

①内侧主体塞入外侧主体中
②缝好
内侧主体（正面）
外侧主体（正面）

4. 拼接链子

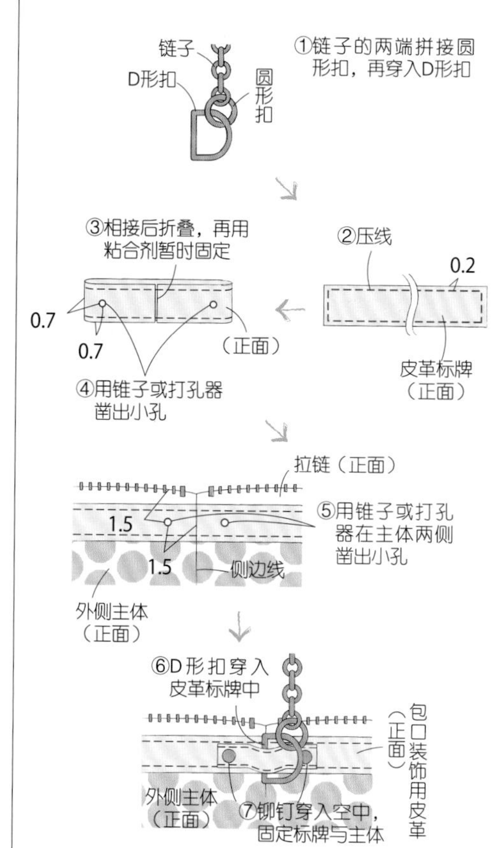

链子
D形扣
圆形扣
①链子的两端拼接圆形扣，再穿入D形扣
③相接后折叠，再用粘合剂暂时固定
②压线
0.2
0.7
0.7
（正面）
④用锥子或打孔器凿出小孔
皮革标牌（正面）
拉链（正面）
1.5
⑤用锥子或打孔器在主体两侧凿出小孔
1.5
侧边线
外侧主体（正面）
⑥D形扣穿入皮革标牌中
包口装饰用皮革（正面）
外侧主体（正面）
⑦铆钉穿入空中，固定标牌与主体

P.77
简约皮革包包

材料
皮革 前后厚1.3mm 宽35cm 长55cm
皮革绳带 宽0.9cm 长130cm
钮扣 2.7cm 1个
双面大铆钉・长钉杆 4颗
双面小铆钉・普通钉杆 2颗

成品尺寸 23×27.5cm

【缝制皮革的重点】

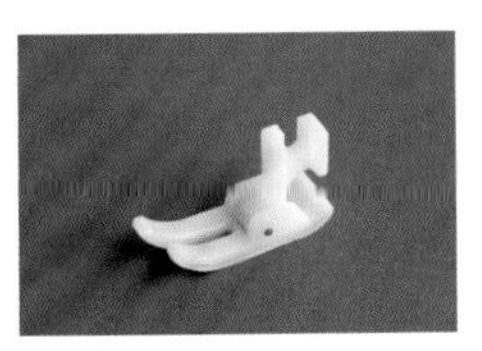

・皮革较粗糙，不易缝制，因此要将缝纫机的压脚换成特氟隆制的压脚，或是夹入肯特纸之类的薄纸后再缝制，会容易很多。

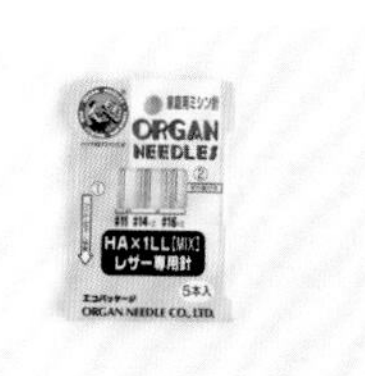
ORGAN
NEEDLES
HA×1LL
レザー専用針

・缝纫针要换成皮革用缝纫针。针迹呈刀状，与普通针相比更容易缝制，针脚更漂亮。建议针脚设定为3~3.5mm。

・缝纫线需使用皮革用缝纫线。根据皮革的厚度、针的粗细度选择合适的线。建议薄皮革使用30号线。

【皮革的裁剪方法】

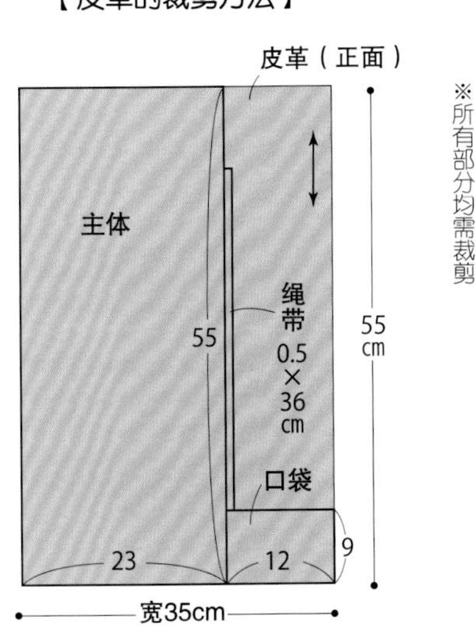
皮革（正面）
主体
55
23
绳带 0.5×36 cm
口袋
12
9
55 cm
宽35cm

※无实物大图纸，请按图示尺寸直接裁剪
※所有部分均需裁剪

【制作方法顺序】

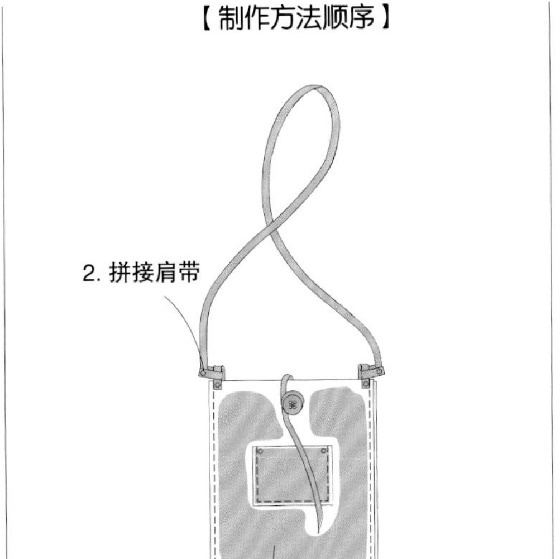
2. 拼接肩带
1. 制作主体

1. 制作主体

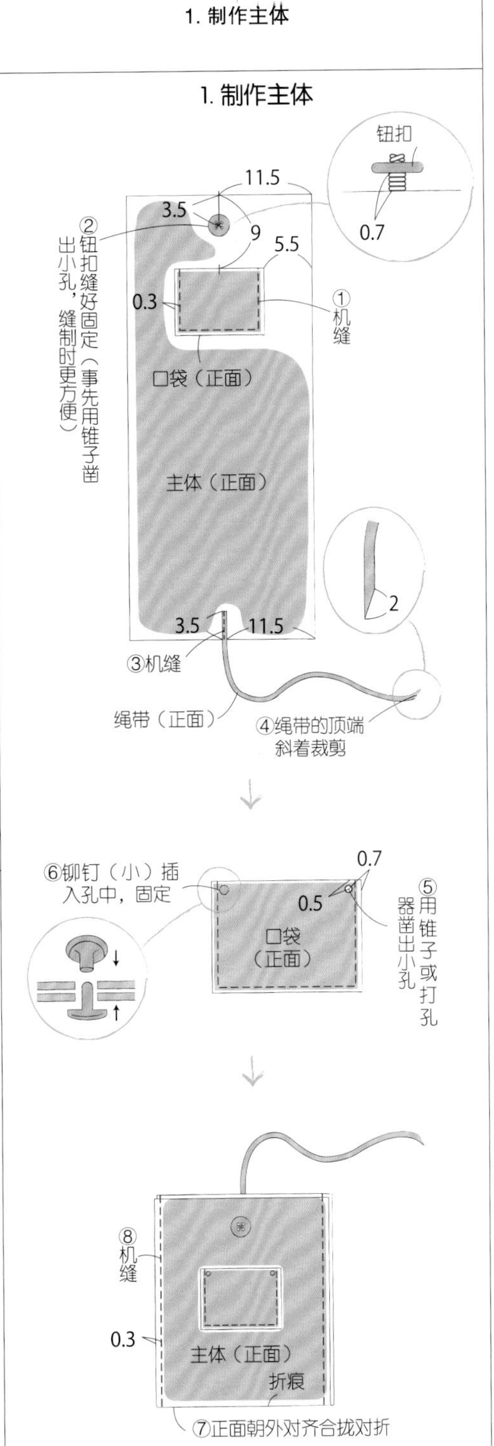
钮扣
0.7
11.5
3.5
9
5.5
②钮扣缝好固定（事先用锥子凿出小孔，缝制时更方便）
0.3
①机缝
口袋（正面）
主体（正面）
2
3.5
11.5
③机缝
绳带（正面）
④绳带的顶端斜着裁剪
⑥铆钉（小）插入孔中，固定
0.7
0.5
口袋（正面）
⑤用锥子或打孔器凿出小孔
⑧机缝
0.3
主体（正面）
折痕
⑦正面朝外对齐合拢对折

2. 拼接肩带

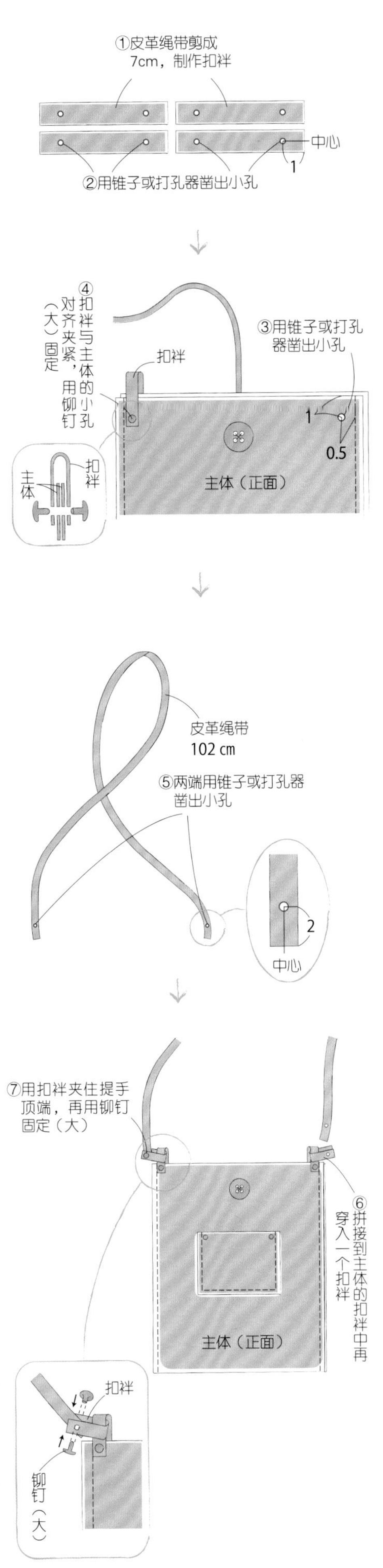
①皮革绳带剪成7cm，制作扣袢
中心
1
②用锥子或打孔器凿出小孔
④扣袢与主体的小孔对齐夹紧，用铆钉（大）固定
扣袢
③用锥子或打孔器凿出小孔
1
0.5
主体（正面）
主体
扣袢
皮革绳带
102 cm
⑤两端用锥子或打孔器凿出小孔
2
中心
⑦用扣袢夹住提手顶端，再用铆钉固定（大）
⑥拼接到主体的扣袢中再穿入一个扣袢
主体（正面）
扣袢
铆钉（大）

线绳提手的条纹休闲包

大大的金属扣眼中穿入线绳即可制成流行的海军风格手工作品。红色的条纹新颖独特，宽大的样式最适合秋天出游时使用！

制作方法 / P.82

实物大图纸 / A面

表布=海军风格条纹帆布・红色
里布=经过漂洗的棉质帆布・原色/布料森林
提手用线绳=棉质线绳 约16mm
金属扣眼=（左）附缝纫垫片的金属扣眼16mm 线绳用・AG/焦糖色

作品设计・制作= nao × Vie Coudre
东京・杉并区经营定制和西服裁缝教师Vie Coudre。
http://sky.geocities.jp/viecoudre/index.html

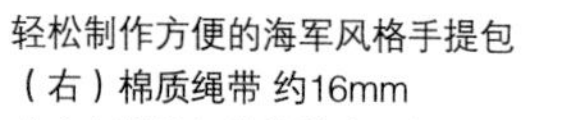

轻松制作方便的海军风格手提包
（右）棉质绳带 约16mm
（左）附缝纫垫片的金属扣圈 16mm 绳带用・AG/焦糖色

迷你束口手提包

圆溜如水桶般的外形十分可爱，束口的设计另有一番味道。
加上合成革的提手，看起来就像精品手提包一样有质感。

制作方法 / P.83
实物大图纸 / B面（仅底面）

表布=（左）《hana<花>印花<266A>》11号帆布・粉色・灰色
（右）棉质亚麻帆布・原色
其它布料=（左）棉质亚麻帆布・原色
提手= YAH-30・#870 焦糖色

圆形底，外观可爱

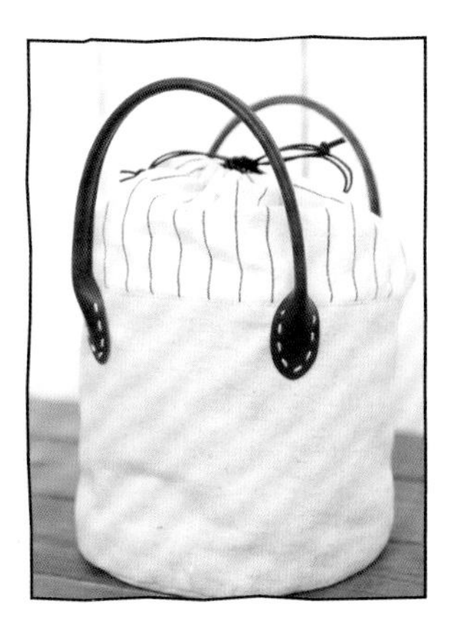

P.80
线绳提手的条纹休闲包

材料

表布（棉质条纹帆布）宽112cm 长90cm
里布（棉质帆布净色）宽108cm 长90cm
厚粘合芯 宽90cm 长90cm
提手用棉质粗线绳 1.6cm 2m
附缝纫垫片的金属扣眼 内径2cm 4个
丝绸线（茶色）适量

成品尺寸 40×60×17cm

实物大图纸 A面

【布料的裁剪方法】

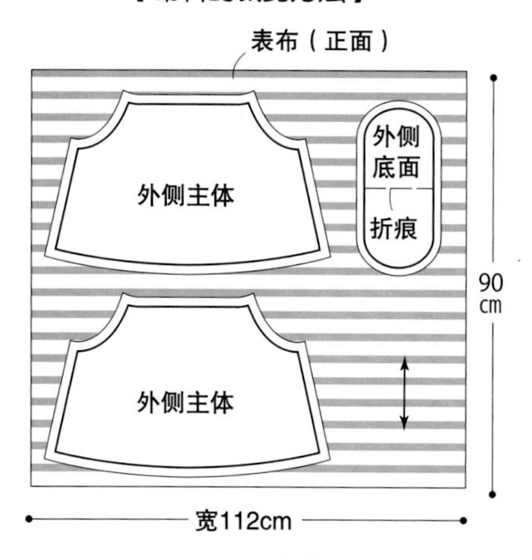

表布（正面）
外侧主体
外侧底面
折痕
外侧主体
90cm
宽112cm

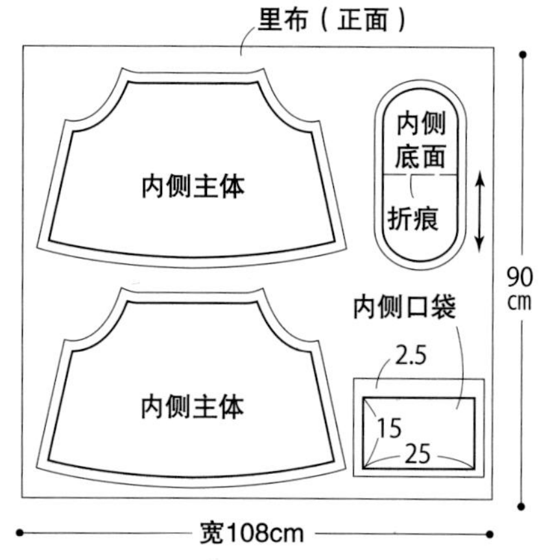

里布（正面）
内侧主体
内侧底面
折痕
内侧主体
内侧口袋
2.5
15
25
90cm
宽108cm

※除指定以外缝份均为1cm
※内侧口袋无图纸，请按照图示尺寸直接裁剪

【制作方法顺序】

3. 外侧与内侧缝合
4. 完成
2. 制作内侧主体
1. 制作外侧主体

1. 制作外侧主体

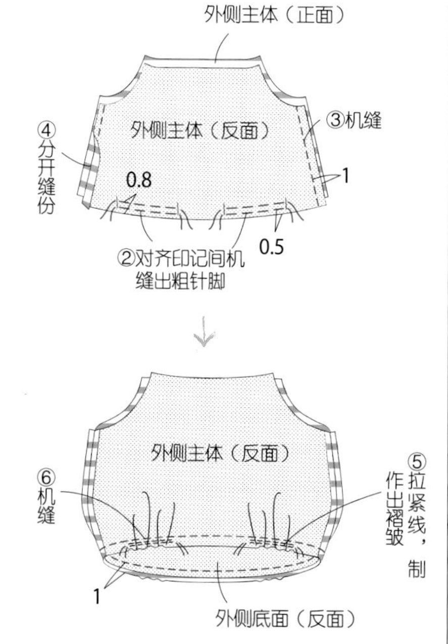

①外侧主体与外侧底面的反面贴上粘合芯
外侧主体（正面）
外侧主体（反面）
③机缝
④分开缝份
0.8
1
0.5
②对齐印记间机缝出粗针脚
外侧主体（反面）
⑥机缝
⑤拉紧线，制作出褶皱
1
外侧底面（反面）

2. 制作内侧主体

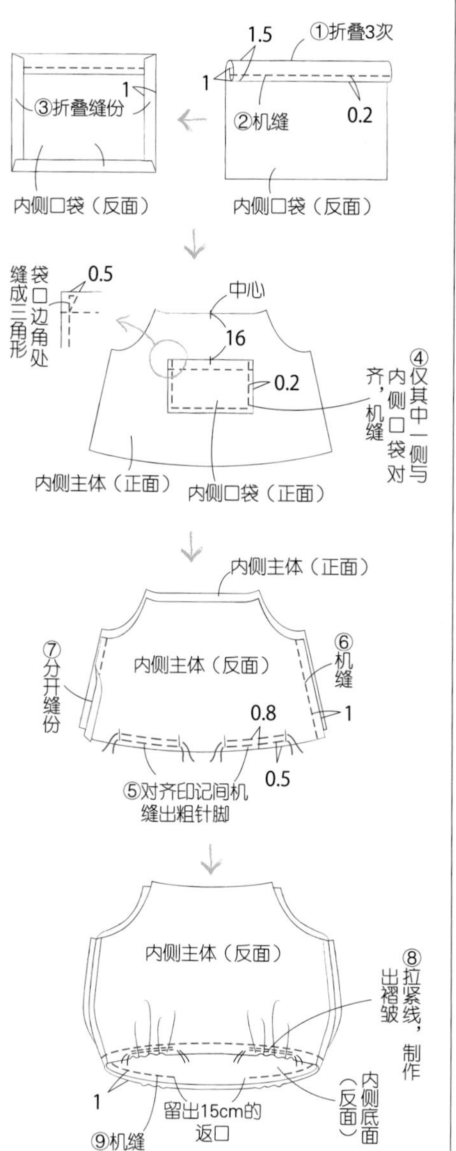

1.5
①折叠3次
1
0.2
②机缝
1
③折叠缝份
内侧口袋（反面）
内侧口袋（反面）
0.5
缝成三角形
袋口边角处
中心
16
0.2
④仅其中一侧与内侧口袋对齐，机缝
内侧主体（正面）
内侧口袋（正面）
内侧主体（正面）
内侧主体（反面）
⑦分开缝份
⑥机缝
0.8
1
0.5
⑤对齐印记间机缝出粗针脚
内侧主体（反面）
⑧拉紧线，制作出褶皱
1
留出15cm的返口
⑨机缝
内侧底面（反面）

3. 外侧与内侧缝合

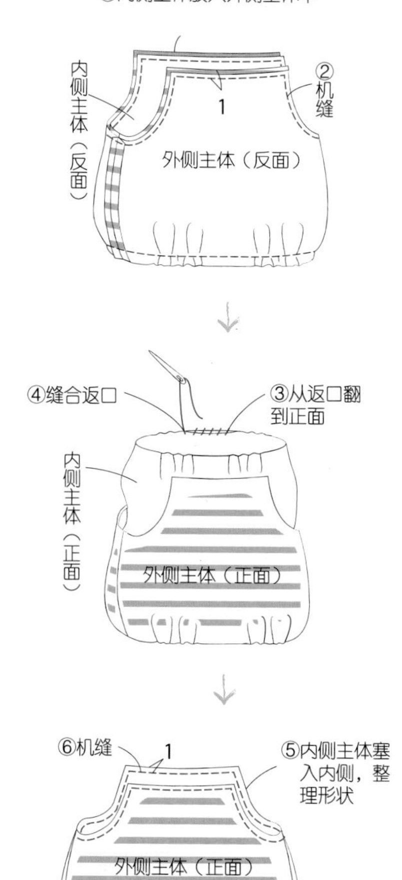

①内侧主体放入外侧主体中
内侧主体（反面）
②机缝
1
外侧主体（反面）
④缝合返口
③从返口翻到正面
内侧主体（正面）
外侧主体（正面）
⑥机缝
1
⑤内侧主体塞入内侧，整理形状
外侧主体（正面）

4. 完成

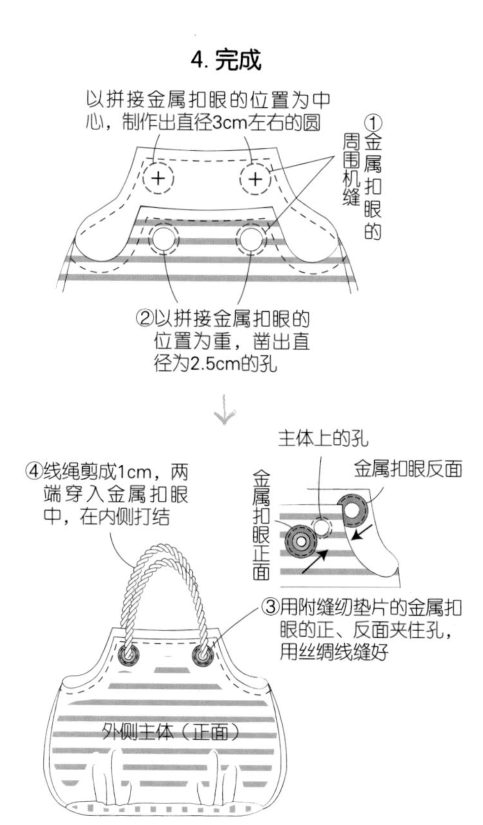

以拼接金属扣眼的位置为中心，制作出直径3cm左右的圆
①金属扣眼的周围机缝
②以拼接金属扣眼的位置为重，凿出直径为2.5cm的孔
主体上的孔
金属扣眼反面
金属扣眼正面
④线绳剪成1cm，两端穿入金属扣眼中，在内侧打结
③用附缝纫垫片的金属扣眼的正、反面夹住孔，用丝绸线缝好
外侧主体（正面）

P.81
迷你束口手提包

材料

表布（棉麻净色帆布・棉质花样帆布）宽90・110cm 长40cm
里布（亚麻条纹布・棉麻净色帆布）宽110cm 长40cm
厚粘合芯 宽50cm 长50cm
圆形皮革绳带 宽1.5mm 长1.2m
合成革提手 30cm 1对

成品尺寸 底面直径15cm×13cm（不含束口部分）

实物大图纸 B面（仅底面）

【布料的裁剪方法】

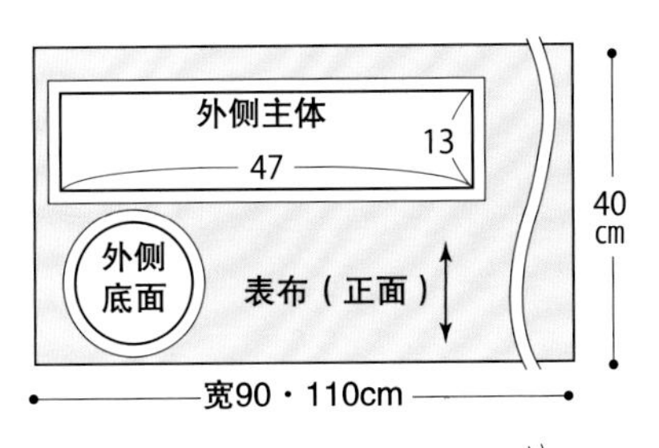

外侧主体
13
47
40 cm
外侧底面
表布（正面）
宽90・110cm

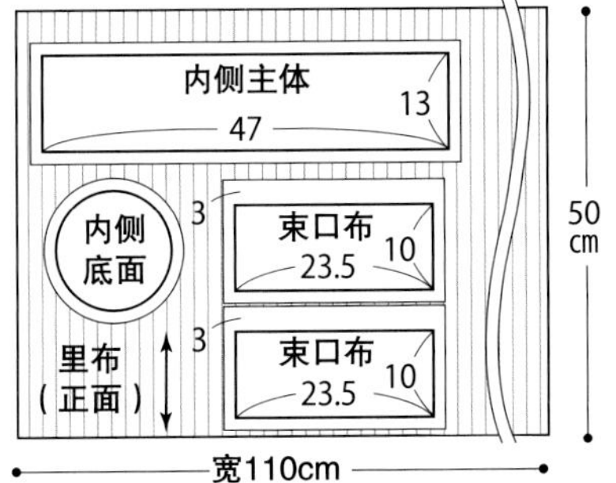

内侧主体
13
47
内侧底面
3
束口布
10
23.5
3
束口布
10
23.5
50 cm
里布（正面）
宽110cm

※除指定以外缝份均为1cm
※主体、束口布无图纸，请按图示的尺寸直接裁剪

【制作方法顺序】

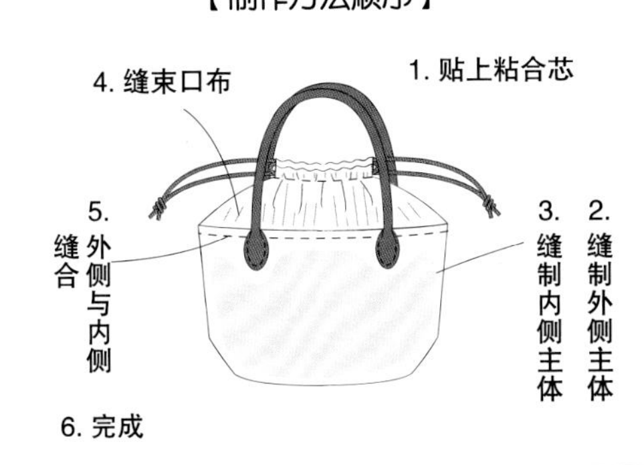

4. 缝束口布
1. 贴上粘合芯
5. 缝合外侧与内侧
3. 缝制内侧主体
2. 缝制外侧主体
6. 完成

1. 贴上粘合芯

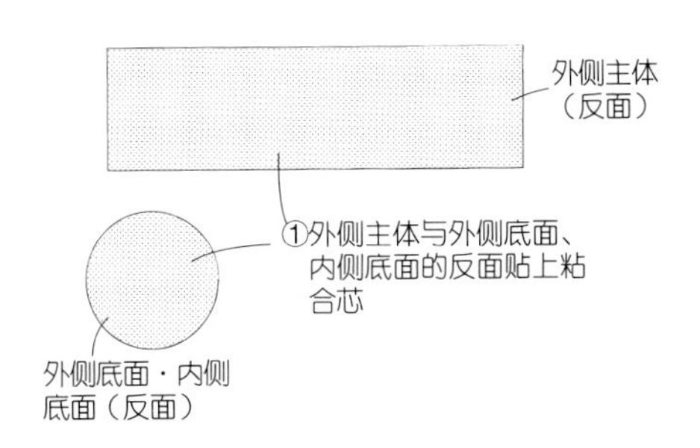

外侧主体（反面）
①外侧主体与外侧底面、内侧底面的反面贴上粘合芯
外侧底面・内侧底面（反面）

2. 缝外侧主体

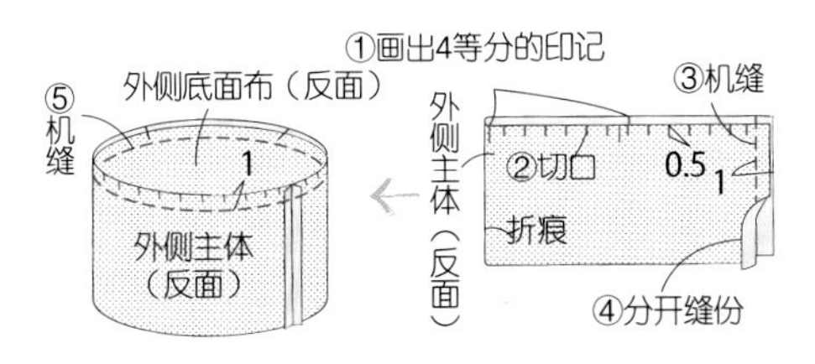

①画出4等分的印记
⑤机缝
外侧底面布（反面）
1
外侧主体（反面）
外侧主体（反面）
③机缝
②切口
0.5
1
折痕
④分开缝份

3. 缝内侧主体

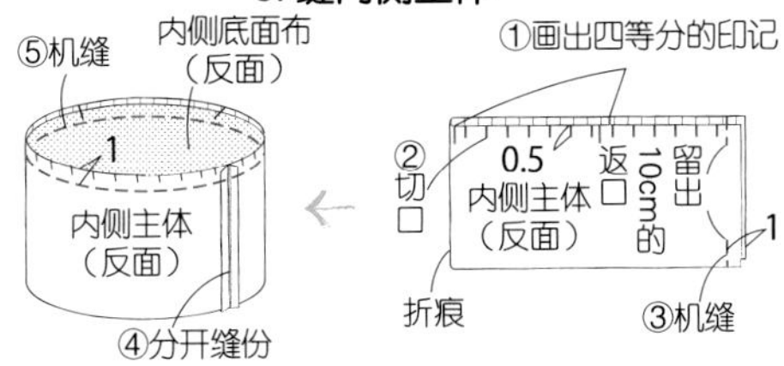

⑤机缝
内侧底面布（反面）
①画出四等分的印记
1
内侧主体（反面）
④分开缝份
②切口
0.5
内侧主体（反面）
返口
留出10cm的
1
折痕
③机缝

4. 缝束口布

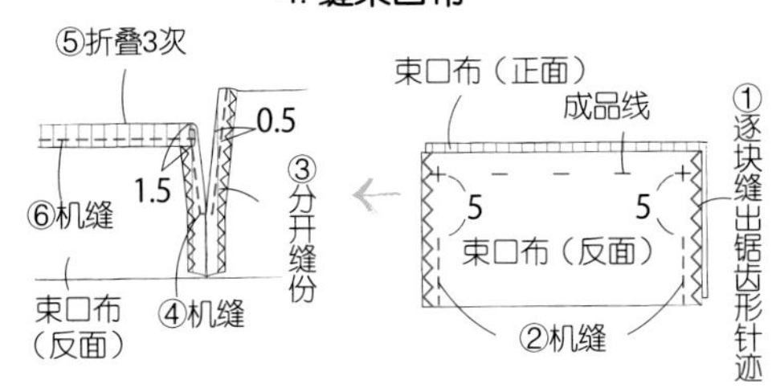

⑤折叠3次
0.5
1.5
⑥机缝
③分开缝份
束口布（反面）
④机缝
束口布（正面）
成品线
5
5
束口布（反面）
②机缝
①逐块缝出锯齿形针迹

5. 外侧与内侧缝合

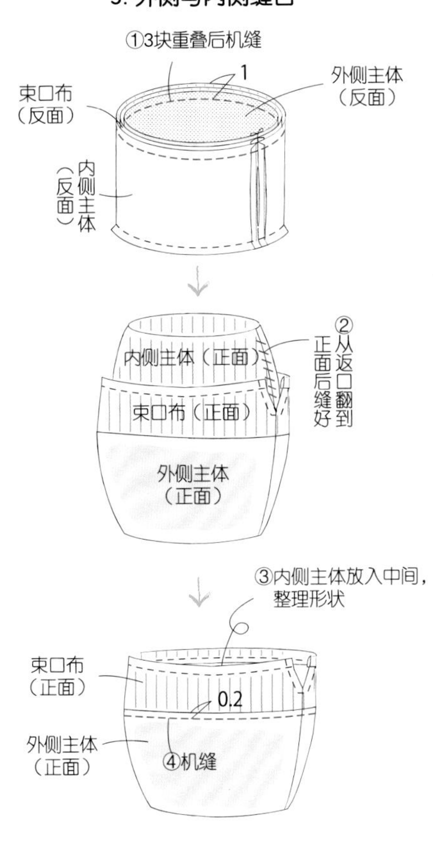

①3块重叠后机缝
1
束口布（反面）
外侧主体（反面）
内侧主体（反面）
内侧主体（正面）
束口布（正面）
外侧主体（正面）
②从返口翻到正面后缝好
③内侧主体放入中间，整理形状
束口布（正面）
0.2
外侧主体（正面）
④机缝

6. 完成

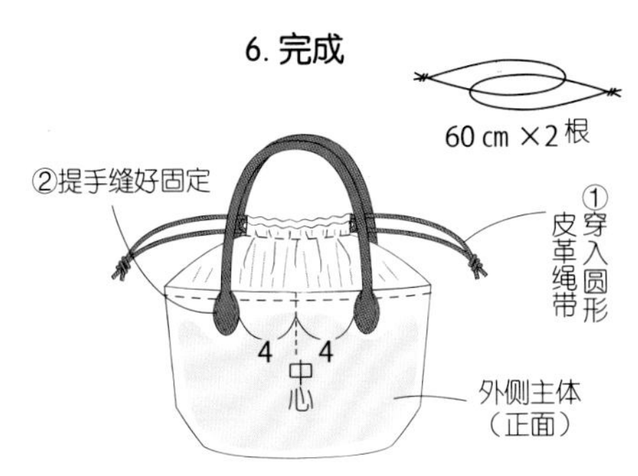

60 cm ×2根
②提手缝好固定
①穿入圆形皮革绳带
4
4
中心
外侧主体（正面）

与手提包搭配使用的小物件也动手做做看吧？

马卡龙小包

可以绣上物品名的魅力马卡龙小包，手写般随意的刺绣风格是设计的重点。加入字母或名字的话，还能变成时尚的铭牌布标哦。

Bag
Key
Ca
me
ra

how to make

材料（图片左起）
表布（亚麻）直径6cm 2块
里布（印花布）直径4.5cm 2块
厚纸 直径2.8cm 2块
铺棉 直径4cm 2块
包扣 直径3.5cm 2块
拉链固定处用布（印花布）宽1.5cm 长3cm
缎纹丝带 宽3cm 长2cm
皮革绳带 宽2mm 长25cm
金属拉链 10cm 1根
25号刺绣线 适量
手工用粘合剂

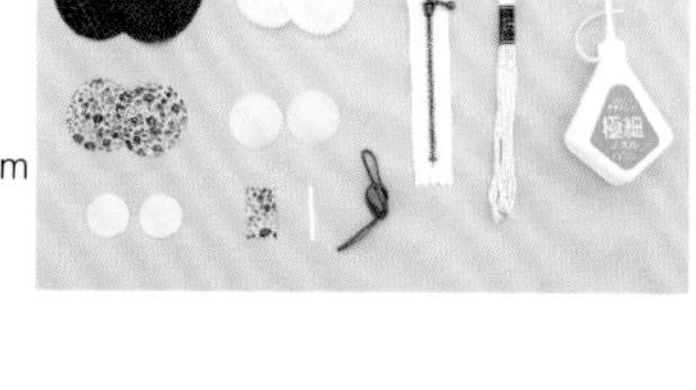

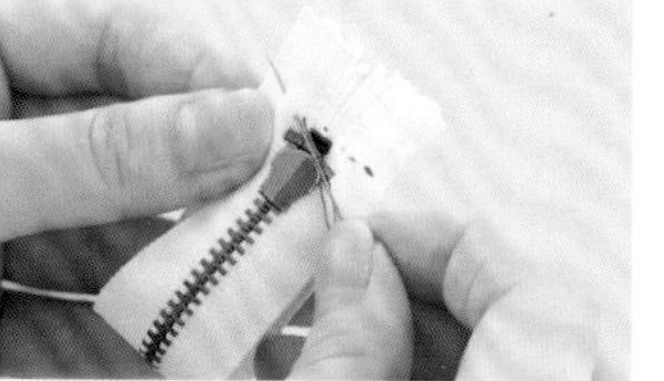

1 拉链正面相对合拢，金属配件上方5mm的位置缝好

2 留出7mm的缝份后裁剪

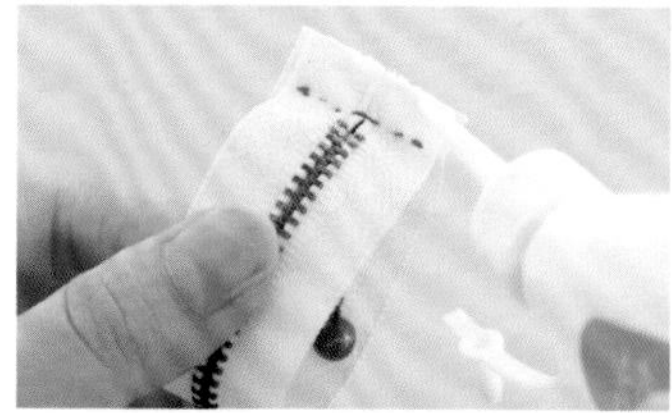

3 涂上粘合剂，防止散开

4 缎纹丝带绕成圆形，从拉链终点的缝隙间穿过，露出6mm

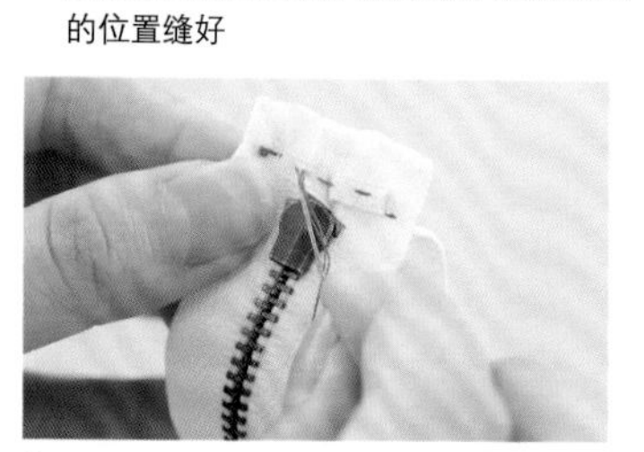

5 缎纹丝带的顶端缝到反面，固定

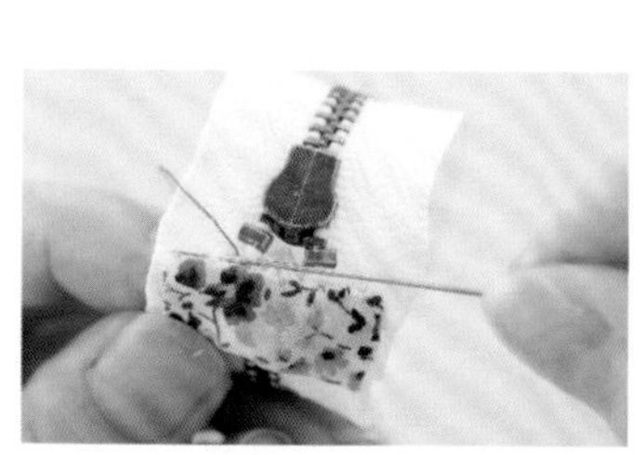

6 拉链固定处用布折叠3次，涂上粘合剂，遮住拉链的缝份，粘贴后顶端缝好

7 在表布进行刺绣（用回针缝刺绣出文字）

8 在表布顶端3mm的位置进行拱缝，再与铺棉、包扣重叠

9 拉紧线，用表布包住铺棉和包扣

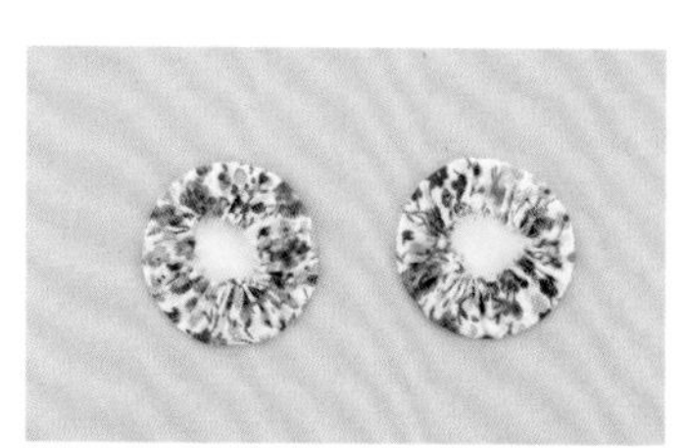

10 再按同样的方法，用表布包住厚纸

11 拉链顶端3mm的位置进行拱缝

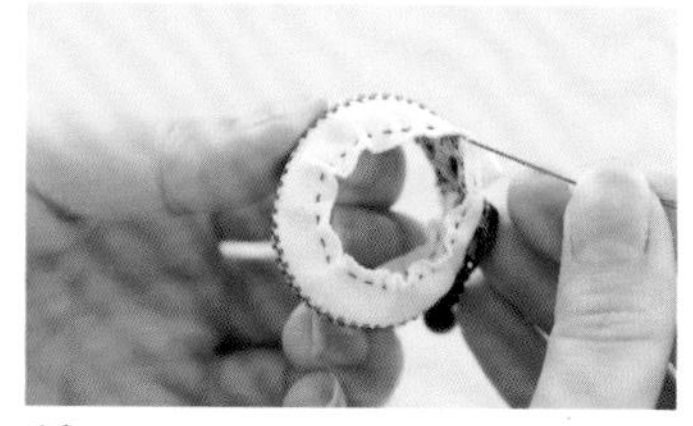

12 拉紧线，整理成圆形，便于和表布缝合

13 表布与拉链合拢，缝好（另一侧也按同样的方法缝好）

14 里布放到表布的内侧，涂上粘合剂，周围缝好

Girly Leather Craft

迷你饰品系列

用皮革制作的迷你鞋子、手提包、小包……可以挂在包包上做吊坠，可以用作项链。小巧精致，触动爱美的少女心。

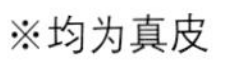

※均为真皮

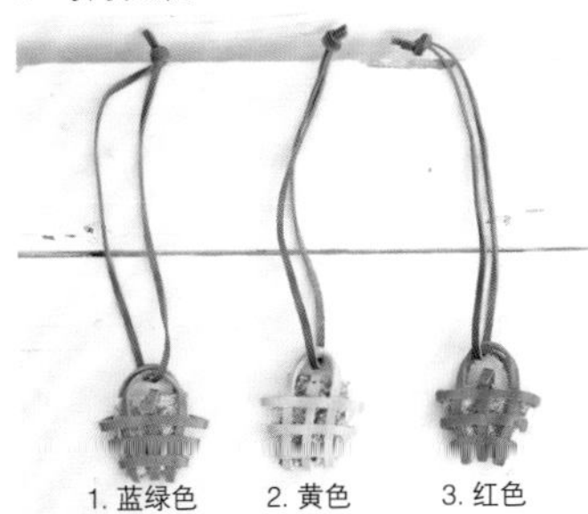

1. 蓝绿色 2. 黄色 3. 红色

手提包LP-569
成品尺寸 约6×5CM

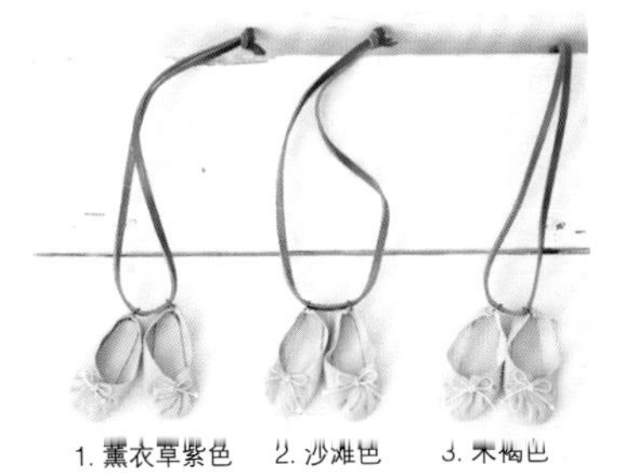

1. 薰衣草紫色 2. 沙滩色 3. 米褐色

芭蕾舞鞋LP-568
成品尺寸 约4.5CM

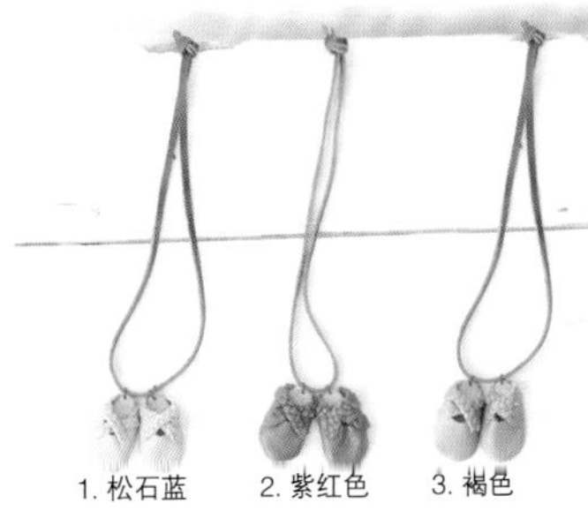

1. 松石蓝 2. 紫红色 3. 褐色

拖鞋 LP-567
成品尺寸 约3.5CM

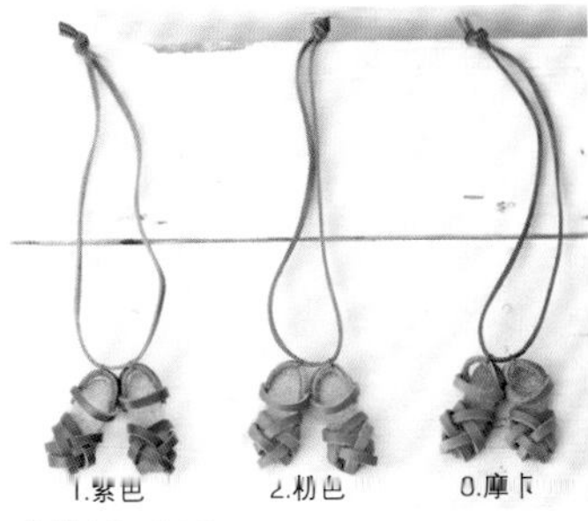

1.紫色 2.粉色 3.摩卡

凉鞋LP-566
成品尺寸 约4.5CM

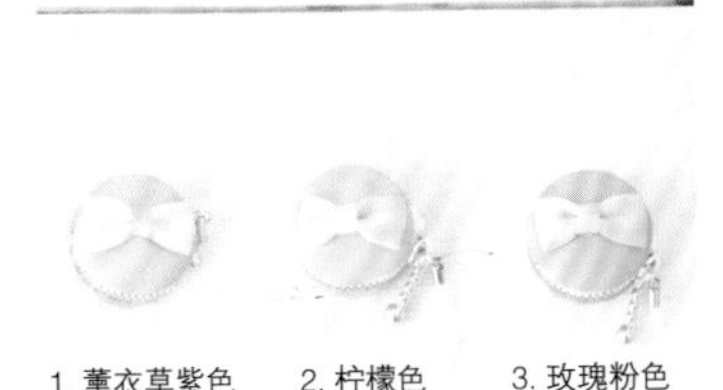

1. 薰衣草紫色 2. 柠檬色 3. 玫瑰粉色

马卡龙小盒LP-572
成品尺寸 直径约3.5CM

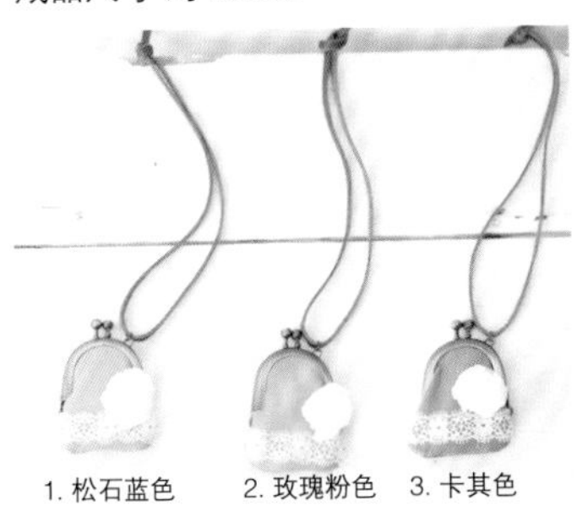

1. 松石蓝色 2. 玫瑰粉色 3. 卡其色

迷你口金包LP-571
成品尺寸 约6×5CM

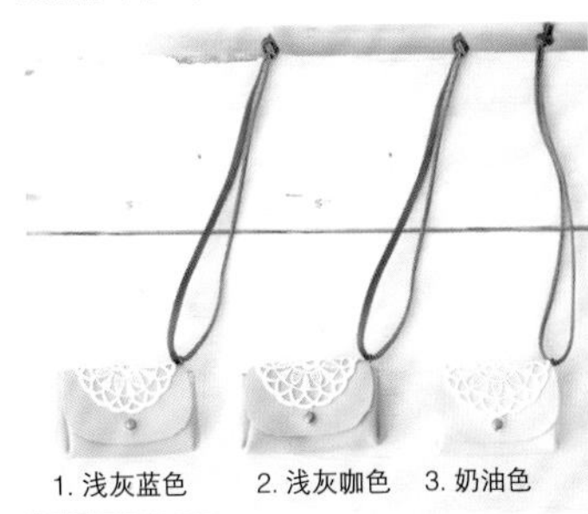

1. 浅灰蓝色 2. 浅灰咖色 3. 奶油色

迷你小包LP-570
成品尺寸 约4×6.8CM

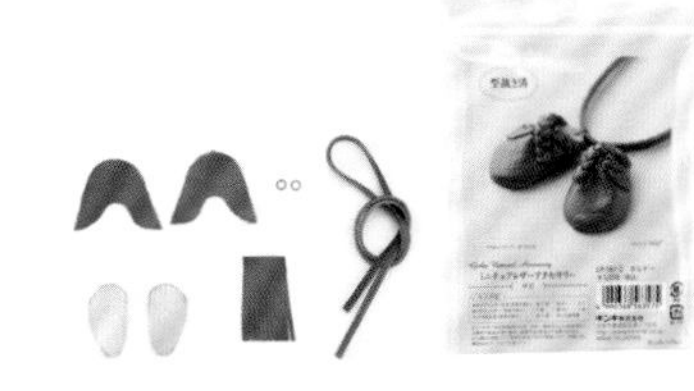

皮革易走形，因此先用粘合剂定型后再缝合

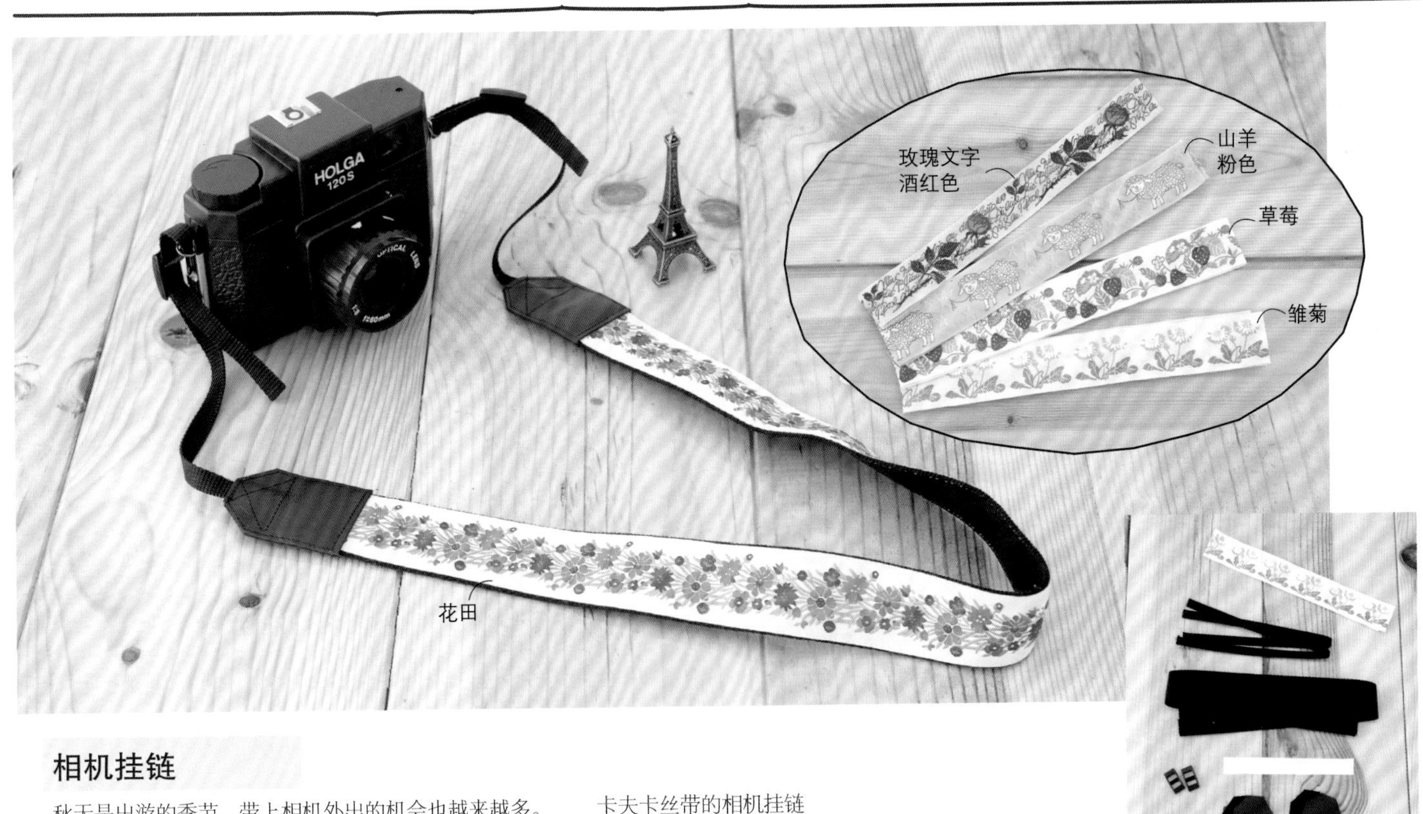
HOLGA
120S
玫瑰文字
酒红色
山羊
粉色
草莓
雏菊
花田

相机挂链

秋天是出游的季节，带上相机外出的机会也越来越多。这么可爱的相机挂链也可以手工制作哦。还有漂亮丝带和制作材料的组合套装。

卡夫卡丝带的相机挂链
成品尺寸 长约130CM 宽3.8CM
*适合穿宽10MM以下挂链的相机

【套装内容】
卡夫卡丝带1根
黑色布料（细）1根
黑色布条（粗）1根
带扣 2个
双面粘合布条
牛皮配件 4块
制作方法说明

用贝壳铺棉片制作可爱的小物收纳袋

轻松制作贝壳状可爱小物收纳袋的铺棉片全新登场。

可刺绣、可用花边或丝带装饰……

用自己喜欢的设计，享受原创的乐趣。

摄影=藤田律子 版面设计=林瑞穗 编辑=并木爱

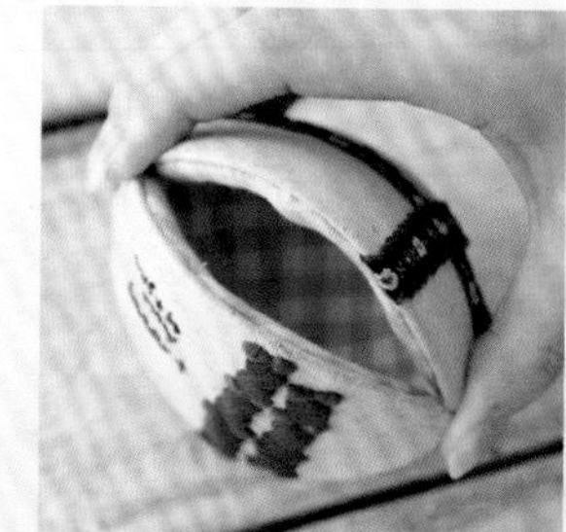
捏住两侧便可打开

贝壳状的小物收纳袋

柔软膨胀的羊毛刺绣和优雅的花朵样式
装饰而成的可爱小物收纳袋。适合放置饰品和糖果！
既可以随身携带，也可以用来做室内装饰品。

制作方法 / P.87

with my heart
后面也有
亮点哦♪

作品设计・制作=高田丰香

主要从事羊毛刺绣，擅长各种手工制作的作者。在复古店铺GEOGRAPHICA开设教室。详细情况请查看博客。
http://yomoshisyu.blog77.fc2.com/

贝壳铺棉片

用布料包住后缝合即可。可以轻松制作出贝壳状小物收纳袋的“贝壳铺棉”片，分为S、M、L三个尺寸，根据所需的大小，随意选择形状。

貝の口
プレート
クロバー株式会社

【57–596】
L（2块）

貝の口
プレート
クロバー株式会社

【57–595】
M（2块）

貝の口
プレート
クロバー株式会社

【57–594】
S（2块）

貝の口
プレート
クロバー株式会社

【57–593】
S·M·L套装

铺棉片分为S、M、L三个尺寸。外侧用的3块铺棉片和内侧用的3块铺棉片可制作1个小物收纳袋。

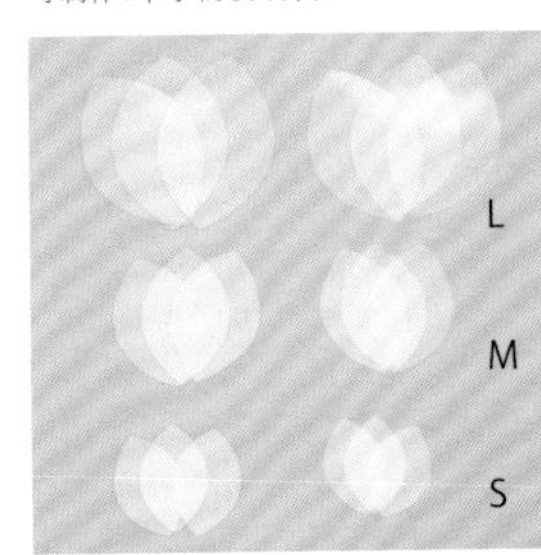
L
M
S

※ L尺寸为外侧用的厚铺棉片，6块。制作时2块重叠，起到加固的作用。

制作方法

1 铺棉片涂上粘合剂，粘贴到布料上（外侧用、内侧用共计6块）

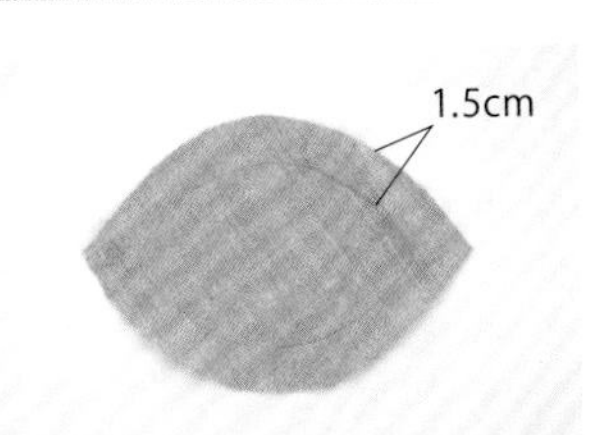
1.5cm

2 比照铺棉片，周围留出1.5cm的缝份后再裁剪（外侧布料、内侧布料同时）

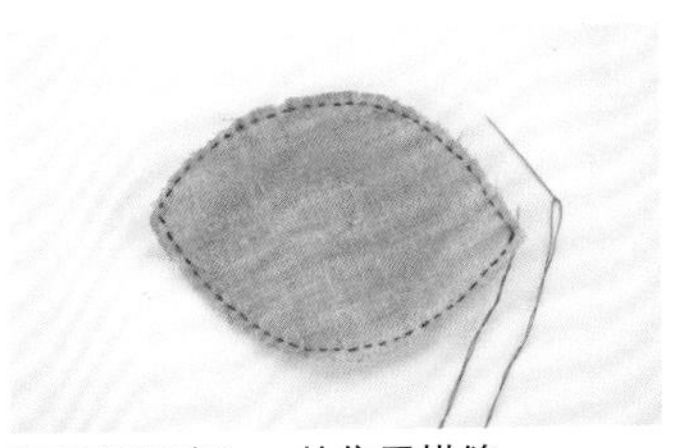

3 距离顶端3mm的位置拱缝

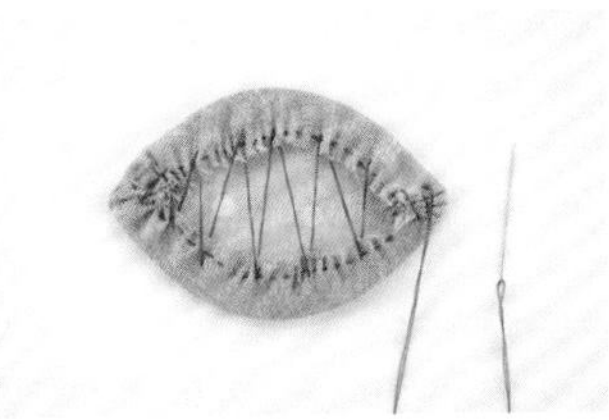

4 拉紧线，包住铺棉片，在上下间穿引线，紧绷布料。

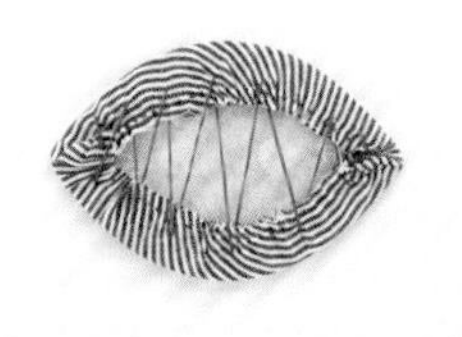

5 内侧用铺棉片也按同样的方法用里布包住

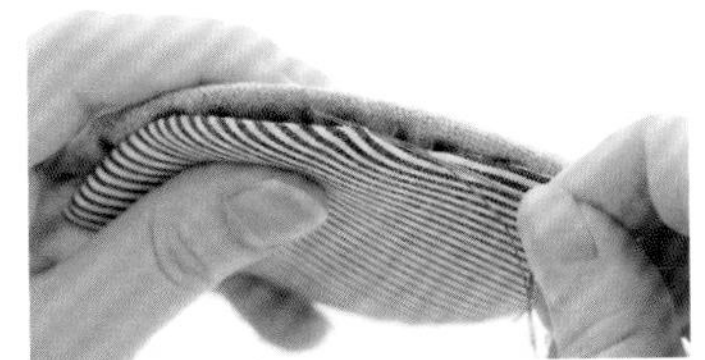

6 外侧部分与内侧部分正面朝外合拢，缝好（按照同样的方法制作3个）

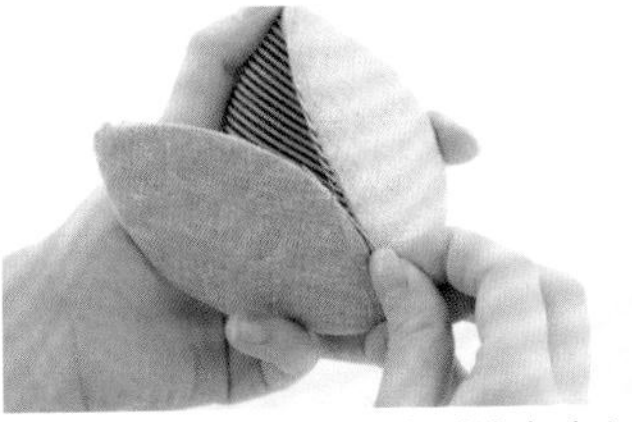

7 步骤6中制作的部分分别缝合（上面一边打开）

8 从之前留出不缝的两端开始，缝1cm，进行加固

五花八门的装饰品！

+ 褶饰

带有针脚缝制顺序的薄片贴到布料上，再沿其绣出针脚！轻松简单的褶饰，共有钻石、蜂巢、缆线、双缆线4种形状。（作品使用钻石形）

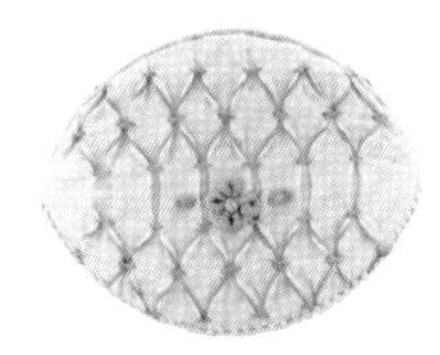

褶饰全4种

+ 甜美玫瑰

用铺棉片夹住布料，与铺棉片的折痕对齐后缝好，就能制作出优雅的蔷薇花样。

甜美玫瑰铺棉片 S·M·L

+ YOYO花

用布料夹住铺棉片，沿线缝好后就能制作漂亮的圆形YOYO花。直径2cm的SS号，是最适合做饰品的大小。

ちくちく
ヨーヨープレート
SS
クロバー株式会社

缤纷YOYO花铺棉片 SS

+ 羊毛刺绣

理顺各种纤维的同时用羊毛在布料上进行刺绣。刺绣出漂亮的图案。

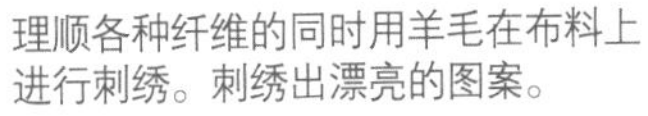

嵌花穿孔器〈笔型〉

PUFF WOOL

混色羊毛条

即使是初学者，也可以轻松掌握绣花和缝纫的技巧。
试想美梦成真时带给您的喜悦与感动，您所要付出的只有想象。
插上想象的翅膀，体验原创的乐趣吧！
NV4000汇集brother当前最高端技术，让您的创作过程趣味横生！

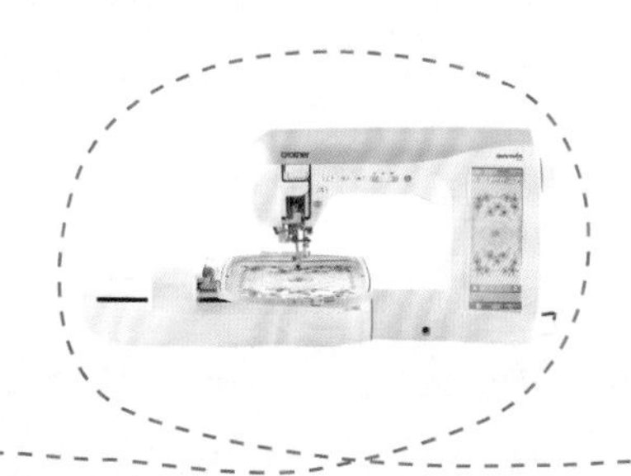

NV4000

※中国大陆对应机型

收录Laura Ashley指导创作的共50分类图样（39个图样）。可以通过组合图样或不同选色，创建只属于您的原创作品。

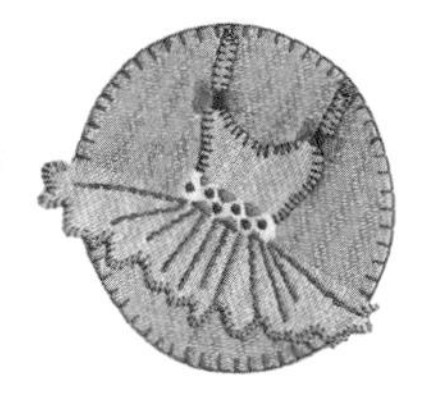

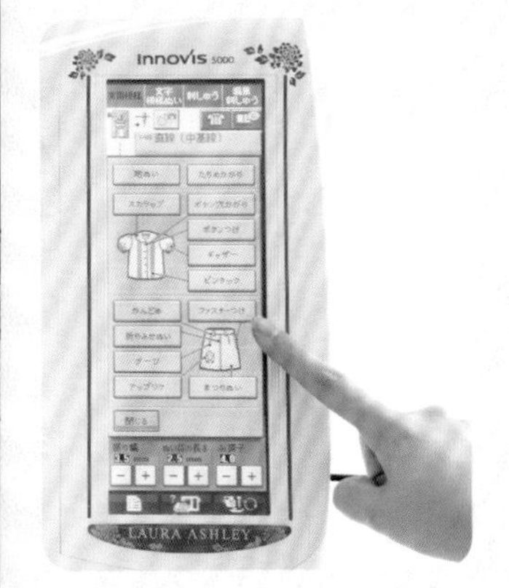
Innovis
LAURA ASHLEY

“这里要怎么处理？”NV5000内置了13种语言版的“sewing advice”(缝纫&绣花建议）功能。无论是缝纫衣服下摆或是安装拉链，“sewing advice”都会给出相关的提示。

便捷的自动剪线功能：能自动将过渡连线剪断，使绣制过程变得极为轻松，省去很多麻烦，成品的外观也变得更加整洁。

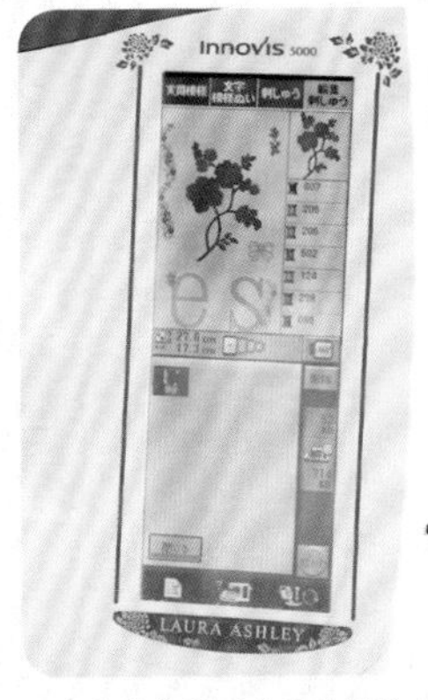
Innovis
LAURA ASHLEY

组合多个花样时非常方便的“排版功能”：花样的精确定位、大小调整、颜色指定等都可以按您的要求进行设定。

4种尺寸的绣花框。最大尺寸为18*30cm。由于绣花范围很大，即便是在窗帘、桌布等大件上绣花也绰绰有余。

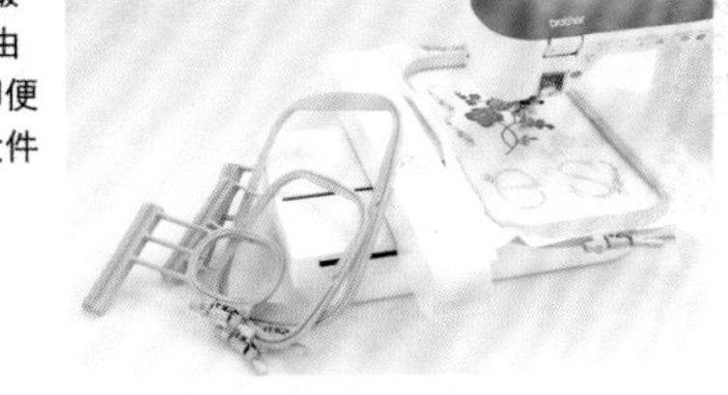

独立的梭芯绕线系统：绣花的同时可进行底线的准备，效率更高。

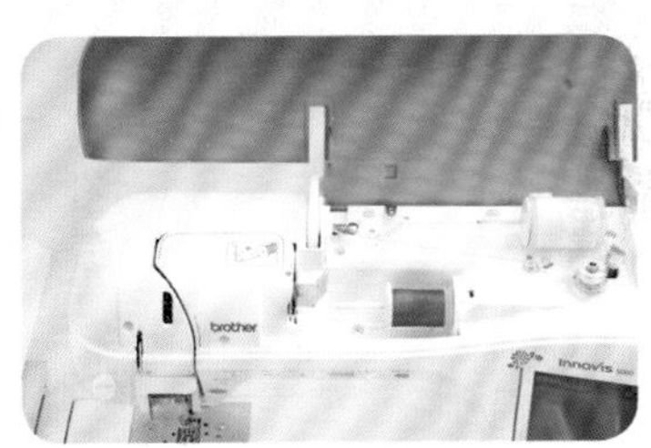

绣花体验工作室

只是在靠枕上绣制绣花花样就变得富有雅韵，给人留下深刻的印象。

mode

绣上喜欢的话语或缩写就能创造出只属于自己的原创Logo包。

Laura Ashley的代表色：时尚的黑色、鲜艳的紫色、具有现代感的蓝色、莓红色…

选择您喜欢的绣花主题和线色。在面料选择上可根据喜好选择，如使用灰色高档柔软亚麻布。

线色的搭配极具品味，无论什么颜色的线均能搭配出满意的效果。“电脑绣花机是不是很难使用呢？”“我对摆弄机器什么的不是很在行，能用么？”相信不少人都抱有这样疑问。但是只要你稍微深入了解一下，就会发现操作方法非常简单有趣，轻松易学。

NV5000将绣花功能发挥至极致，使您尽情享受绣花乐趣。配和使用Brother独有的超大绣花框、彩色触屏编辑等功能，更富魅力！。

家里放一台小巧的Brother电脑绣花·缝纫一体机，就可以随时体验缝纫绣花乐趣！我们为您提供了最先进的功能和人性化的操作。绣花速度快、工作状态下噪音小、13种内置语言选择，还有贴心的缝纫&绣花小贴士教你如何使用机器创造出想要的作品。

它除了是一台Brother绣花·缝纫一体机，同时也是一台专业的拼布用缝纫机，使您能自由创造出充满个性的作品。您能够体验到亲手创作的那份感动和喜悦，感受手工带来的那份快乐！

www.brother.cn

Hello,my friend! & November Books

用印花布料制作上幼儿园、上学用物品

这个季节，小朋友渐渐适应丰富多彩的幼儿园生活、学校生活。
用可爱的的印花布料制作出几种上幼儿园、上学会用到的物品吧，可替换使用。

摄影=藤田律子 版面设计=松原优子 插图=白井郁美 作品制作=木村麻实 发型=间中佳子 模特=柳川丹佳（身高109cm）男孩（身高109cm）编辑=Nemoto Sayaka

鞋袋

与手提袋颜色不一样的印花布，同样具有统一配套感。

制作方法 / P.92

男孩・表布=科学实验
女孩・表布=火烈鸟

幼儿园、学校用手提袋

每天使用的手提包要用最爱的印花布制作哦！（参考作品）

男孩・表布=科学实验
女孩・表布=火烈鸟

※围裙的制作方法参考P.104

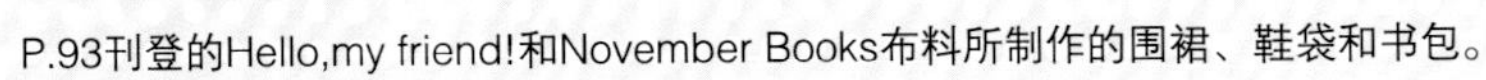

P.93刊登的Hello,my friend!和November Books布料所制作的围裙、鞋袋和书包。

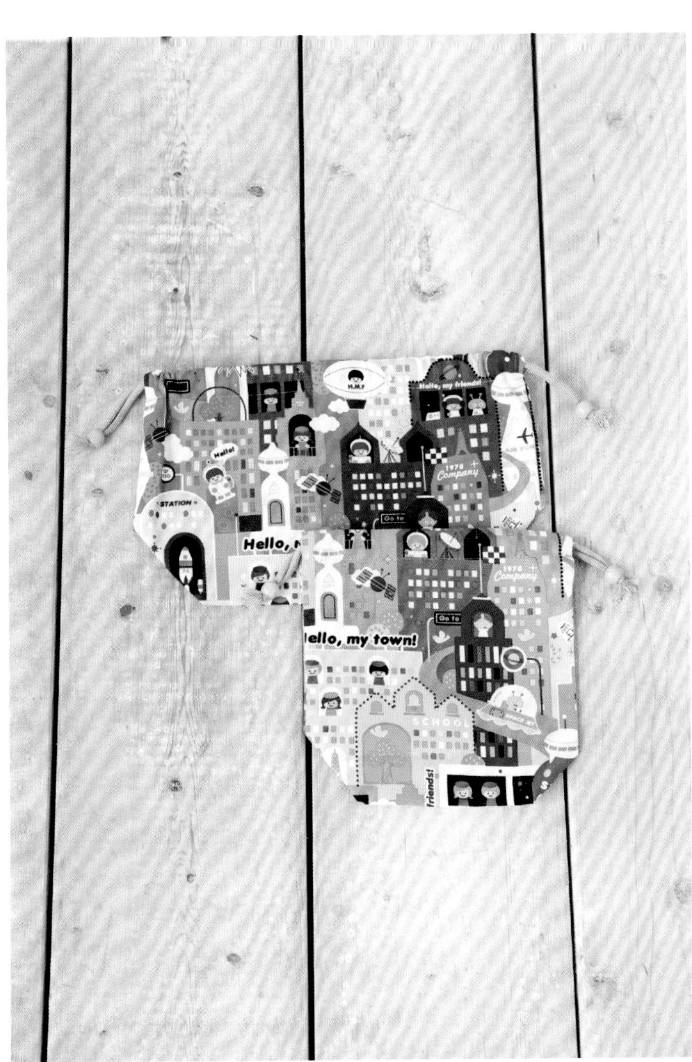
Hello, my town!

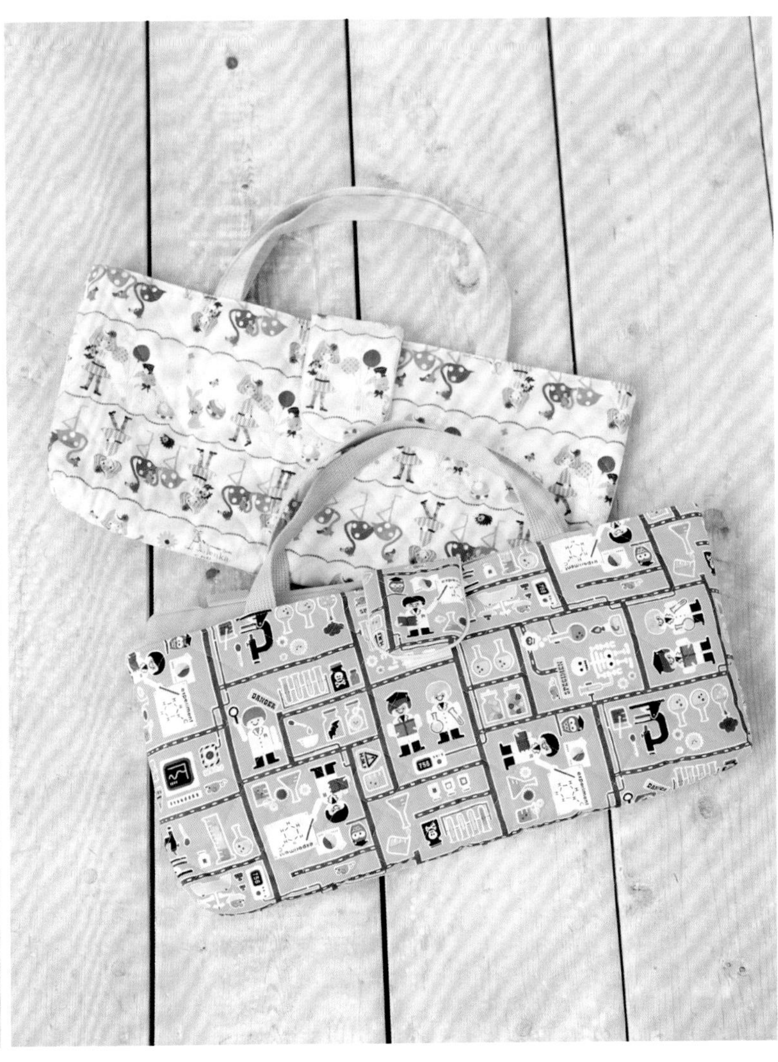

午餐袋&水杯袋

束口袋多几个也不错，看每天的心情选择用哪个。

制作方法 / P.92

午餐袋・表布=摩天楼
水杯袋・表布=摩天楼

口风琴袋

绗缝布料最适合用来做口风琴袋。袋盖的设计是亮点。

制作方法 / P.92
实物大图纸 / B面

男孩・表布=科学实验
女孩・表布=火烈鸟

P.90
鞋袋

材料
表布（印花网格布）宽30cm 长75cm
里布（净色网格布）宽30cm 长75cm
绫纹布料 宽2.5cm 长40cm
D形扣 2.5cm 1个

成品尺寸
19×26×4cm

【布料的裁剪方法】
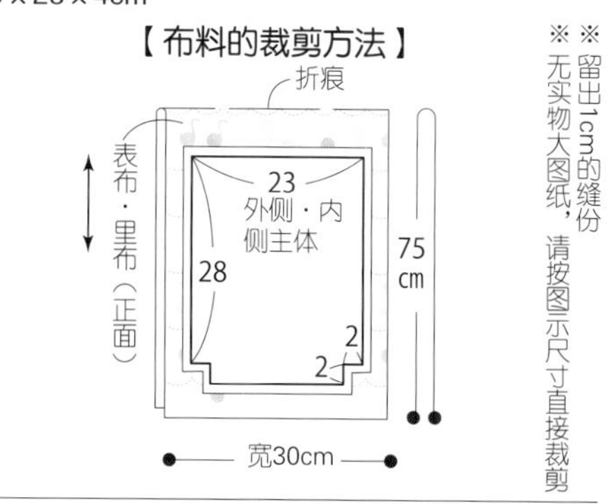
※留出1cm的缝份
※无实物大图纸，请按图示尺寸直接裁剪
折痕
表布·里布（正面）
23
外侧·内侧主体
28
2
2
75cm
宽30cm

【制作方法顺序】
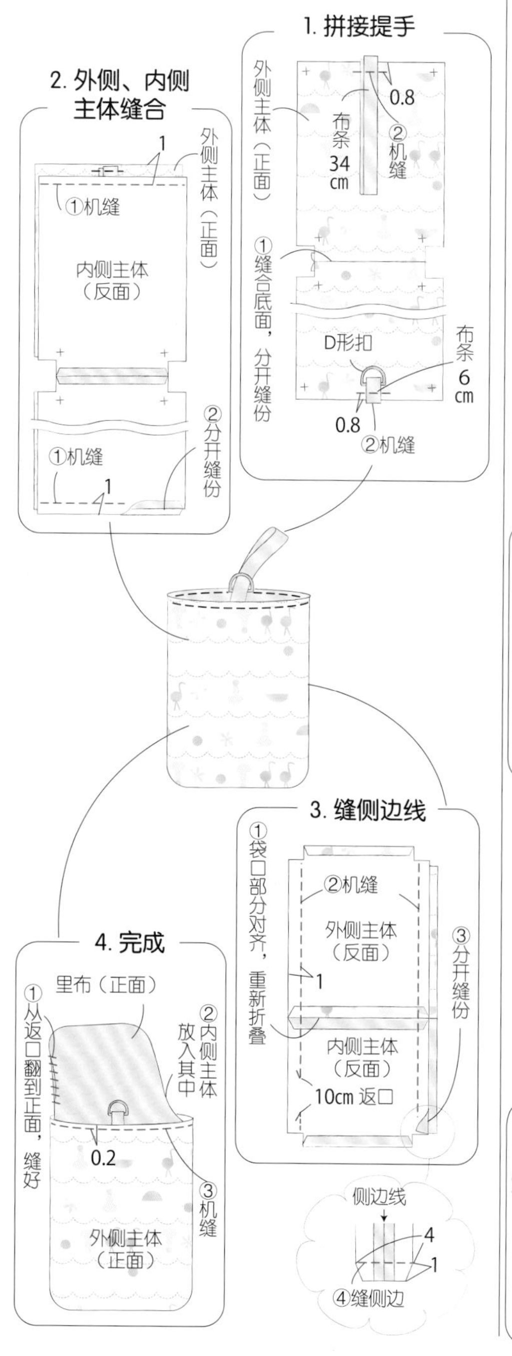
1. 拼接提手
外侧主体（正面）
布条34cm
0.8
②机缝
①缝合底面，分开缝份
D形扣
布条6cm
0.8
②机缝
2. 外侧、内侧主体缝合
1
外侧主体（正面）
①机缝
内侧主体（反面）
②分开缝份
①机缝
1
3. 缝侧边线
①袋口部分对齐，重新折叠
②机缝
外侧主体（反面）
1
内侧主体（反面）
10cm 返口
③分开缝份
4. 完成
里布（正面）
①从返口翻到正面，缝好
②内侧主体放入其中
0.2
③机缝
外侧主体（正面）
侧边线
4
1
④缝侧边

P.91
午餐袋·水杯袋

材料
〈午餐袋〉
表布（印花网格布）宽40cm 长70cm
圆形绳带 80cm 线绳固定扣 2个
〈水杯袋〉
表布（印花网格布）宽30cm 长65cm
圆形绳带60cm 线绳固定扣 2个

成品尺寸
午餐袋 20×15.5×11cm
水杯袋 13×17.5×7cm

【布料的裁剪方法】
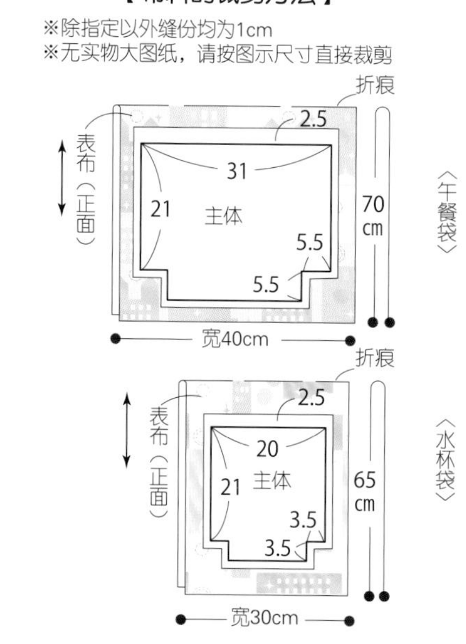
※除指定以外缝份均为1cm
※无实物大图纸，请按图示尺寸直接裁剪
折痕
表布（正面）
2.5
31
21
主体
5.5
5.5
70cm
〈午餐袋〉
宽40cm
折痕
表布（正面）
2.5
20
21
主体
3.5
3.5
65cm
〈水杯袋〉
宽30cm

【制作方法顺序】
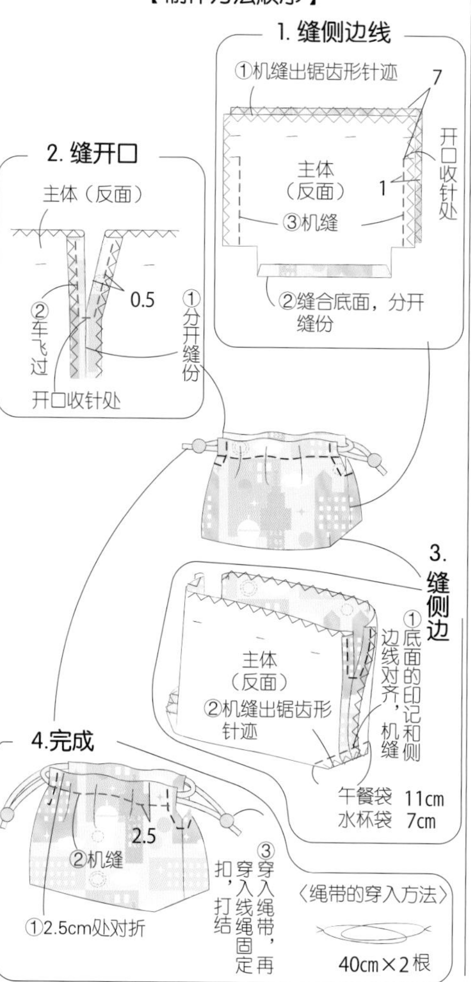
1. 缝侧边线
①机缝出锯齿形针迹
7
主体（反面）
1
③机缝
开口收针处
②缝合底面，分开缝份
2. 缝开口
主体（反面）
0.5
②车过
①分开缝份
开口收针处
3. 缝侧边
主体（反面）
②机缝出锯齿形针迹
①底面的印记和侧边线对齐，机缝
午餐袋 11cm
水杯袋 7cm
4.完成
2.5
②机缝
①2.5cm处对折
③穿入绳带，穿入线绳固定扣，打结
〈绳带的穿入方法〉
40cm×2根

P.91
口风琴袋

材料
表布（绗缝布）宽75cm 长70cm
里布（净色网格布）宽75cm 长70cm
绫纹布条 宽2.5cm 长80cm
魔术扣 宽2.5cm 长4cm

成品尺寸
48×19×6cm

实物大图纸 B面（仅袋盖）

【布料的裁剪方法】
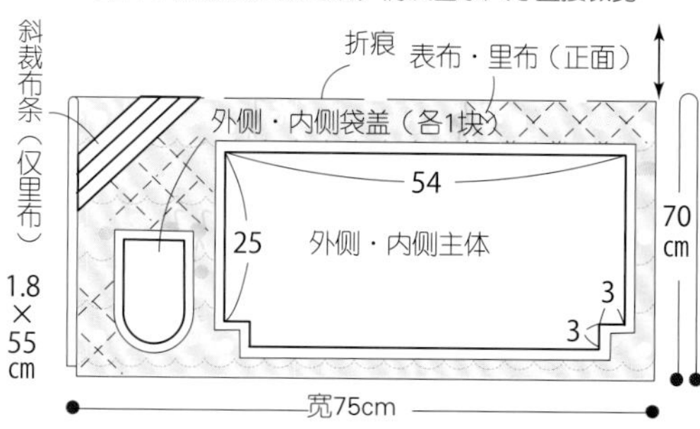
※留出1cm的缝份
※主体、斜裁布条无图纸，请按图示尺寸直接裁剪
折痕
表布·里布（正面）
斜裁布条（仅里布）
1.8×55cm
外侧·内侧袋盖（各1块）
54
25
外侧·内侧主体
3
3
70cm
宽75cm

【制作方法顺序】
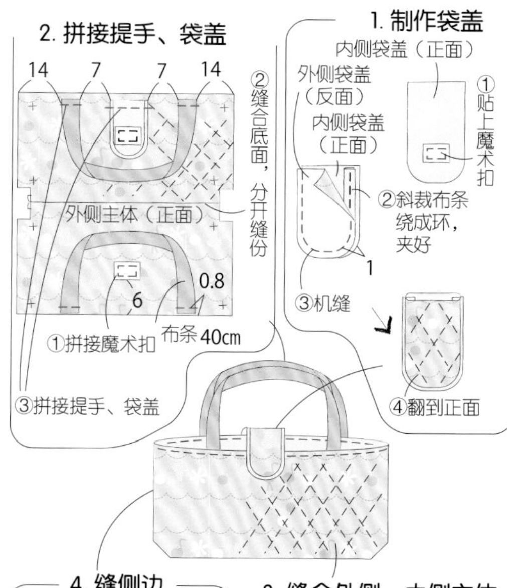
1. 制作袋盖
内侧袋盖（正面）
外侧袋盖（反面）
内侧袋盖（正面）
①贴上魔术扣
②斜裁布条绕成环，夹好
1
③机缝
④翻到正面
2. 拼接提手、袋盖
14
7
7
14
②缝合底面，分开缝份
外侧主体（正面）
6
0.8
①拼接魔术扣
布条40cm
③拼接提手、袋盖
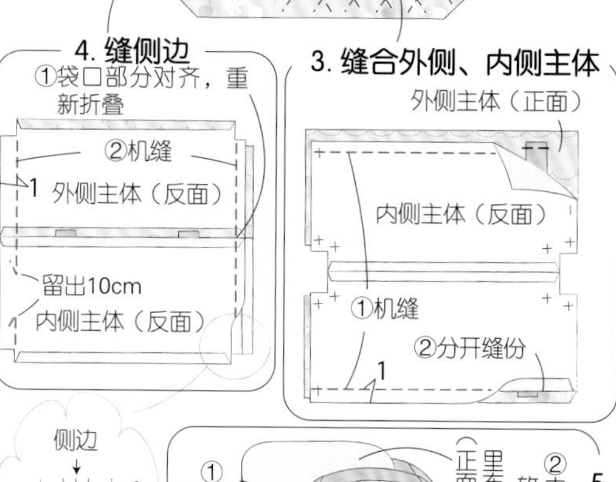
3. 缝合外侧、内侧主体
外侧主体（正面）
内侧主体（反面）
①机缝
②分开缝份
1
4. 缝侧边
①袋口部分对齐，重新折叠
②机缝
1
外侧主体（反面）
留出10cm
内侧主体（反面）
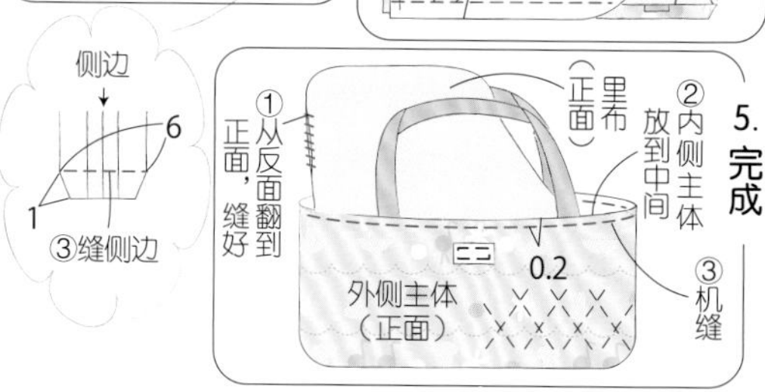
侧边
6
1
③缝侧边
5. 完成
①从反面翻到正面，缝好
里布（正面）
②内侧主体放到中间
0.2
外侧主体（正面）
③机缝

COLOR LINEUP

棉质网格布 宽110cm 棉质100%
绗缝布 宽105cm 正反面棉100%・填充部分涤纶100%

科学实验 HG（HGQ）2000

1A 1B 1C

骑车 HG（HGQ）2001

1A 1B 1C

摩天楼 HG（HGQ） 2002

1A 1B

发掘 HG（HGQ） 2003

1A 1B

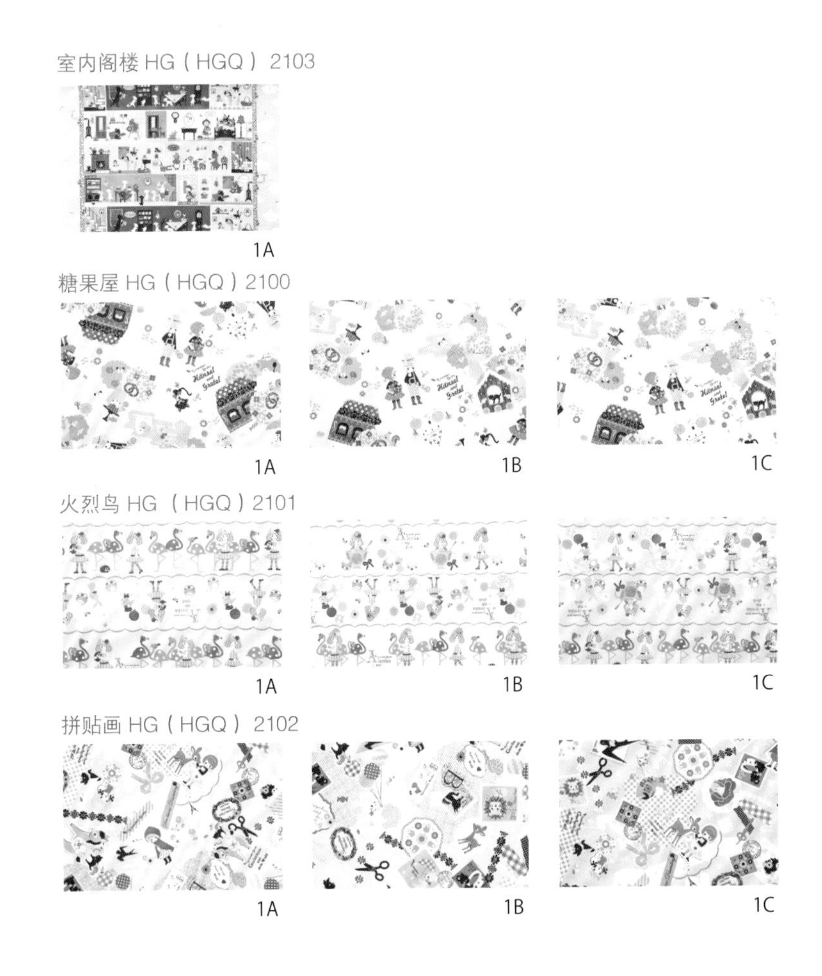
室内阁楼 HG（HGQ） 2103
1A
糖果屋 HG（HGQ）2100
1A 1B 1C
火烈鸟 HG （HGQ）2101
1A 1B 1C
拼贴画 HG（HGQ） 2102
1A 1B 1C

儿童秋色服饰

扮靓的秋天终于来了！
裙子、连衣裙、衬衫、围裙……
从服饰到小物件，小朋友们也靓丽起来吧！

荷叶边裙子

女孩子最爱的荷叶边裙子，用1m的布料就可以制作。
（左・穿着尺寸120，右・穿着尺寸100）

制作方法 / P.96

布料=左・棉麻床单布 Pt 自然波点・紫色
右・双面印花布

作品制作= nao × Vie Coudre
http://sky.geocities.jp/viecoudre/index.html

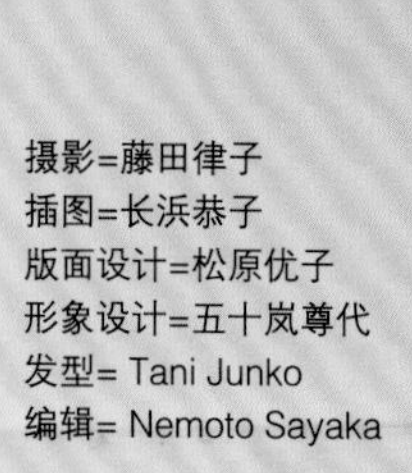

摄影=藤田律子
插图=长浜恭子
版面设计=松原优子
形象设计=五十岚尊代
发型= Tani Junko
编辑= Nemoto Sayaka

模特= Ruka（身高112cm、P.98左・99）
Beny（身高11cm、P.94左）
Rei（身高109cm、P.95・98右・103）
Nanako（身高108cm、P.94右・102）
※除P.94左、P.95以外，穿着尺寸均为100.

※儿童秋色服饰尺寸100、120、140附有实物大图纸。

背面

泡泡连衣裙

长方形的表布与梯形的里布，组合成轻柔的泡泡状裙摆，非常可爱。背面再加入钮扣和灯笼袖等，充满各种时尚元素的连衣裙。

制作方法 / P.97

实物大图纸 / D面

布料=表布 Nuance Palette（FA-NPM20LL）其它布料 Jenny' s Ribbons（FA-LB6294-1P）

作品制作=原末智子
在东京・世田谷区经营以缝纫教室Cloth&String。
http://www.cloth-string.com/

P.94
荷叶边裙子

材料（左起为100・120・140）
表布（双面印花布或棉麻床单布）
宽108~110cm 长55・55・60cm
松紧带 宽1.5cm 长50・55・55cm

成品尺寸
总长 26・28・31cm

【布料的裁剪方法】

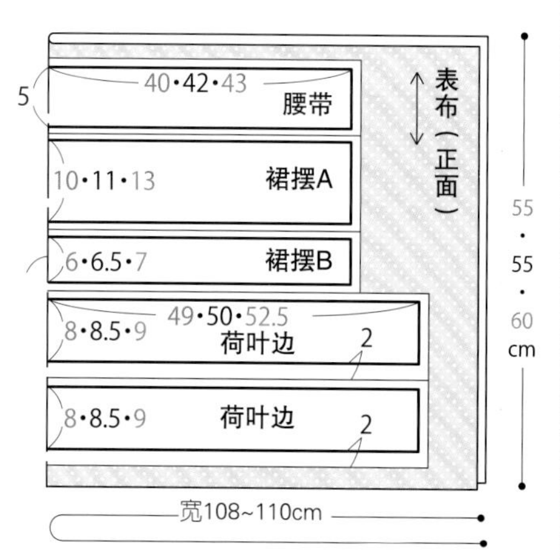

5
40•42•43
腰带
10•11•13
裙摆A
6•6.5•7
裙摆B
49•50•52.5
8•8.5•9
荷叶边
2
8•8.5•9
荷叶边
2
表布（正面）
55・55・60cm
宽108~110cm

※除指定以外缝份均为1cm
※无实物大图纸，请按照图示的尺寸直接裁剪

【制作方法顺序】

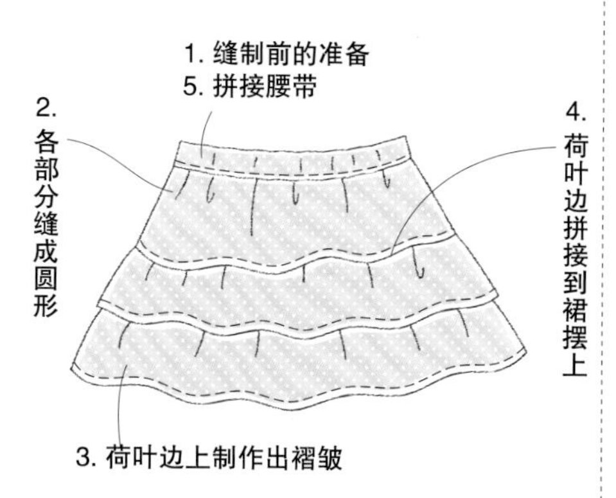

1. 缝制前的准备
5. 拼接腰带
2. 各部分缝成圆形
4. 荷叶边拼接到裙摆上
3. 荷叶边上制作出褶皱

1. 缝制前的准备

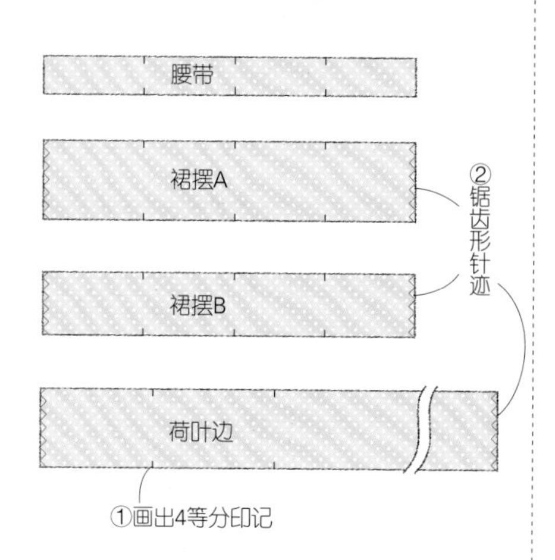

腰带
裙摆A
裙摆B
荷叶边
②锯齿形针迹
①画出4等分印记

2. 各部分缝成圆形

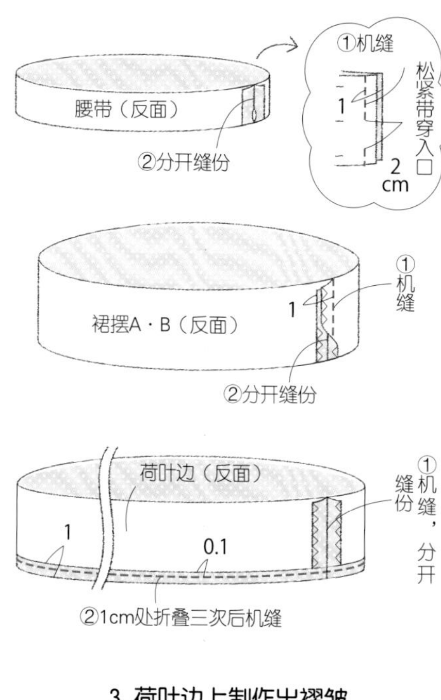

①机缝
松紧带穿入口
1
2cm
腰带（反面）
②分开缝份
裙摆A・B（反面）
1
①机缝
②分开缝份
荷叶边（反面）
①机缝，缝份分开
1
0.1
②1cm处折叠三次后机缝

3. 荷叶边上制作出褶皱

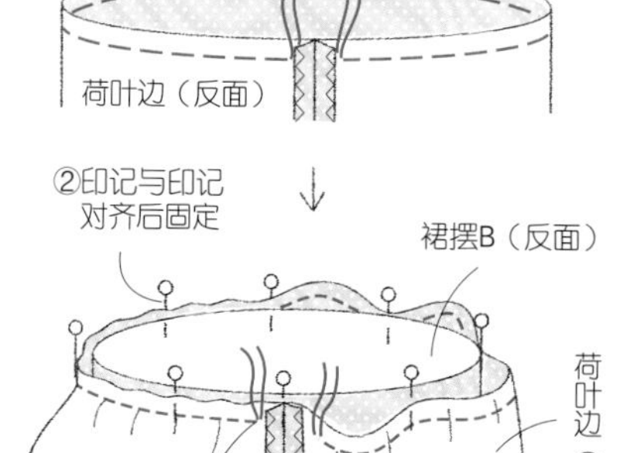

0.7
①机缝的粗针脚
荷叶边（反面）
②印记与印记对齐后固定
裙摆B（反面）
荷叶边（反面）
③拉紧线，制作出褶皱

4. 荷叶边拼接到裙摆上

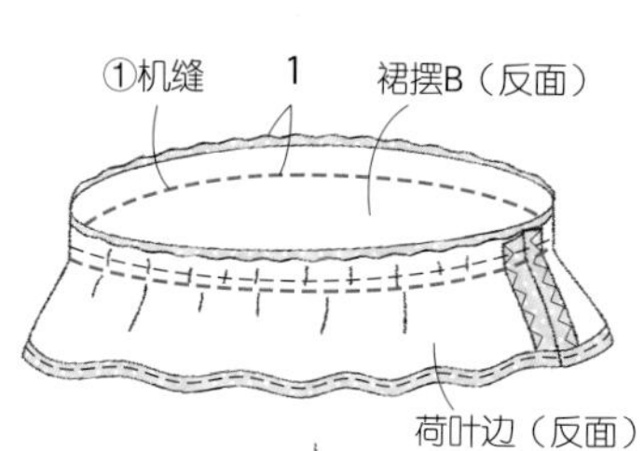

①机缝
1
裙摆B（反面）
荷叶边（反面）

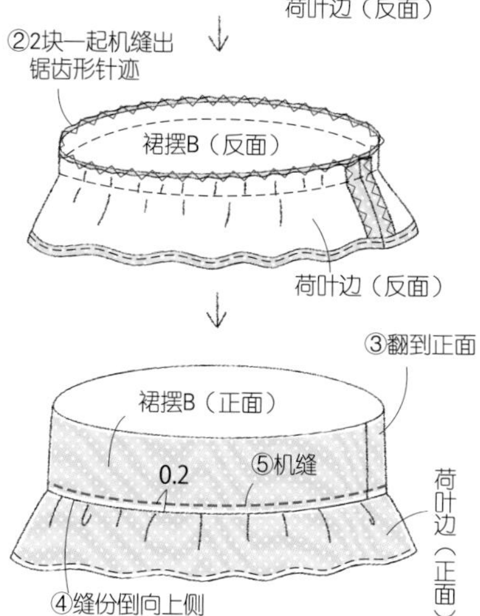

②2块一起机缝出锯齿形针迹
裙摆B（反面）
荷叶边（反面）
③翻到正面
裙摆B（正面）
0.2
⑤机缝
荷叶边（正面）
④缝份倒向上侧

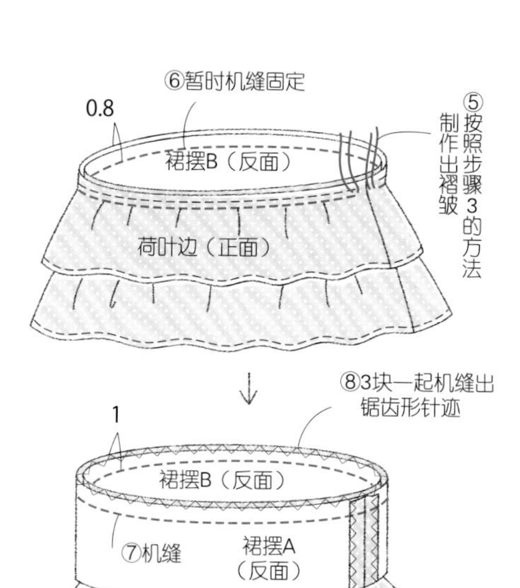

⑥暂时机缝固定
0.8
裙摆B（反面）
⑤按照步骤3的方法制作出褶皱
荷叶边（正面）

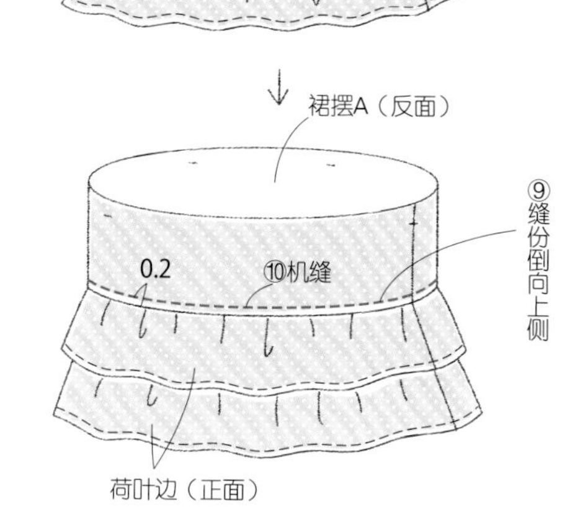

⑧3块一起机缝出锯齿形针迹
1
裙摆B（反面）
⑦机缝
裙摆A（反面）

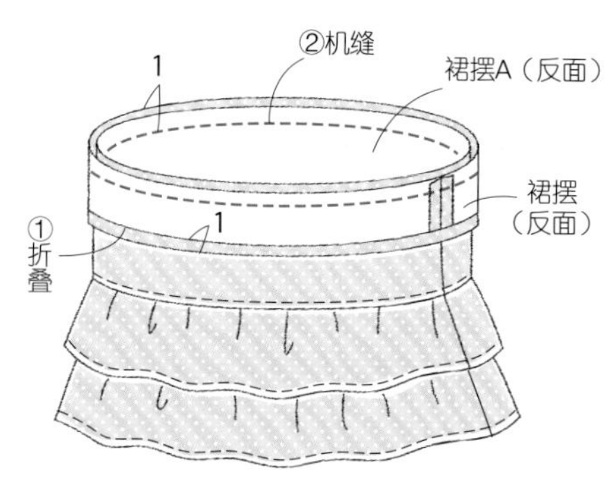

裙摆A（反面）
⑨缝份倒向上侧
0.2
⑩机缝
荷叶边（正面）

5. 拼接腰带

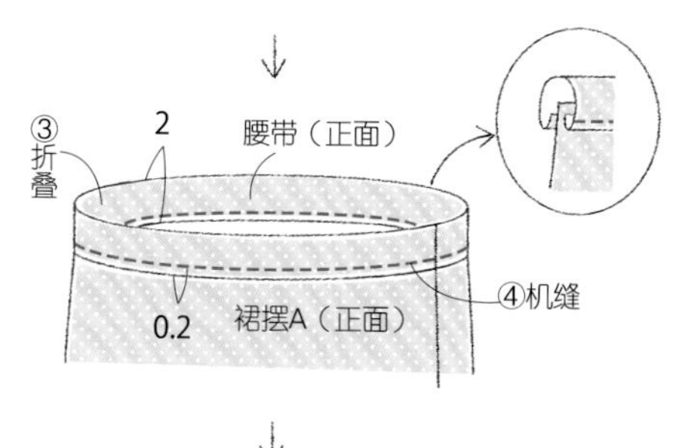

1
②机缝
裙摆A（反面）
裙摆（反面）
①折叠
1
③折叠
2
腰带（正面）
0.2
裙摆A（正面）
④机缝

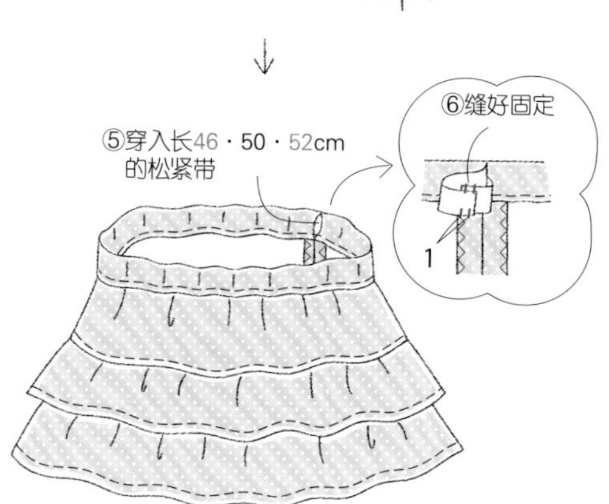

⑤穿入长46・50・52cm的松紧带
⑥缝好固定
1

P.95
泡泡连衣裙

材料

表布（棉质净色）宽110cm长1.1・1.1・1.3m
其它布料（双面印花布）宽110cm长0.8・0.8・1m
粘合芯 宽10cm 长40cm
钮扣 15mm 4颗

成品尺寸

总长 约60.5・70.5・82cm
胸围 约61.5・69.5・75.5cm

实物大图纸 D面

【布料的裁剪方法】

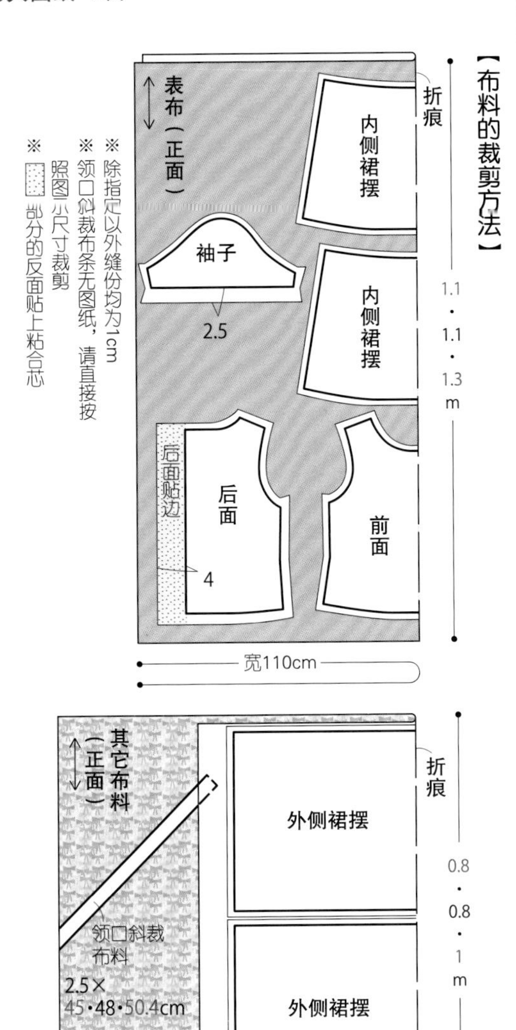

表布（正面）
折痕
内侧裙摆
袖子
2.5
内侧裙摆
后面贴边
后面
前面
4
1.1・1.1・1.3m
宽110cm
※除指定以外缝份均为1cm
※领口斜裁布条无图纸，请直接按照图示尺寸裁剪
※ 部分的反面贴上粘合芯
其它布料（正面）
折痕
外侧裙摆
外侧裙摆
领口斜裁布料
2.5×45・48・50.4cm
（反面）
0.8・0.8・1m
宽110cm

【制作方法顺序】

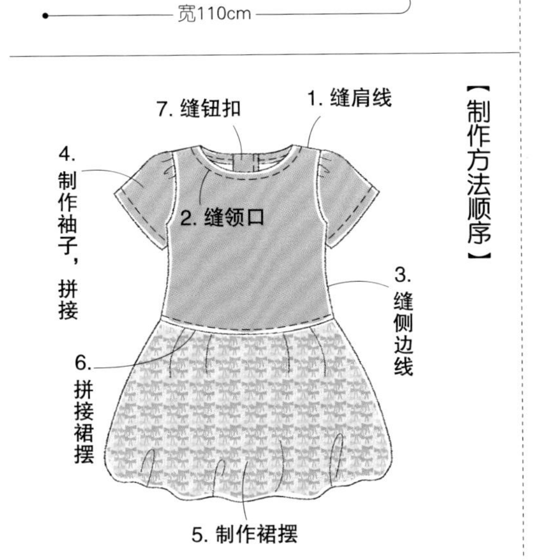

7. 缝钮扣
1. 缝肩线
4. 制作袖子，拼接
2. 缝领口
3. 缝侧边线
6. 拼接裙摆
5. 制作裙摆

1. 缝肩线

后面（正面）
1
③缝份倒向后侧
②2块一起机缝出锯齿形针迹
①机缝
前面（反面）

2. 缝领口

领口斜裁布料（反面）
前面（正面）
②机缝
1
③剪成0.5cm
背面（正面）
1
①折叠
3
后面贴边（反面）
1

前面（反面）
0.8
斜裁布条（正面）
后面（反面）
⑤机缝
0.1
④翻到正面
后面贴边（正面）

3. 缝侧边线

后面中心
前面（正面）
后面贴边（正面）
④缝份倒向后侧
②机缝
1
③2块一起机缝出锯齿形针迹
0.5
①重叠后暂时机缝固定

4. 制作袖子，拼接

①机缝的粗针脚
0.5
③2块一起机缝出锯齿形针迹
0.2
袖子（反面）
②机缝
⑤拉紧线，制作出褶皱
0.1
1.5
④折叠3次后机缝
⑦2块一起机缝出锯齿形针迹
前面（反面）
袖子（反面）
⑥机缝

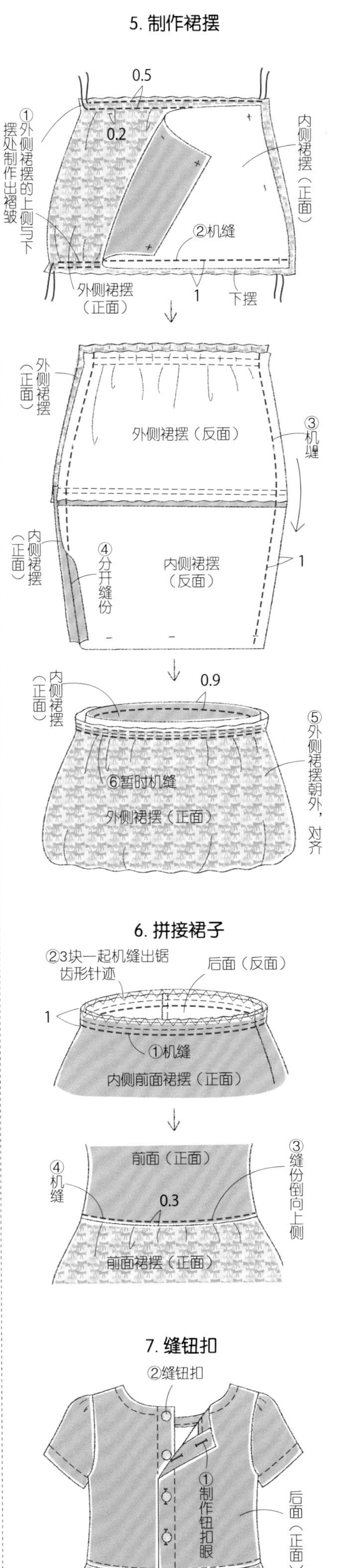

5. 制作裙摆
0.5
0.2
①外侧裙摆的上侧与下摆处制作出褶皱
内侧裙摆（正面）
②机缝
外侧裙摆（正面）
1
下摆
外侧裙摆（正面）
外侧裙摆（反面）
③机缝
内侧裙摆（正面）
④分开缝份
内侧裙摆（反面）
1
内侧裙摆（正面）
0.9
⑤外侧裙摆朝外，对齐
⑥暂时机缝
外侧裙摆（正面）
6. 拼接裙子
②3块一起机缝出锯齿形针迹
后面（反面）
1
①机缝
内侧前面裙摆（正面）
前面（正面）
④机缝
0.3
③缝份倒向上侧
前面裙摆（正面）
7. 缝钮扣
②缝钮扣
①制作钮扣眼
后面（正面）

灯笼裤

换一下布料颜色，就能制作出男孩和女孩们喜爱的、时尚感十足的灯笼裤。搭配T恤、衬衫都可以哦。

制作方法 / P.100

实物大图纸 / D面

表布=男孩 金奈方格棉布・蓝色×橙色
女孩 彩色亚麻・灰蓝色

作品制作= Kobayashi Kaori
从事儿童服饰、大人服饰制作的服饰作家。

背面

套头衫

凉爽的秋风阵阵吹来，T恤上再穿一件套头衫吧。羊毛混合材质，穿到冬天也OK。

制作方法 / P.101

实物大图纸 / D面

布料= 05043 Woolmixed Tartan Check-#06

P.98
灯笼裤

材料

表布（棉质方格布或彩色亚麻）宽110cm 长1.3・1.5・1.6m

松紧带 宽2cm 长50・55・55cm

成品尺寸

总长 约39・47・56cm

实物大图纸 D面

【布料的裁剪方法】

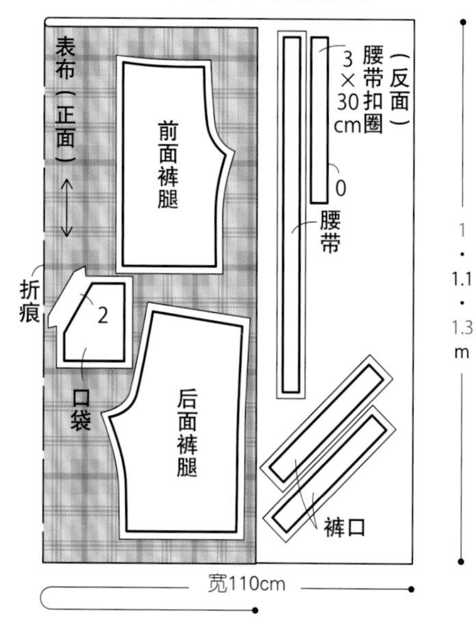

表布（正面）
前面裤腿
后面裤腿
口袋
折痕
腰带扣圈（反面）
3×30cm
腰带
裤口
宽110cm
1・1.1・1.3m

※除指定以外缝份均为1cm

※腰带扣圈无图纸，请直接按照图示方法裁剪

【制作方法顺序】

6. 拼接腰带
1. 拼接口袋
2. 缝立裆线
5. 缝裤口线
4. 缝侧边线
3. 缝下裆线

1. 拼接口袋

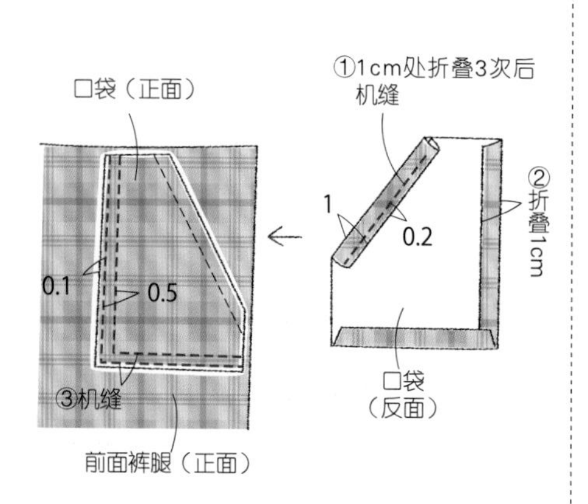

口袋（正面）
①1cm处折叠3次后机缝
②折叠1cm
0.2
1
0.1
0.5
③机缝
口袋（反面）
前面裤腿（正面）

2. 缝立裆线

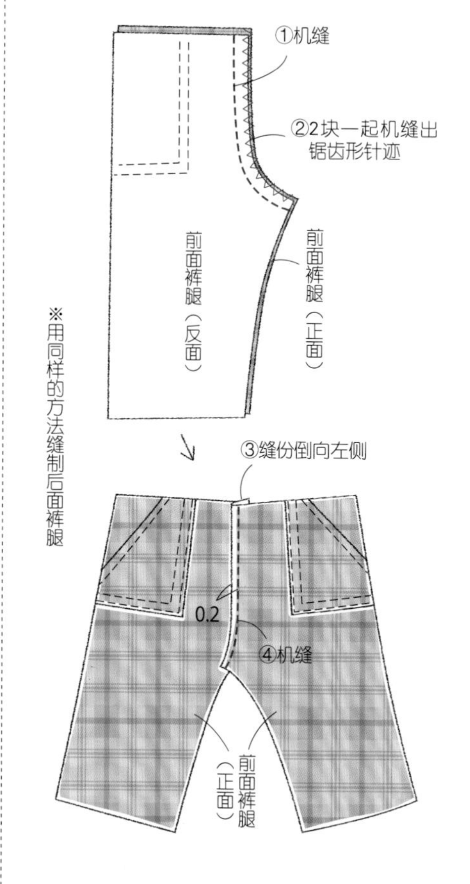

①机缝
②2块一起机缝出锯齿形针迹
前面裤腿（反面）
前面裤腿（正面）
※用同样的方法缝制后面裤腿
③缝份倒向左侧
0.2
④机缝
前面裤腿（正面）

3. 缝下裆线

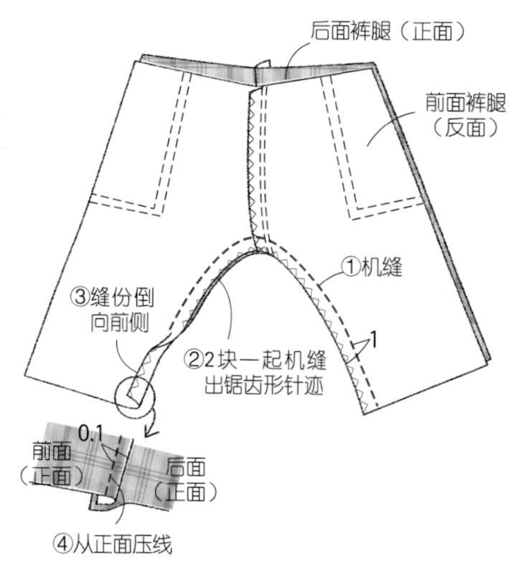

后面裤腿（正面）
前面裤腿（反面）
①机缝
③缝份倒向前侧
②2块一起机缝出锯齿形针迹
1
0.1
前面（正面）
后面（正面）
④从正面压线

4. 缝侧边线

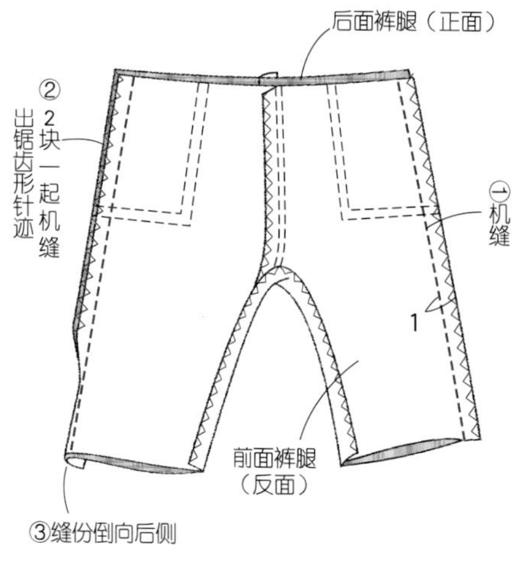

后面裤腿（正面）
②2块一起机缝出锯齿形针迹
①机缝
1
前面裤腿（反面）
③缝份倒向后侧

5. 缝裤口线

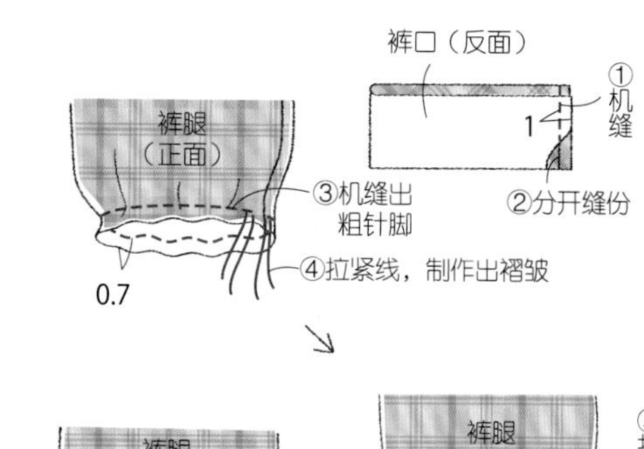

裤口（反面）
①机缝
1
②分开缝份
裤腿（正面）
③机缝出粗针脚
④拉紧线，制作出褶皱
0.7

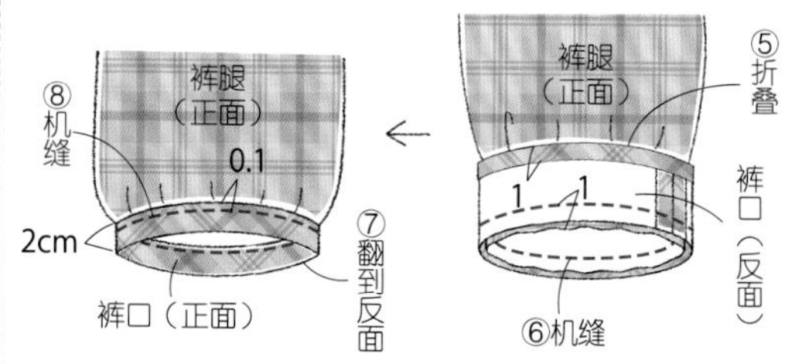

裤腿（正面）
⑤折叠
裤口（反面）
1
1
⑥机缝
⑧机缝
0.1
2cm
裤口（正面）
⑦翻到反面

6. 拼接腰带

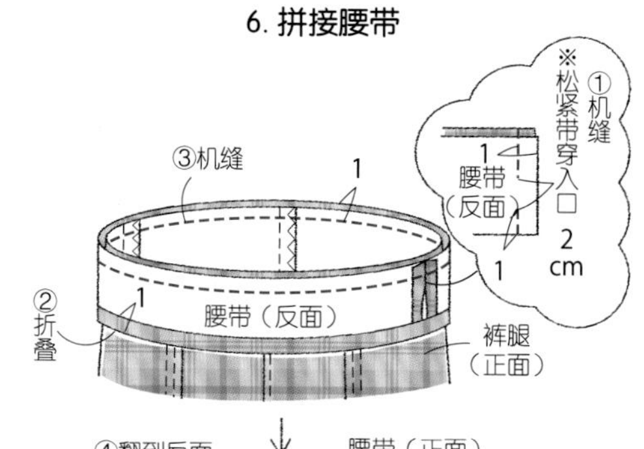

③机缝
1
※①机缝
松紧带穿入口
1
腰带（反面）
2cm
1
②折叠
1
腰带（反面）
裤腿（正面）

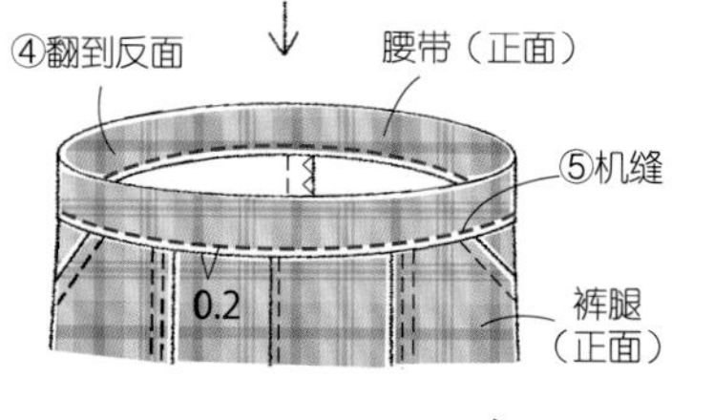

④翻到反面
腰带（正面）
⑤机缝
0.2
裤腿（正面）

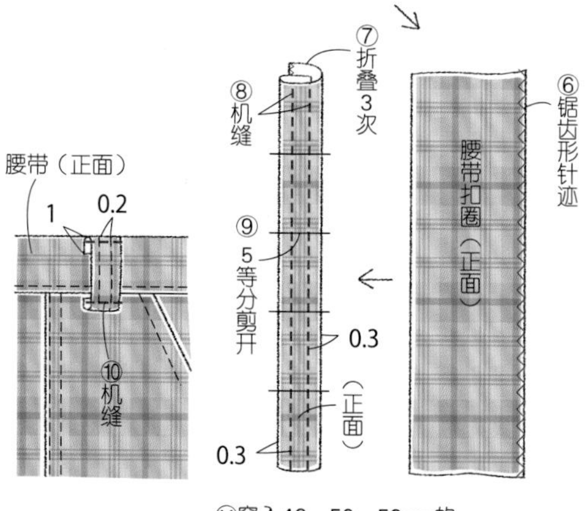

⑦折叠3次
⑧机缝
⑥锯齿形针迹
腰带扣圈（正面）
腰带（正面）
1
0.2
⑨5等分剪开
0.3
⑩机缝
（正面）
0.3

⑪穿入46、50、52cm的松紧带

※与P.96的步骤5相同

P.99
套头衫

材料
表布（棉质、羊毛方格）粘合芯 宽25cm 长25cm

成品尺寸
总长 约42・50・52cm
胸围 约72・80・86cm

实物大图纸 D面

【布料的裁剪方法】

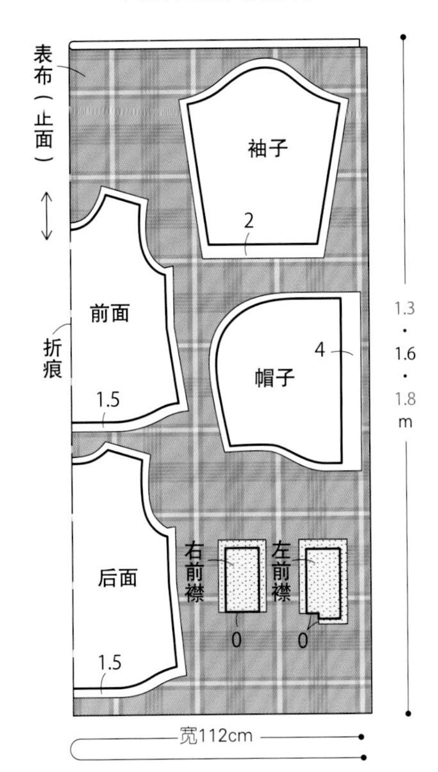
表布（正面）
袖子
2
前面
折痕
1.5
帽子
4
后面
右前襟
左前襟
0
0
1.5
1.3・1.6・1.8m
宽112cm

※除指定以外缝份均为1cm
※ 部分的反面贴上粘合芯

【制作方法顺序】

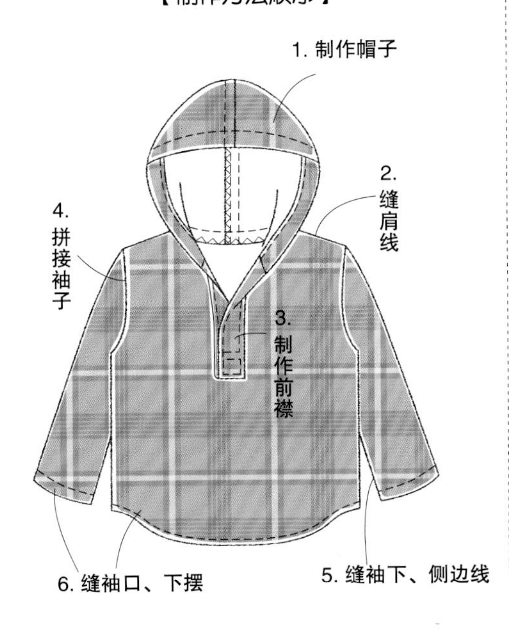
1. 制作帽子
2. 缝肩线
4. 拼接袖子
3. 制作前襟
6. 缝袖口、下摆
5. 缝袖下、侧边线

1. 制作帽子

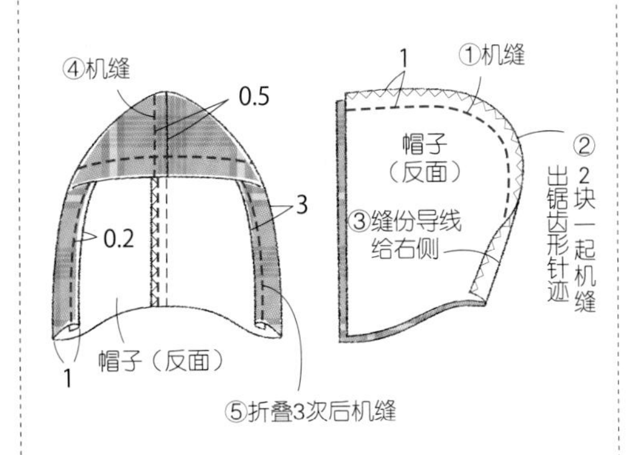
④机缝
0.5
3
0.2
1
帽子（反面）
⑤折叠3次后机缝
1
①机缝
帽子（反面）
③缝份导线给右侧
②2块一起机缝出锯齿形针迹

2. 缝肩线

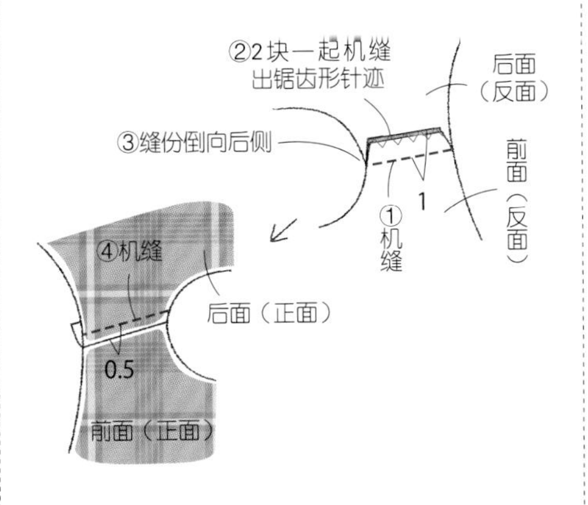
②2块一起机缝出锯齿形针迹
③缝份倒向后侧
后面（反面）
前面（反面）
①机缝
1
④机缝
后面（正面）
0.5
前面（正面）

3. 制作前襟

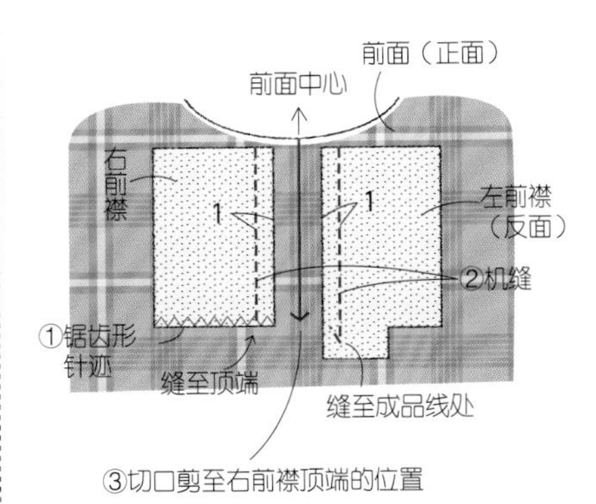
前面（正面）
前面中心
右前襟
左前襟（反面）
1
1
②机缝
①锯齿形针迹
缝至顶端
缝至成品线处
③切口剪至右前襟顶端的位置

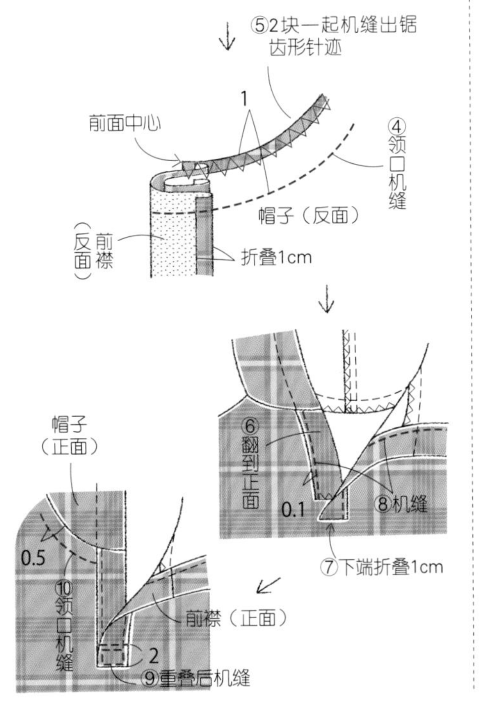
⑤2块一起机缝出锯齿形针迹
前面中心
1
④领口机缝
帽子（反面）
前襟（反面）
折叠1cm
⑥翻到正面
0.1
⑧机缝
⑦下端折叠1cm
帽子（正面）
0.5
⑩领口机缝
前襟（正面）
2
⑨重叠后机缝

4.拼接袖子

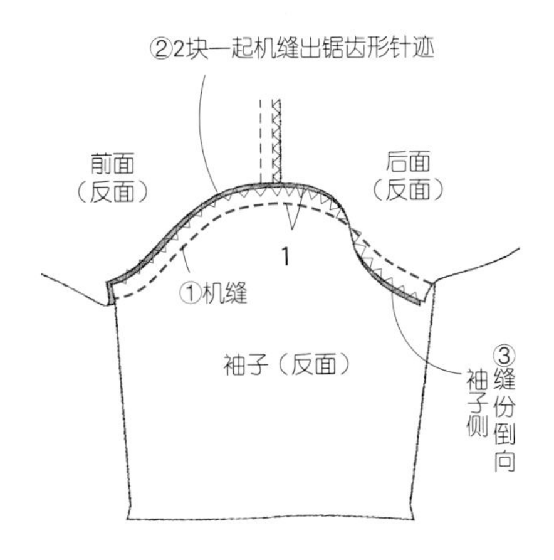
②2块一起机缝出锯齿形针迹
前面（反面）
后面（反面）
1
①机缝
袖子（反面）
③缝份倒向袖子侧

5. 缝袖下、侧边线

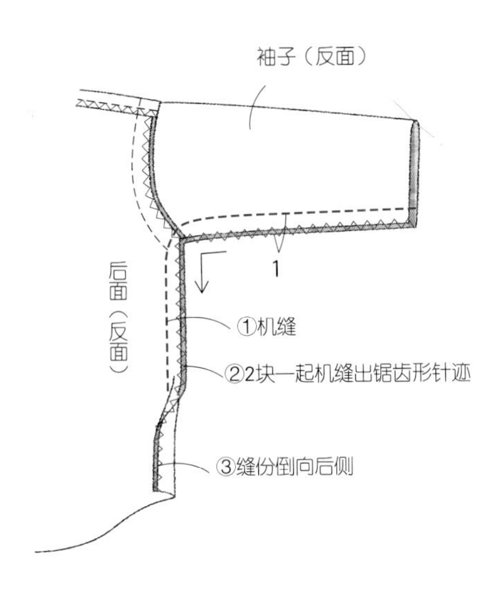
袖子（反面）
1
后面（反面）
①机缝
②2块一起机缝出锯齿形针迹
③缝份倒向后侧

6. 缝袖口、下摆线

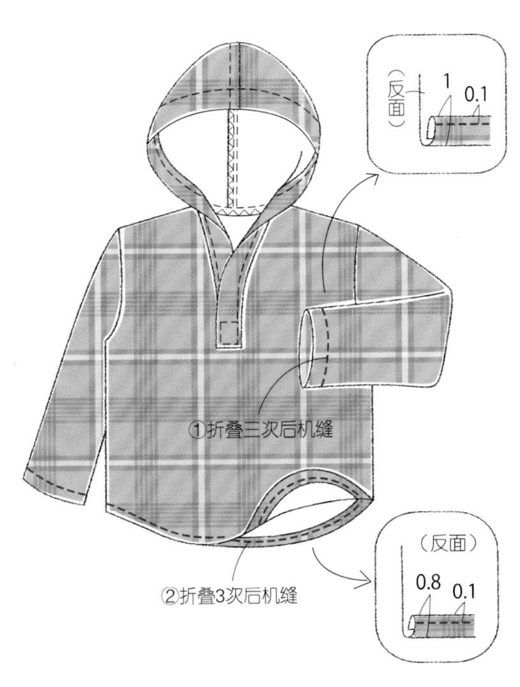
（反面）
1
0.1
①折叠三次后机缝
②折叠3次后机缝
（反面）
0.8
0.1

围裙套装

沿线缝好即可制作简单的围裙。肩带中加入了松紧带，伸缩性好，三角头巾带有打结绳带，小朋友一个人也能把它穿好哦。

制作方法 / P.104

布料=表布 Petite Odile（13613-11）其它布料 Petite Odile（13529-62）

作品制作=木村麻实（handmade）三毛工房
帽子设计师。制作帽子的空闲期间还会设计制作手提包、小物件等。
http://www.geocities.jp/handmade_mike_mameco/

小挎包

外出时的搭配亮点，给孩子们做个小挎包吧。包口采用弹簧扣开合，简单方便。低调的褶皱反而增加了几分可爱。

制作方法 / P.105
实物大图纸 / D面

布料=表布 双面印花布（Mabelle 3637013CE）
　　　里布 彩色亚麻 皇家紫（130100650C）

作品制作=木村麻实

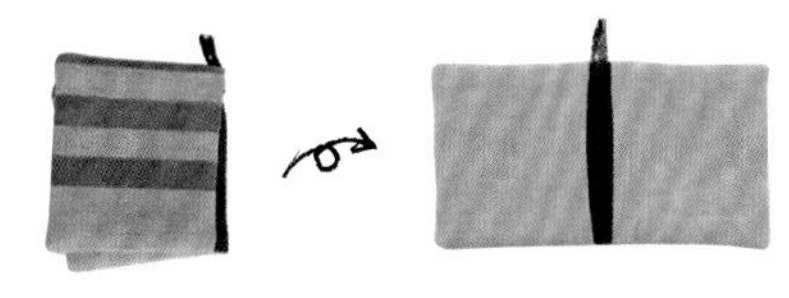

手套

用制作儿童服饰剩下的布料随意缝制的手套。口袋型的设计方便实用，展开后还可以直接用作锅垫，非常多用。

制作方法 / P.105

作品制作=松村直美
每天都在制作手提包、西服、缝纫品种愉快度过。
http://ten10handmade.blog.fc2.com/

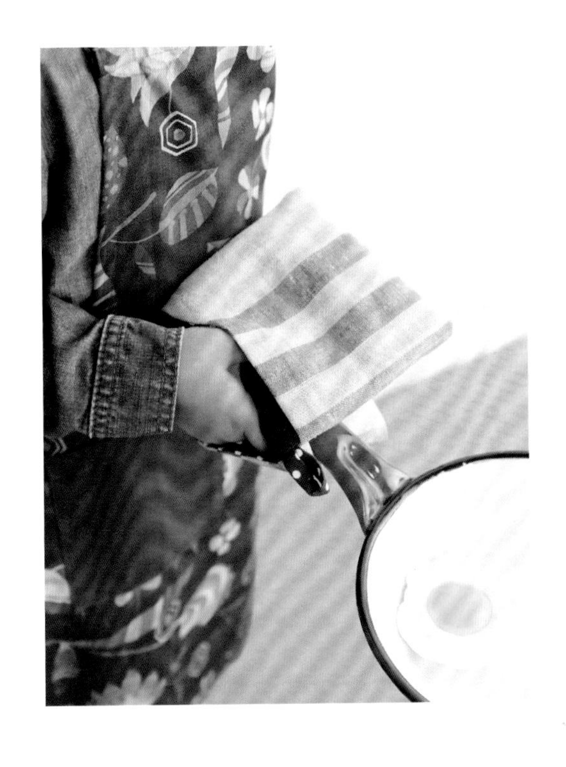

P.102
围裙套装

材料

表布（棉质印花布）宽110cm 长1.2m
其它布料（棉质净色）宽55cm 长50cm
棉质布条 宽2.2cm 长1.4cm
松紧带 宽2cm 长35cm

成品尺寸

总长 约54cm（围裙）

【布料的裁剪方法】

※除指定以外缝份均为1cm
※围裙套装无图纸。请直接按照图示尺寸裁剪

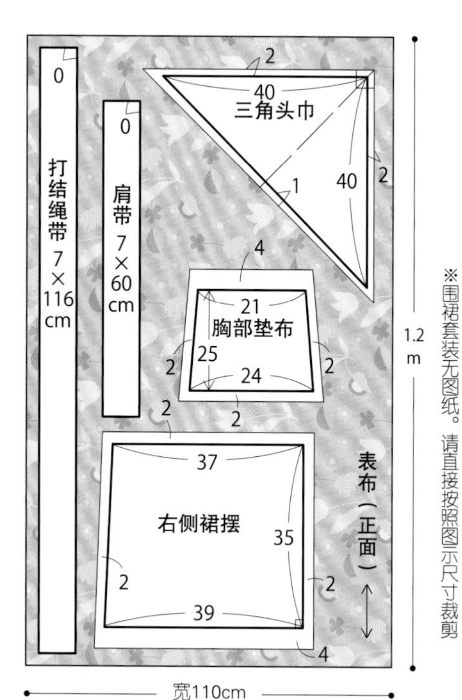

打结绳带 7×116cm
肩带 7×60cm
三角头巾
40
40
胸部垫布
21
25
24
右侧裙摆
37
35
39
表布（正面）
1.2m
宽110cm

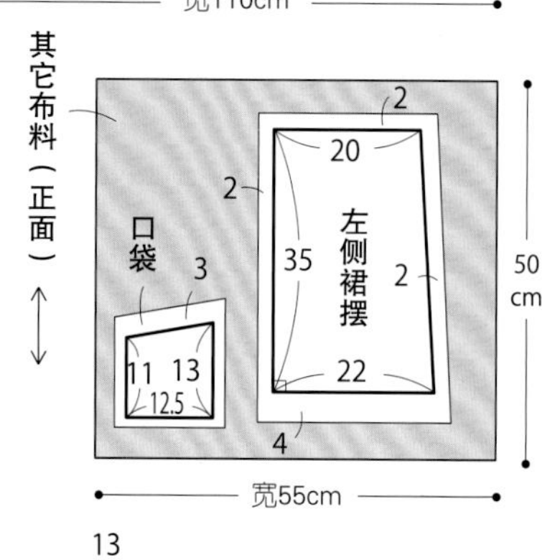

其它布料（正面）
口袋
11
13
12.5
左侧裙摆
20
35
22
50cm
宽55cm

【制作方法顺序】

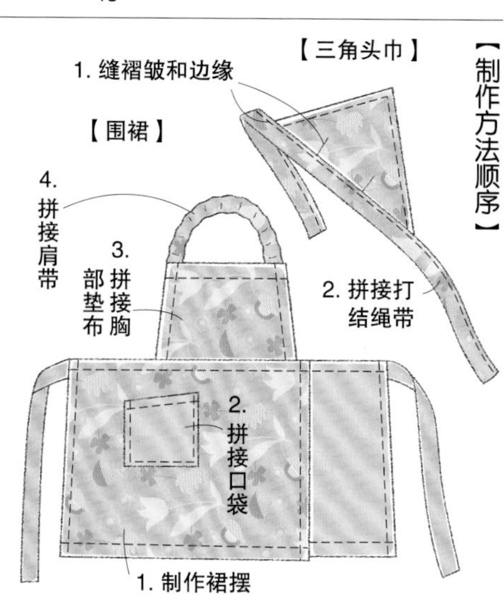

【三角头巾】
1. 缝褶皱和边缘
2. 拼接打结绳带
【围裙】
4. 拼接肩带
3. 拼接胸部垫布
2. 拼接口袋
1. 制作裙摆

【围裙】
1. 制作裙摆

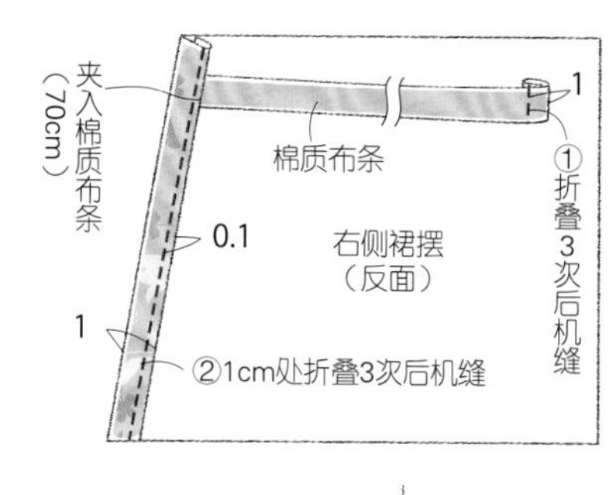

夹入棉质布条（70cm）
棉质布条
①折叠3次后机缝
右侧裙摆（反面）
②1cm处折叠3次后机缝

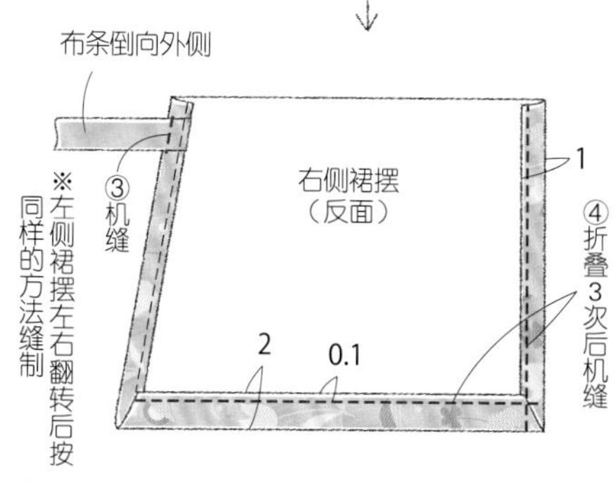

布条倒向外侧
③机缝
右侧裙摆（反面）
④折叠3次后机缝
※左侧裙摆左右翻转后按同样的方法缝制

2. 拼接口袋

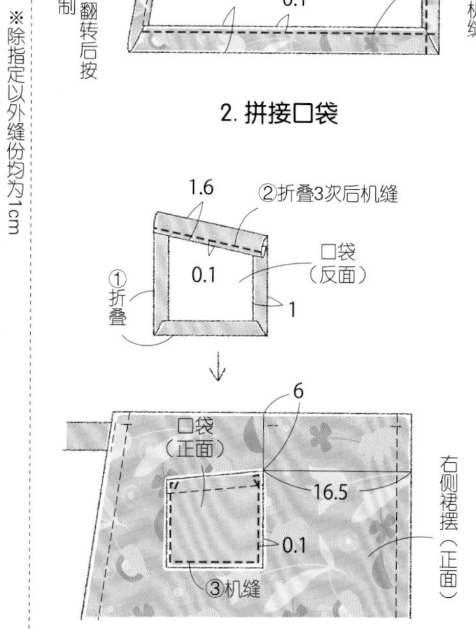

②折叠3次后机缝
①折叠
口袋（反面）
口袋（正面）
16.5
③机缝
右侧裙摆（正面）

3. 拼接胸部垫布

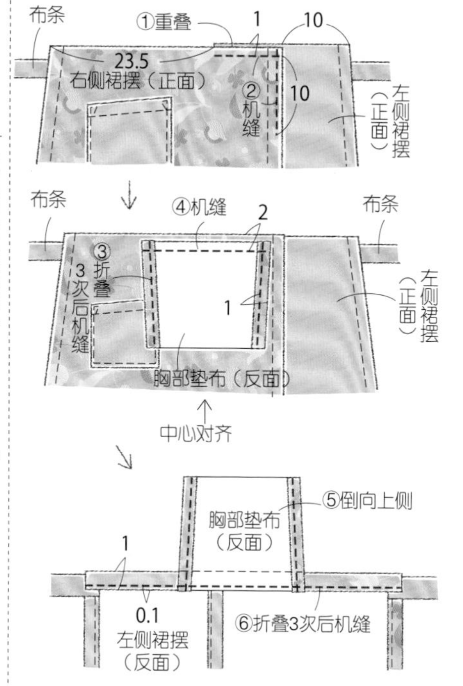

布条
①重叠
23.5
右侧裙摆（正面）
②机缝
左侧裙摆（正面）
④机缝
③折叠3次后机缝
胸部垫布（反面）
中心对齐
⑤倒向上侧
胸部垫布（反面）
左侧裙摆（反面）
⑥折叠3次后机缝

4. 拼接肩带

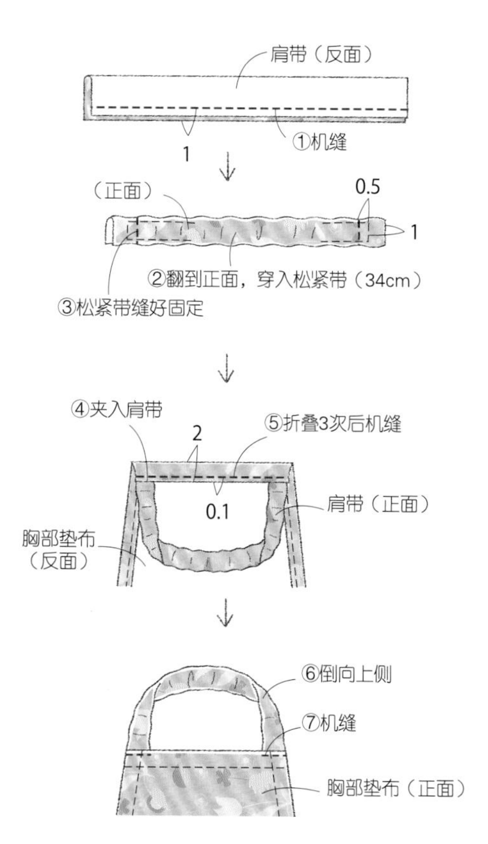

肩带（反面）
①机缝
（正面）
②翻到正面，穿入松紧带（34cm）
③松紧带缝好固定
④夹入肩带
⑤折叠3次后机缝
肩带（正面）
胸部垫布（反面）
⑥倒向上侧
⑦机缝
胸部垫布（正面）

【三角头巾】
1. 缝褶皱和边缘

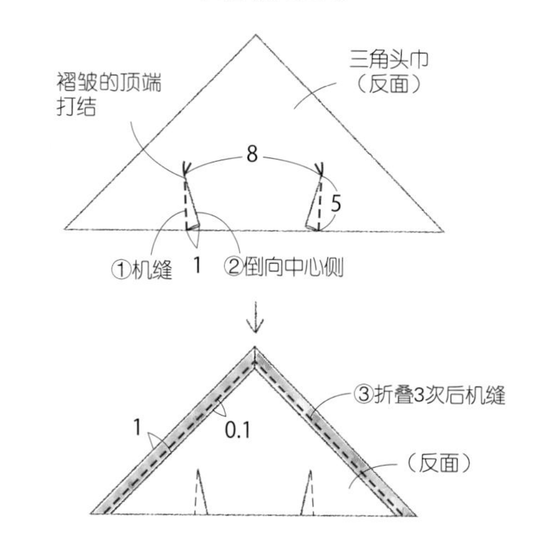

褶皱的顶端打结
三角头巾（反面）
①机缝
②倒向中心侧
③折叠3次后机缝
（反面）

2. 拼接打结绳带

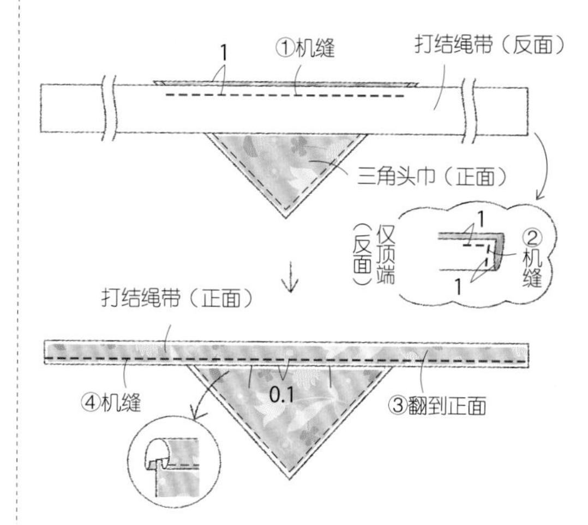

①机缝
打结绳带（反面）
三角头巾（正面）
（反面）仅顶端
②机缝
打结绳带（正面）
④机缝
③翻到正面

P.103
儿童小挎包

材料

表布（双面印花布）宽60cm 长20cm
里布（彩色亚麻）宽60cm 长20cm
弹簧口 12cm 1个
圆形扣 0.5cm 2个
链子 1m

成品尺寸

20×14cm

实物大图纸 D面

【布料的裁剪方法】

※留出1cm的缝份
※腰带无图纸，请直接按图示尺寸裁剪

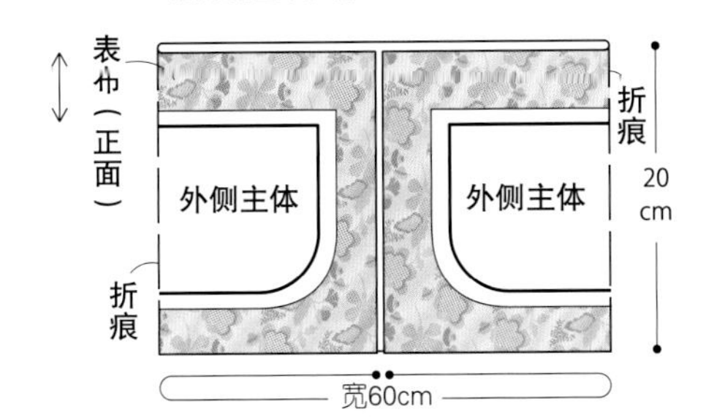

表布（正面）
折痕
外侧主体
外侧主体
折痕
20cm
宽60cm

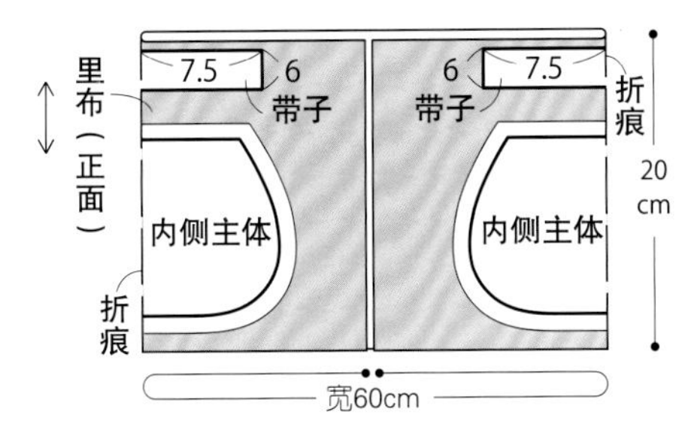

里布（正面）
7.5
6
带子
6
7.5
带子
折痕
内侧主体
内侧主体
折痕
20cm
宽60cm

【制作方法顺序】

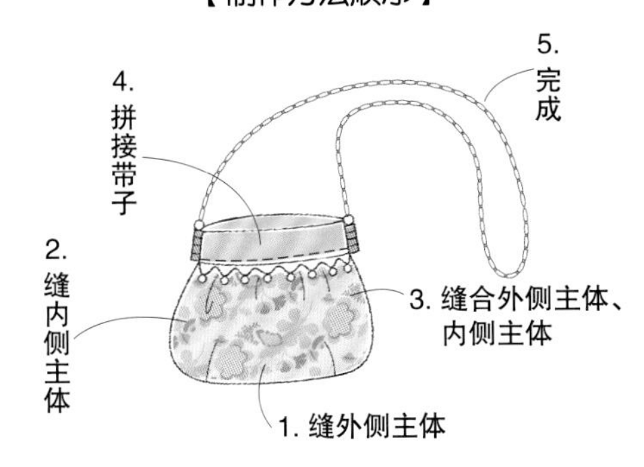

5. 完成
4. 拼接带子
2. 缝内侧主体
3. 缝合外侧主体、内侧主体
1. 缝外侧主体

1. 缝外侧主体

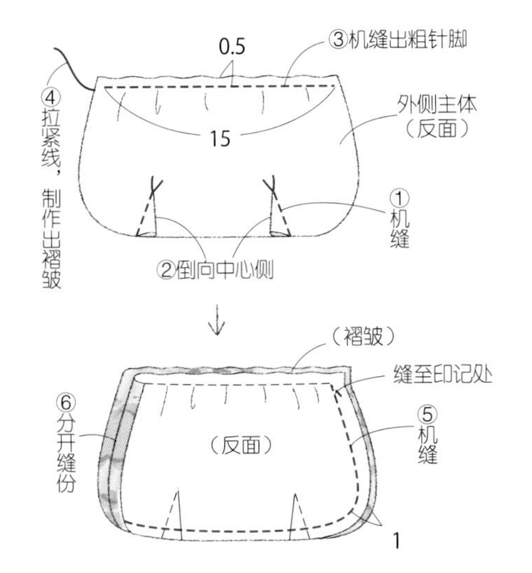

0.5
③机缝出粗针脚
④拉紧线，制作出褶皱
15
外侧主体（反面）
①机缝
②倒向中心侧
（褶皱）
缝至印记处
⑥分开缝份
（反面）
⑤机缝
1

2. 缝内侧主体

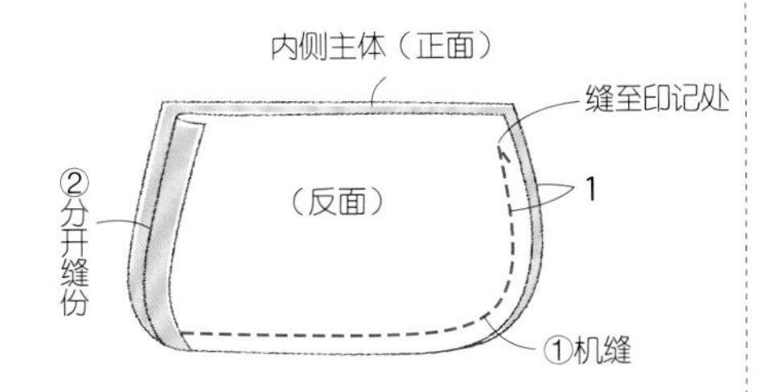

内侧主体（正面）
缝至印记处
②分开缝份
（反面）
1
①机缝

3. 缝合外侧、内侧主体

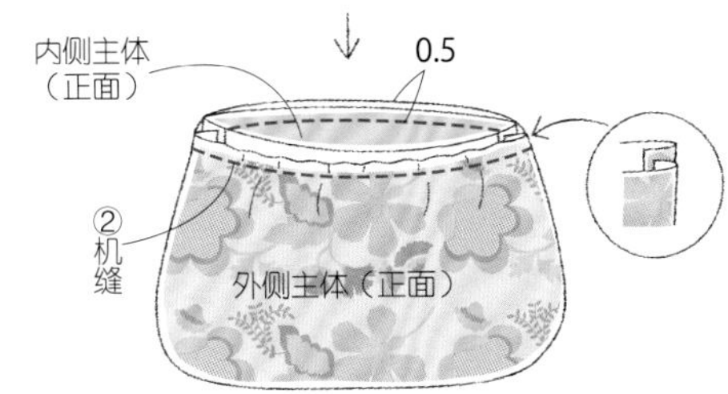

①外侧主体放入中间
内侧主体（反面）
外侧主体（正面）

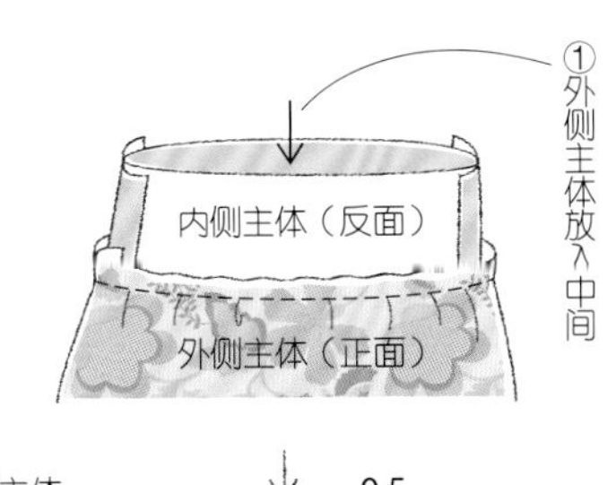

内侧主体（正面）
0.5
②机缝
外侧主体（正面）

4. 拼接带子

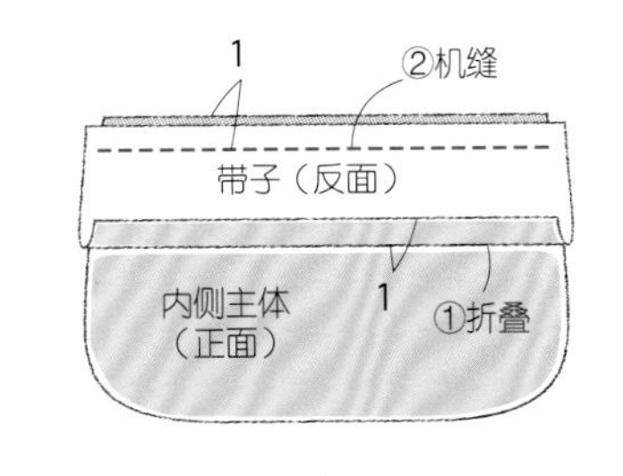

1
②机缝
带子（反面）
内侧主体（正面）
1
①折叠

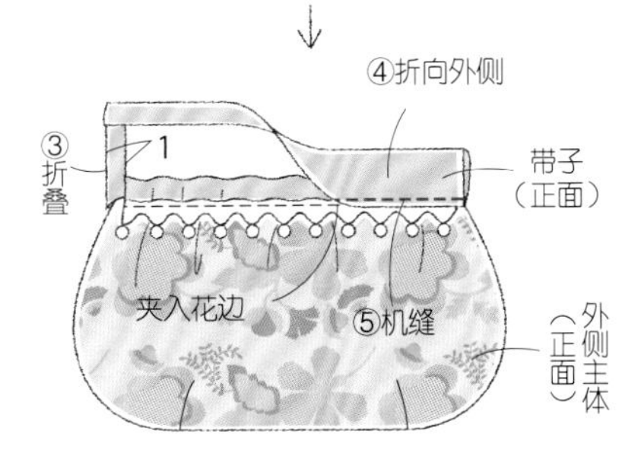

④折向外侧
③折叠
1
带子（正面）
夹入花边
⑤机缝
外侧主体（正面）

5. 完成

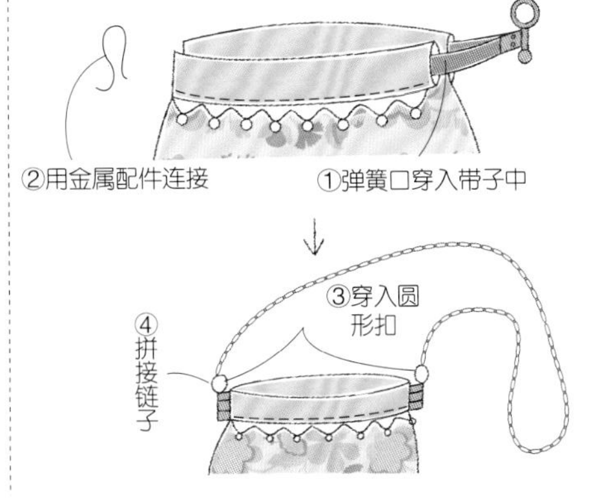

②用金属配件连接
①弹簧口穿入带子中
③穿入圆形扣
④拼接链子

P.103
手套

材料

表布（亚麻条纹）宽50cm 长20cm
里布（亚麻净色）宽30cm 长20cm
其它布料（棉质圆点）宽45cm 长20cm
粘合铺棉芯 15×24cm

成品尺寸

13×22cm

【布料的裁剪方法】

※除指定以外缝份均为1cm
※无实物大图纸，请按图示尺寸直接裁剪

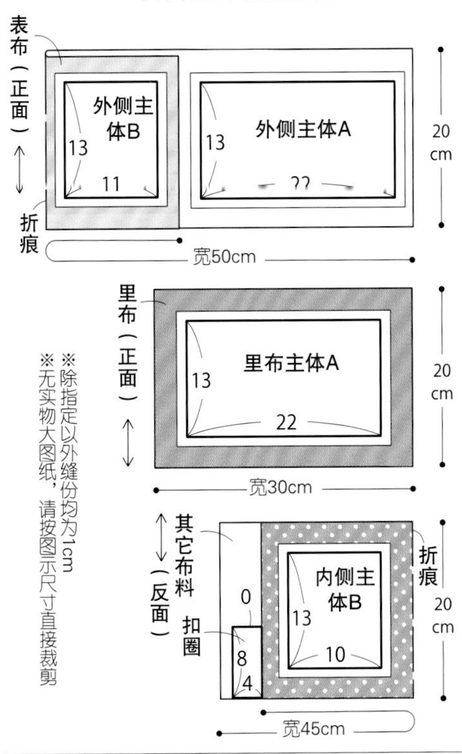

表布（正面）
外侧主体B
13
11
外侧主体A
13
20cm
折痕
宽50cm
里布（正面）
里布主体A
13
22
20cm
宽30cm
其它布料（反面）
内侧主体B
0
13
10
扣圈
8
4
折痕
20cm
宽45cm

【制作方法顺序】

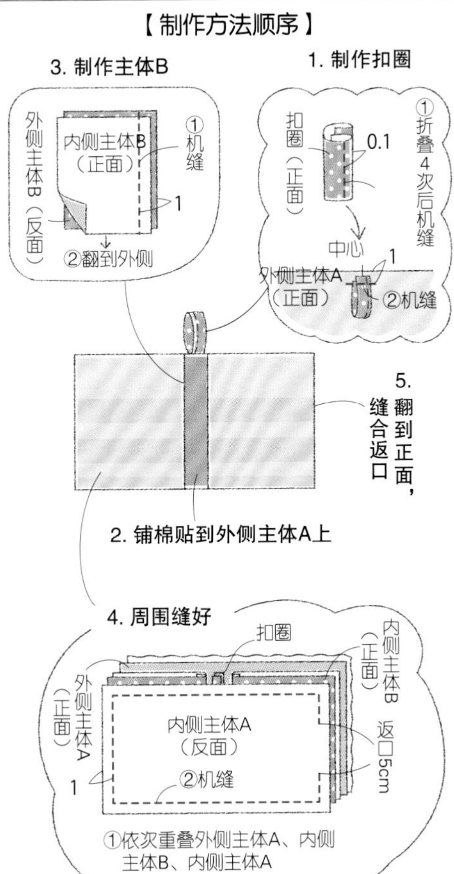

3. 制作主体B
外侧主体B（反面）
内侧主体B（正面）
①机缝
1
②翻到外侧
1. 制作扣圈
扣圈（正面）
0.1
①折叠4次后机缝
中心
1
外侧主体A（正面）
②机缝
5. 翻到正面，缝合返口
2. 铺棉贴到外侧主体A上
4. 周围缝好
扣圈
内侧主体B（正面）
外侧主体A（正面）
内侧主体A（反面）
返口5cm
1
②机缝
①依次重叠外侧主体A、内侧主体B、内侧主体A

钮扣饰品

洋溢巴黎香气的彩色钮扣，拼接到毛毡基底上，制作成鞋子别扣或胸针。钮扣既有圆形也有方形，大小、颜色各异，多种混合才最可爱。

钮扣=贝壳花样钮扣 25mm（F-103-25A・C・T）贝壳圆形钮扣花样 15mm（F-301-15B・E）贝壳四方形钮扣 14mm（F-102-14S）

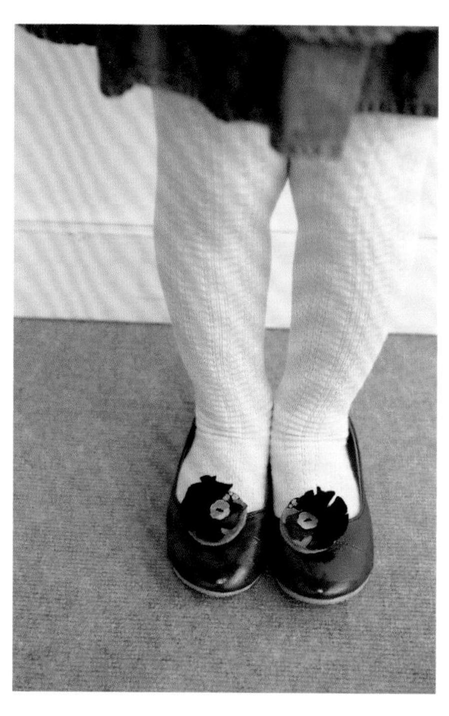

钮扣=贝壳四方形钮扣 20mm（F-102-20C・S）贝壳四方形钮扣 14mm （F-102-14H・L）贝壳圆形钮扣花样 15mm（F-301-15B）贝壳花样钮扣 14mm（F-103-14A）

【制作方法顺序】

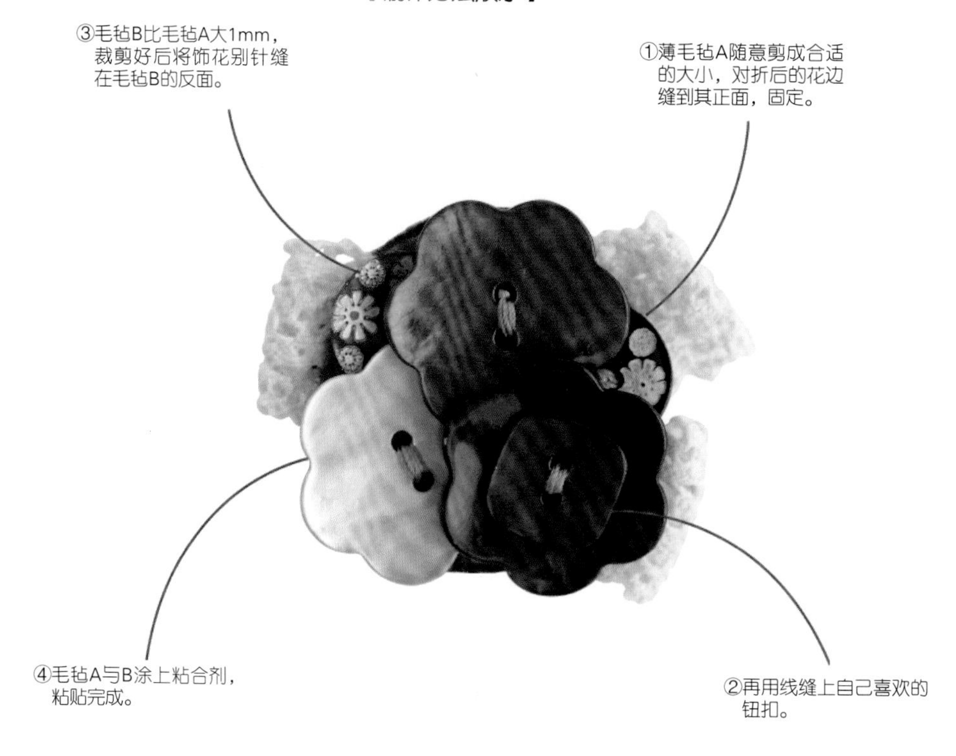
①薄毛毡A随意剪成合适的大小，对折后的花边缝到其正面，固定。
②再用线缝上自己喜欢的钮扣。
③毛毡B比毛毡A大1mm，裁剪好后将饰花别针缝在毛毡B的反面。
④毛毡A与B涂上粘合剂，粘贴完成。

实物大图纸的使用方法

摄影=藤田律子 版面设计=梅宫真纪子 插图=白井郁美 编辑=并木爱

1. 裁下图纸

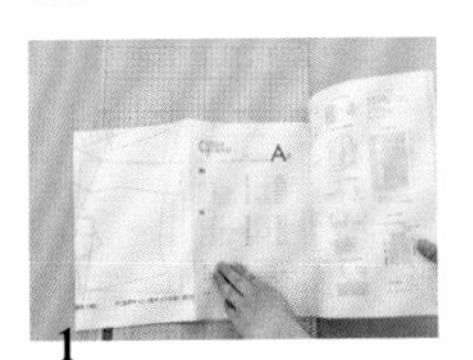

1 将折叠的图纸展开，沿裁剪线放到裁纸垫板上。

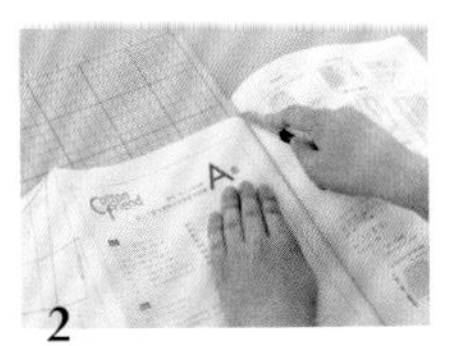

2 用裁纸刀裁剪。

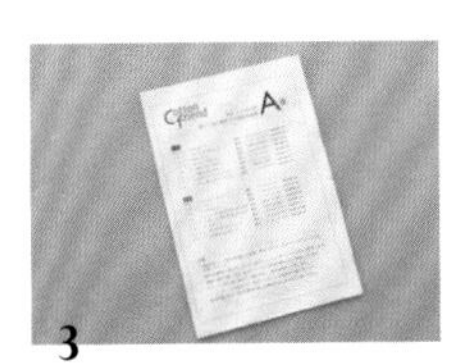

3 裁剪整齐。

2. 复写所需图纸

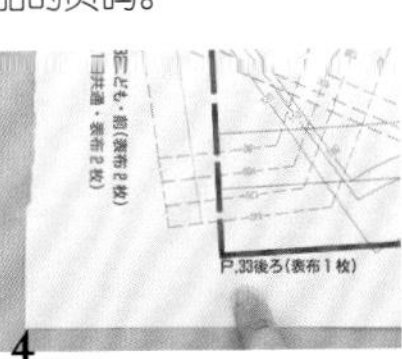

1 检查索引及各作品制作页面中刊登的图纸。

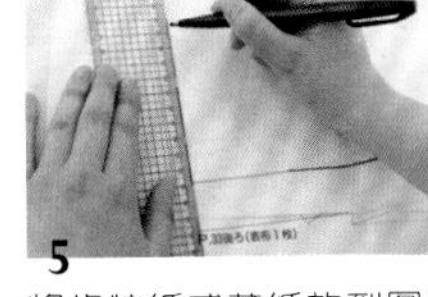

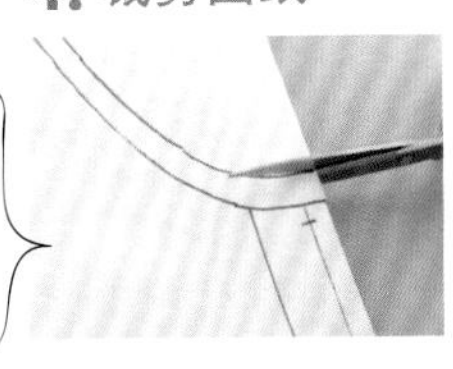

2 检查图纸封面上的作品名，线型、部件数量。

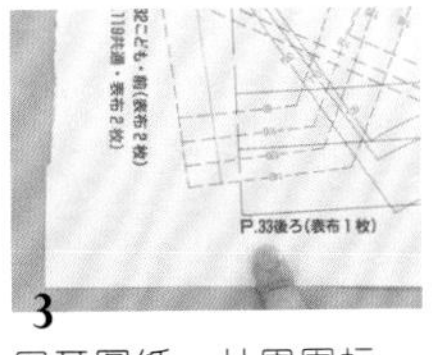

3 展开图纸，从周围标记的文字中找到该作品的页码。

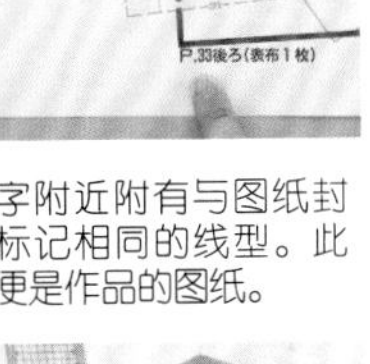

4 文字附近附有与图纸封面标记相同的线型。此线便是作品的图纸。

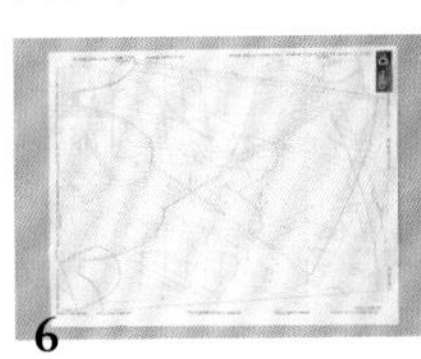

5 将肯特纸或薄纸放到图纸上，描绘出该作品的尺寸线。

6 如看不清楚可用彩色铅笔等描出必要的线做参考。

7 记得画出袖山、纽扣位置、对齐印记、布纹线等。

8 图纸绘制完成。

・为了便于观看此处使用了签字笔，实际操作时请选择铅笔或自动铅笔。

3. 留出缝份

[布料的裁剪方法]
※ 除指定以外均留出1cm的缝份后再裁剪

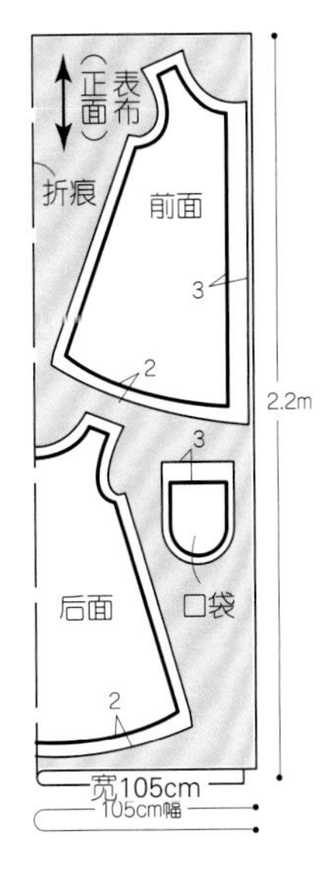

正面
表布
折痕
前面
3
2
2.2m
3
口袋
后面
2
宽105cm
105cm幅

1 参照制作方法页面的裁剪方法图留出缝份。裁剪方法图内的数字表示缝份的宽度。上图中，前面中心、袋口为3cm，下摆为2cm，其他部分均为1cm。

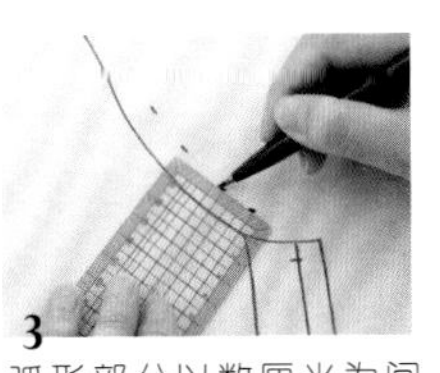

2 使用方格尺，沿成品线平行画出缝份。

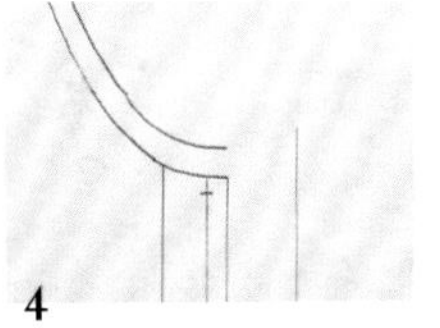

3 弧形部分以数厘米为间隔，打点后再连接成线。

4 边角部分不用留出缝份。

4. 裁剪图纸

1 用剪刀裁剪图纸。

注意：
下摆、侧边、领口等边角部分的缝份不足时，可沿成品线折叠纸后再裁剪。

例：领口的缝份

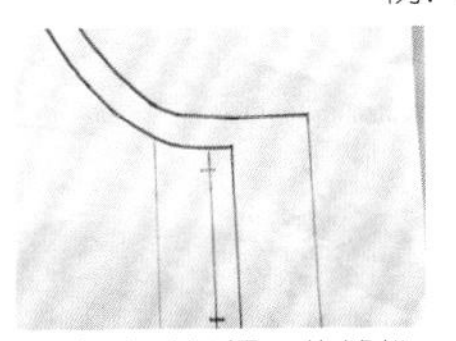

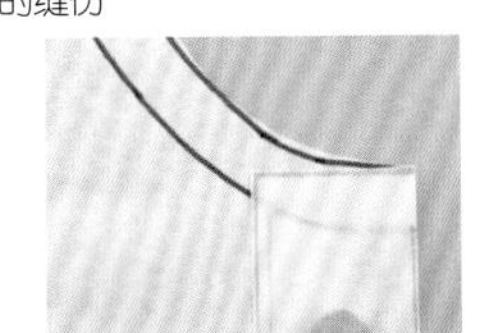

× 直接延长领口的缝份后再裁剪

沿成品线折叠时，领口的缝份不足

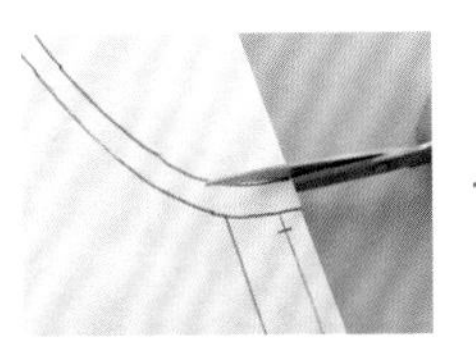

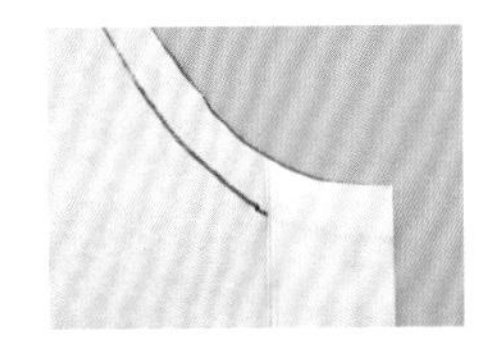

O 沿前端线折叠后，再沿领口的缝份裁剪

沿成品线折叠时，领口与缝份尺寸大小相同

刊登的图纸有折痕时

长连衣裙、裤子等一部分作品的图纸无法完全容纳在一张纸中，因此刊登的图纸为折叠后的图形。这种时候可按照图示方法复写。

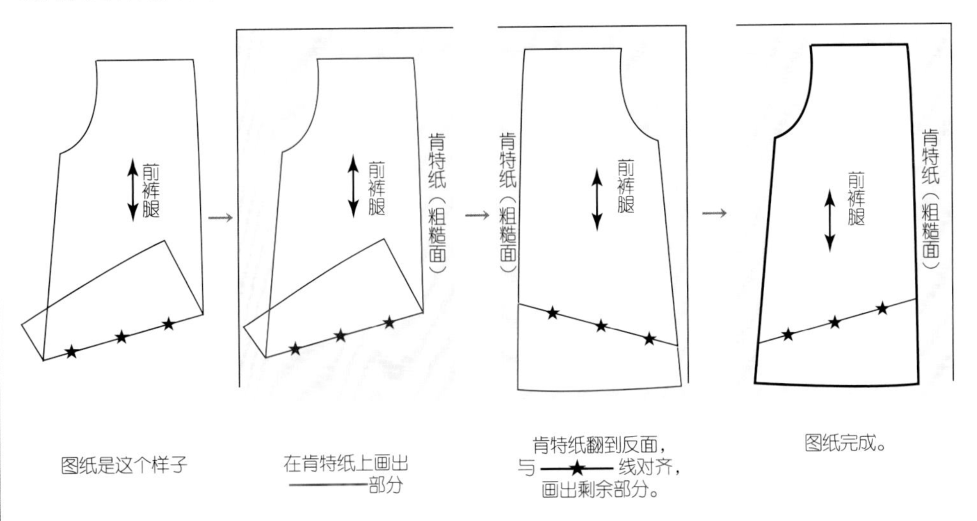

前裤腿
肯特纸（粗糙面）
图纸是这个样子
在肯特纸上画出——部分
肯特纸翻到反面，与—★—线对齐，画出剩余部分。
图纸完成。

图书在版编目（C I P）数据

Cotton friend布艺之友. 3 / 日本靓丽出版社编著；何凝一译. -- 北京 ： 中国民族摄影艺术出版社, 2012.12
ISBN 978-7-5122-0328-0

Ⅰ. ①C… Ⅱ. ①日… ②何… Ⅲ. ①布料－手工艺品－制作 Ⅳ. ①TS973.5

中国版本图书馆CIP数据核字(2012)第254331号

策划制作：北京书锦缘咨询有限公司（www.booklink.com.cn）
总 策 划：陈 庆
策　　划：李 卫
设计制作：柯秀翠

书　　名：Cotton friend布艺之友. 3
作　　者：日本靓丽出版社
译　　者：何凝一
责　　编：欧珠明 张 宇
出　　版：中国民族摄影艺术出版社
地　　址：北京东城区和平里北街14号（100013）
发　　行：010-64211754 84250639 64906396
网　　址：http://www.chinamzsy.com
印　　刷：北京启恒印刷有限公司
开　　本：1/16 787mm × 1092 mm
印　　张：7
字　　数：60千
版　　次：2013年1月第1版第1次印刷
ISBN 978-7-5122-0328-0
定　　价：48.00元

喜樂多

柯布商城

Junkai

淘宝
四皇冠

扫描下图二维码
即可领取店铺优惠券
时间数量有限哦
活动详情访问闹闹生活馆或咨询在线客服
http://www.naoshop.com/qr2012